Der große Geflügelstandard
in Farbe

Der große Geflügelstandard in Farbe

Band 1

Hühner · Truthühner
Perlhühner

5., von Walter Schwarz überarbeitete
und ergänzte Auflage

Verlagshaus Reutlingen
Oertel + Spörer

Die Deutsche Bibliothek – CIP-Einheitsaufnahme

Der große Geflügelstandard in Farbe.
Reutlingen : Verl.-Haus Reutlingen, Oertel + Spörer
Bd. 1. Hühner, Truthühner, Perlhühner / [Ill. Carl Witzmann ...].
– 5., von Walter Schwarz überarb. und erg. Aufl. - 1996
ISBN 3-88627-153-6
NE: Schwarz, Walter [Bearb.]

Postfach 1642, 72706 Reutlingen
5. Auflage

Illustrationen: Carl Witzmann (†), Max Holdenried
und Jakob Relovsky
Schrift: 8/10 p Helvetica
Satz und Druck: Oertel + Spörer, Reutlingen
Einband: Heinrich Koch, Tübingen
Printed in Germany
ISBN 3-88627-153-6

Vorwort zur 1. Auflage

Zur Förderung der deutschen Rassegeflügelzucht veröffentlicht der Verlag „den großen Geflügelstandard". Es war ihm dabei nicht nur um eine übliche Rassebeschreibung zu tun. Aus einem Gefühl der Verantwortung heraus hat er sich der verlegerischen Aufgabe unterzogen, sämtliche Geflügelrassen mit ausführlicher Musterbeschreibung in Farben darzustellen. Denn erst in den Farben kommt die ganze Schönheit unserer Geflügelrassen voll zur Geltung, da ihnen Farbenkontraste zu eigen sind, die die Tierwelt sonst nur in Ausnahmen zu zeigen hat. Nicht zuletzt ist es die Tatsache der Farbwirkung, die die Züchter angeregt hat, sich mit ganzer Kraft der Rassegeflügelzucht zu widmen. Die Beschäftigung mit dem Geflügel und deren weitere Vertiefung aus Gründen der Freude am Wesen dieser Tiere, des Reizes der Züchtung, der Ergründung vielfältiger Lebensrätsel, aber auch aus wirtschaftlichen Belangen möchte der Verlag mit seinem „großen Geflügelstandard" fördern.
Dem Inhalt des Buches liegen die Beschreibungen der vom BDRG anerkannten Großrassen zugrunde. Einem weitgehenden Bedürfnis entsprechend wurde die Fassung der Musterbeschreibungen nach den Angaben des Verlages in wünschenswerter Ausführlichkeit aufgelockert, erläutert und ergänzt. Als Mitarbeiter haben sich die Vorsitzenden der Sondervereine oder deren Beauftragte mit größter Bereitwilligkeit zur Verfügung gestellt. Aufgenommen in diesen ersten Band wurden alle Rassen des Großgeflügels, die Truthühner und Perlhühner.
In vollem Umfang wurden die neuesten Züchtungen berücksichtigt. Doch ließ sich der Verlag mit besonderer Sorgfalt die Pflege der seltenen, kaum mehr gezüchteten Rassen angelegen sein. In Vorbereitung sind weitere Ausgaben über die Zwerghühner und das Wassergeflügel.
Ein herzliches Dankeswort an alle diejenigen, die durch ihre großzügige Unterstützung die Herausgabe des Werkes ermöglichten!

Der Verlag

Vorwort zur 2. bis 4. Auflage

Die ausgehende 2. Auflage „des großen Geflügelstandards in Farbe“ (Band 1) bedurfte – zeitgemäß – einer gründlichen Überarbeitung. Denn die züchterische Arbeit der vergangenen Jahre machte sich bemerkbar in ihren Erfolgen, und dies heißt in der Vervollkommnung der einzelnen Rassen in Form, Farbe und Zeichnung. Dadurch wurden neue Maßstäbe gesetzt, die ein Standardwerk wie dieses zu berücksichtigen hat. Neue Rassen wurden vom Zuchtausschuß des Bundes Deutscher Rassegeflügelzüchter e.V. anerkannt; auch sie sind nunmehr Teil des Werkes.
Es besteht auch an dieser Stelle Anlaß, den zahlreichen Mitarbeitern in den Sondervereinen an dieser neuen Auflage zu danken für ihr Engagement und ihre z.T. über Jahre währende Geduld. Ohne deren Wissen und Können und ihre Treue zur Sache wäre diese Ausgabe wohl nicht erschienen. Vor allen Dingen sei Dank gesagt unserem Illustrator Max Holdenried, Malmsheim, der in aufopferungsvoller Tätigkeit sich der äußerst schwierigen Darstellung der neuen und veränderten Rassen mit Bravour angenommen hat.
Möge auch diese neue Auflage ihren Weg finden zu den Züchtern und Freunden edlen Rassegeflügels und ihnen Hilfe und Freude sein in ihrer züchterischen Aufgabe.

Der Verlag

Vorwort zur 5. Auflage

Wenn ein Fachbuch in Züchterkreisen so gut aufgenommen wird, daß in regelmäßigen Abständen immer wieder eine Neuauflage erforderlich wird, dann kann man wohl als sicher annehmen, daß es dem Leser in fachlicher Hinsicht einiges zu bieten hat. Dafür haben in der Vergangenheit die Funktionäre der einzelnen Sondervereine viel beigetragen.
Nachdem die vor einigen Jahren herausgebrachte 4. Auflage in verhältnismäßig kurzer Zeit vergriffen war, mußte das Buch gänzlich überarbeitet und dabei die in den letzten Jahren neu anerkannten Rassen sowie neu hinzugekommene Farbenschläge alter Rassen erfaßt werden. Wo es angebracht war, wurden auch die farbigen Illustrationen ausgetauscht bzw. überarbeitet. Dafür möchte ich meinem Freund und Preisrichterkollegen Max Holdenried, Malmsheim, herzlich danken. Zu danken habe ich auch Herrn Dietmar Banaski vom Buchverlag Oertel + Spörer für die ständige Motivation zur Einhaltung der vorgegebenen Termine, aber auch für das Verständnis, wenn ich diese nicht immer pünktlich einhalten konnte.
Dem neuen Buch wünsche ich eine gute Aufnahme bei den Züchtern und Freunden unseres schönen Rassegeflügels.

Reutlingen, im Mai 1996 — Walter Schwarz

Inhalt

Altenglische Kämpfer, 1,0 goldhalsig und 0,1 gold-weizenfarbig

Altenglische Kämpfer

Zuchtidee

Ein mittelgroßes, sehr muskulöses, bewegliches Kampfhuhn, mehr zum Landhuhntyp neigend, das sich in der Hand hart wie ein Muskelball anfühlt, mit nur wenig abschüssiger Haltung und sehr hartem Gefieder. Kämpferisches, herausforderndes Wesen.

Was ist zu fordern?

Ein stämmiges, festfleischiges Kampfhuhn mit mittelhoher Stellung, breitschultrig und vollbrüstig, an den Seiten gerundet, nach dem Schwanz zu schmäler werdend, mit nur wenig abschüssiger Haltung.

Was ist abzulehnen?

Kleiner, schwacher und schmaler Körper mit flacher Brust und allen Anzeichen, die vorstehendem Typ nicht entsprechen.

Geschichtliches

Die Altenglischen Kämpfer sind eine der ältesten europäischen Hühner und gelten als die ureigenste englische Hühnerrasse. Ihr Ursprung ist zweifelsohne in Asien zu suchen. Kampfhühner wurden von griechischen und römischen Schriftstellern unter dem Namen Tanagrahühner und anderen Bezeichnungen erwähnt. Man geht nicht fehl in der Annahme, daß der Altenglische Kämpfer aus der Vermischung solcher von den Römern nach Britannien gebrachter Kampfhühner, die letztlich nichts anderes als Malaienabkömmlinge waren, entstanden ist. Obwohl seit 1850 vornehmlich für die Ausstellung gezüchtet, wird auch heute noch auf Kampfkraft Wert gelegt. Der individuelle Wirtschaftswert nach beiden Seiten hin (Fleisch und Eier) soll bedeutender als bei den meisten anderen Kämpferrassen sein. Der Altenglische Kämpfer ist das Huhn des englischen Landwirtes; es widersteht harten Umweltbedingungen bestens.

Form und Kennzeichen

Hahn

Gewicht:	2 bis 3 kg.
Kopf::	Klein, kurz, keilförmig, auch mit Schopf zugelassen. **Gr. F.:** Langer oder grober Kopf.
Schnabel:	Kräftig, Oberschnabel muß gut an den Unterschnabel schließen, gekrümmt.
Augen:	Groß, feurig, etwas vortretend, rot. Bei Birkenfarbigen, Orangebrüstigen und Schwarzen rot oder dunkel.
Kamm:	Einfach, klein, von feinem, dünnem Gewebe.
Ohrlappen:	Rot.
Kehllappen:	Klein, feines Gewebe.
Gesicht:	Glatt.
Hals:	Kräftig, im Genick breit, gerundet, von guter Länge, der Halsbehang bedeckt die Schultern. **Gr. F.:** Dünner Hals.
Brust:	Breit, voll, fest, rund, hervortretend, Brustbein nicht zu tief und nicht hervortretend. **Gr. F.:** Schmale Brust.
Rumpf:	Stämmig, mittellang, festfleischig, breitschultrig, breit- und vollbrüstig, an den Seiten gerundet, nach dem Schwanz zu schmaler werdend, mehr waagerecht als abschüssig getragen. **Gr. F.:** Kleiner, schwacher oder schmaler Körper, weiches Fleisch.
Bauch:	Knapp, schmal, fest eingezogen.
Rücken:	Kurz, flach, sehr breit in den Schultern, nach dem Schwanz zu keilförmig verlaufend.
Flügel:	Groß, breit, mit starken Kielen und harter, breiter, stumpfer Feder.
Schwanz:	Groß, etwas gespreizt und angezogen, nicht flach getragen, harte, starke Kiele, breite Fahnen, reiche, stark gebogene Sicheln. **Gr. F.:** Flacher, dünner Schwanz.
Schenkel:	Kurz, stark bemuskelt, hervortretend. **Gr. F.:** Flache Schenkel.
Läufe:	Feinknochig, glatt, nicht zu breit gestellt, im Gelenk gut gewinkelt, Sporen möglichst tief angesetzt. **Gr. F.:** Grobknochigkeit, gestreckte und zu breite Beinstellung.
Zehen:	Gut gespreizt, lang, mit langen, starken und scharfen Nägeln und langer, gut aufgesetzter Hinterzehe. **Gr. F.:** Nicht gut gespreizte Zehen.
Gefieder:	Hart, sehr glanzreich, mit knapper Flaumbildung. **Gr. F.:** Weiches Gefieder.

Henne

Gewicht: 1,75 bis 2,5 kg.
Jahres-Eierleistung: Im 1. Jahr 180, im 2. Jahr 150 weiß- bis gelblichschalige Eier.
Bruteier-Mindestgewicht: 50 g.
Bruttrieb: Gut.

Gleicht dem Hahn bis auf die Geschlechtsunterschiede. Die Nacktteile des Kopfes sind schwach entwickelt. Mit ziemlich rundem, federreichem Schopf ebenfalls zugelassen. Der Hennenschwanz wird leicht fächernd getragen. Das Hinterteil ist besser ausgebildet.

Anmerkung: Tiere mit Schopf sind in allen Farbenschlägen anerkannt. Sie sind gesondert zu melden und in besonderen Klassen, je nach Farbe, Geschlecht und Alter, nach den Glattköpfigen einzuordnen.

Ringgröße: Hahn III, Henne IV.

Farbe und Zeichnung

Goldhalsig

Läufe und Schnabel sind bei beiden Geschlechtern weidengrün, gelb oder weiß.
Hahn: Halsbehang dunkel gold-orange, am Kopf am dunkelsten, nach unten heller werdend, möglichst mit etwas Schaftstrich; Sattelbehang wie hellster Teil des Halsbehanges, ohne Schaftstrich; Flügeldecken und Rücken leuchtend hellrotbraun; Flügelbinde schwarz, stahlblauglänzend; Armschwingen mit breitem, rötlichbraunem Saum, möglichst weit bis in die Spitzen, bei geschlossenem Flügel ein rötlichbraunes Flügeldreieck bildend; Brust, Bauch, Schenkel und Schwanz tiefschwarz mit grünem Glanz.
Gr. F.: Sehr unreine Halsfarbe.
Henne: Kopf rötlichbraun, im Halsbehang in Goldgelb übergehend, mit schwachem, schwarzem Schaftstrich; Mantelgefieder und Flügel goldbraun mit zarter, schwarzer Rieselung. Federsaum goldig, jedoch kein Flitter; Federkiel braun; Brust lachsfarbig, seitlich und nach unten in Goldbraun verlaufend. Schwanz mattschwarz, die zwei großen Schwanzdeckfedern bräunlich gerieselt.

Gold-Weizenfarbig

Läufe und Schnabel sind bei beiden Geschlechtern weiß oder gelb.
Hahn: Goldfärbung in Hals-, Sattelbehang und Flügeldecken heller als bei Goldhalsig, ohne Schaftstrich.
Henne: Halsbehang hellgolden, ohne Schaftstrich; Mantelgefieder und Flügel weizenfarbig, Brust und Bauch etwas heller; Außenfahne der Armschwingen (Flügeldreieck) zimtfarbig, Innenfahne braunschwarz; Schwanz mattschwarz, weizenfarbig gesäumt; die zwei großen Schwanzdeckfedern hellzimtfarbig mit schwarzbrauner Mitte.
Gr. F.: Jegliches Weiß.

Rotgesattelt
Läufe und Schnabel sind bei beiden Geschlechtern weiß, gelb oder weidengrün.
Hahn: Wie Goldhalsig, doch Rahmweiß an Stelle von Schwarz; schwacher weißer Schaftstrich im unteren Halsbehang zulässig.
Henne: Kopf und Halsbehang goldgelb mit schwachem, weißem Schaftstrich; Mantelgefieder, Flügel und Schwanz weiß, leicht rahmfarbig gestattet; Brust lachsfarbig; etwas Schwarz im Mantelgefieder ist kein Fehler.

Rotgesattelt-Weizenfarbig
Henne: Wie gold-weizenfarbige Henne, jedoch Weiß an Stelle von Schwarz.

Silber-Weizenfarbig
Henne: Wie gold-weizenfarbige Henne, doch Silber an Stelle von Rötlichbraun; auch Weizenfarbe etwas heller.

Blau-Weizenfarbig
Hahn und Henne: Wie Gold-Weizenfarbig, doch Blau an Stelle von Schwarz.

Bunt (Goldhalsig mit weißen Tupfen)
Läufe und Schnabel sind bei beiden Geschlechtern weiß oder gelb.
Hahn: Hals- und Sattelbehang dunkelrotbraun mit schwarzem Schaftstrich und weißer Federspitze; Rücken und Flügeldecken rotbraun, letztere mit weißer Federspitze. Flügelbinde grünglänzend schwarz mit weißer Spitze; Handschwingen schwarz mit weißen Enden, Armschwingen außen dunkelrotbraun mit weißer Spitze, innen schwarz; Brust, Bauch, Schenkel, Sichel- und Steuerfedern schwarz mit weißen Federspitzen, so regelmäßig wie möglich.
Henne: Kopf und Hals goldigbraun mit schwachem, schwarzem Schaftstrich und weißer Federspitze; Mantelgefieder und Flügel rötlichbraun mit zarter, schwarzer Rieselung, Brust, Bauch und Schenkel etwas heller; jede Feder mit weißer Spitze, auf den großen Flügeldecken Binden bildend. Handschwingen schwarz mit weißen Enden, Armschwingen außen dunkelrotbraun mit weißer Spitze, innen schwarz. Schwanz bräunlichschwarz mit weißer Federspitze.
Gr. F.: Zuviel weiße Zeichnung bei Jungtieren.

Blau-Goldhalsig
Wie Goldhalsig, doch Blau an Stelle von Schwarz, also auch blaue Rieselung bei der Henne.

Silberhalsig
Wie Goldhalsig, doch Silberweiß an Stelle von Gold und Braun. Die Mantelfarbe der Henne wirkt durch die schwarze Rieselung silbergrau mit bläulichem Schein. Die Brustfarbe ist etwas heller lachsfarbig. Bei beiden Geschlechtern sind die Läufe weiß oder dunkel, der Schnabel weiß bis hornfarbig, die Augen hellgelb bis rot.
Gr. F.: Sehr unreine Halsfarbe bei den Hähnen.

Blau-Silberhalsig
Wie Silberhalsig, doch Blau an Stelle von Schwarz, also auch blaue Rieselung bei der Henne.

Silberhalsig mit Orangerücken
Bei beiden Geschlechtern sind Schnabel und Läufe gelb, weiß oder weidengrün.
Hahn: Kopf, Hals- und Sattelbehang strohgelb, möglichst mit etwas Schaftstrich; Rücken rostbraun, Flügeldecken rotorange; Armschwingen mit gelblichweißen Außenfahnen, die bei geschlossenem Flügel das Flügeldreieck bilden; Flügelbinde schwarz, stahlblau glänzend. Brust, Bauch, Schenkel und Schwanz schwarz mit grünem Glanz.
Henne: Mit etwas bräunlichem Anflug, sonst wie die silberhalsige Henne.
Gr. F.: Zu roter Hals- und Sattelbehang.

Blau-Silberhalsig mit Orangerücken
Wie Silberhalsig mit Orangerücken, doch Blau an Stelle von Schwarz.

Orangebrüstig
Bei beiden Geschlechtern entweder rote Augen, rotes Gesicht und weiße Läufe und Schnabelfarbe oder schwarze Augen, maulbeerfarbiges Gesicht und schwarze Läufe und Schnabelfarbe.
Hahn: Kopf orangefarbig, Hals- und Sattelbehang zitronen- bis orangefarbig, mit schwarzem Schaftstrich, der im Sattelbehang weniger ausgeprägt ist; Flügeldecken und Rücken messinggelb. Das übrige Gefieder schwarz mit grünem Glanz, Brustfedern (nicht tiefer als bis vor die Schenkel) schmal zitronenfarbig gesäumt.
Henne: Halsfarbe und Brustzeichnung wie beim Hahn; übriges Gefieder schwarz mit grünem Glanz.
Gr. F.: Klatschige Brust- und Schenkelzeichnung, Rückensaum bei den Hennen.

Blau-Orangebrüstig
Wie Orangebrüstig, doch Blau an Stelle von Schwarz.

Birkenfarbig
Wie Orangebrüstig, doch Silberweiß an Stelle von Orangefarbe. Gesichts-, Augen- und Lauffarbe wie bei Orangebrüstig.

Blau-Birkenfarbig
Silberweiß gezeichnet wie Birkenfarbig, aber mit blauer Körperfarbe.

Schwarz
Mit grünem Glanz, ohne andersfarbige Federn. Bei beiden Geschlechtern entweder rote Augen, rotes Gesicht und weiße Läufe und Schnabelfarbe oder schwarze Augen, maulbeerfarbiges Gesicht und schwarze Läufe und Schnabelfarbe.

Weiß
Schnabel und Läufe weiß oder gelb.

Blau mit und ohne Saum
Hellschieferfarbig, Hals- und Sattelbehang blauschwarz. Gesichts-, Augen-, Schnabel- und Lauffarbe wie bei Schwarz.

Schwarz-Weißgescheckt
Hauptfarbe grünglänzend schwarz, die Federenden mit weißer Spitze. Bei der Henne möglichst gleichmäßig verteilte Zeichnung; beim Hahn und bei Jungtieren ist Schwarz vorherrschend, mit dem Alter wird die weiße Zeichnung stärker. Bei beiden Geschlechtern sind Augen und Gesicht rot, die Läufe dunkel, mit helleren Flecken zulässig. **Gr. F.:** Wesentliche Abweichungen in der Gefiederfarbe.

Gesperbert
Jede Feder in mehrfachem Wechsel von Schwarz und Blaugrau leicht bogig quer gebändert; beim Hahn in gleicher Breite, bei der Henne sind die dunklen Federteile etwas breiter als die hellen. Die Zeichnung ist nicht scharf abgesetzt, das Untergefieder nur schwach gezeichnet. Bei beiden Geschlechtern sind Schnabel und Läufe weiß oder gelb.

1,1 Altsteirer, wildbraun

Altsteirer

Zuchtidee

Ein frühreifes, bewegliches, kräftiges Landhuhn mit guter Legeleistung und Fleischnutzung, sehr zartfleischig, weiße Haut. Eier kunstbrutfest. Die Küken sind frohwüchsig, frühreif.

Was ist zu fordern?

Mittelschwerer Landhuhntyp von kräftiger Figur, mittlerer Größe mit breiter und kaum mittelhoher Stellung.

Was ist abzulehnen?

Alle zu kleinen, schwachen, spitzen und unentwickelten, aber auch grobknochigen und untypischen Tiere z. B. mit flacher oder schmaler Brust, mit schmalem oder kurzem Rücken (Dreiecktypen) sowie Italiener-Figuren und alle Tiere mit starken Formfehlern.

Geschichtliches

Die Altsteirer sind ein verbesserter Landschlag aus der Steiermark, und zwar aus den gebirgigen Gegenden nördlich von Graz, wo diese weißfüßige Abart des alten, ehemaligen deutschen Landhuhnes schon seit Jahrhunderten heimisch ist. Ähnliche Landhühner wie die Altsteirer finden wir auch in den an die Steiermark grenzenden Ländern. In den Jahren von etwa 1865 bis 1875 wurde durch Einkreuzung fremdländischer Hühnerrassen das bodenständige Steirische Huhn stark vermischt und zurückgedrängt, doch gelang es einer Reihe namhafter Züchter, aus noch vorhandenen Rückschlagtieren die alte Landhuhnrasse wieder rein herauszuzüchten. Die ersten Züchter, die sich etwa ab 1885 um die Erhaltung und Verbesserung des alten Steirischen Huhnes, des späteren „Altsteirer Huhnes“ bemühten, waren: Edmund Graf Maldeghem, Stephan Frh. v. Washington, Gewerke Rudolf Seidler, Julius Schuch und Dominik Gf. d'Avernas. Die erste Musterbeschreibung samt bunter Abbildung wurde im Jahre 1894 vom „Ersten Steiermärkischen Geflügelzuchtverein“ in Graz herausgegeben. Im Jahre 1897 wurde vom „Verein für Tierschutz und Tierzucht“ in Cilli eine Zuchtanstalt für das Steirerhuhn gegründet, die später nach Marburg (Drau) übersiedelte.

Form und Kennzeichen

Hahn

Gewicht: 2,5 bis 3 kg.
Kopf: Mittelgroß, fein geformt. **Gr. F.:** Zu grober Kopf oder Krähenkopf.
Schnabel: Kurz und kräftig, weiß bis fleischfarbig (horngrau schattiert).
Augen: Rot, feuriger Ausdruck.
Kamm: Mittelgroß, aufrechtstehend, nach hinten ansteigend, mit kurzer Fahne, fein gesägt und mit möglichst kurzen Zacken. Hinter dem Kamm ein aus einem kleinen Federbüschel bestehender Schopf. **Gr. F.:** Italiener-Kamm, grober Kamm, Fehlen des Schopfes.
Ohrscheiben: Weiß, möglichst klein.
Kehllappen: Kurz, gut gerundet.
Hals: Mit reichem Behang.
Brust: Gut gewölbt, breit. **Gr. F.:** Flache oder schmale Brust.
Rumpfform: 8:5:3. **Gr. F.:** Dreiecktyp, Anlehnung an die Italienerform, starke Formfehler.
Bauch: Voll, breit, gut entwickelt.
Rücken: Nach hinten leicht abfallend. **Gr. F.:** Schmaler oder kurzer Rücken.
Schwanz: Voll und breit, mit gut gebogenen Haupt- und reichlich Nebensicheln, hoch, jedoch nicht steil getragen. **Gr. F.:** Steilschwanz und zu flach getragener Schwanz.
Schenkel: Ziemlich kurz.
Läufe: Feinknochig, weiß bis fleischfarbig, rot zwischen den gut gespreizten Zehen. **Gr. F.:** Grober Knochenbau, enge, zu hohe oder krüperhafte Stellung.
Gefieder: Reichlich, straff anliegend, möglichst breite und glanzreiche Federn.

Henne

Gewicht: 2 bis 2,25 kg.
Mindestlegeleistung im ersten Jahr 180, im zweiten 150, im dritten 130 Eier mit elfenbeinweißer Schalenfarbe, kunstbrutfest.
Bruteier-Mindestgewicht: 55 g.

Kopf möglichst klein, mit ziemlich rundem, federreichem Schopf. Als besonderes Merkmal müssen die Altsteirer-Hennen den typischen Wickelkamm (Quetschfalte) haben. Rücken mehr waagerecht, typische Kastenform des Rumpfes, tiefe Brust, stark ausgeprägter Bauch. Schwanz breit und im stumpfen Winkel offen getragen. **Gr. F.:** Bei Althenne Stehkamm ohne Wickel.

Ringgröße: Hahn IV, Henne V.

Farbe und Zeichnung

Wildbraun:

Hahn: Kopf-, Schopf-, Hals- und Sattelbehang braunrot, Schultern und Rücken dunkel- bis rotbraun. Handschwingen schwarz mit braunem Außensaum, Armschwingen Innenseite schwarz, Außenseite braun. Reinschwarze Brust und Schenkel, käfergrün glänzender Schwanz.

Henne: Wildbraun mit lachsfarbiger Brust, Bauch heller, Afterpartie grau, Mantelgefieder mit schwarzer Rieselung und scharfer heller Nervzeichnung, ohne Flitter. Kleine Unterschiede in der Schattierung sind gestattet.

Gr. F.: Viel Weiß in Schwingen und Schwanz, Flitterbildung.

Weiß:

Reines, glänzendes Weiß bei beiden Geschlechtern. **Gr. F.:** Gelber Anflug.

1,1 Amrocks

Amrocks

Zuchtidee

Ein vitales, schnellwüchsiges Wirtschaftshuhn mit einer mehrjährigen hohen Legeleistung. Eier kunstbrutfest. Kennfarbige Eintagsküken, die mit spätestens 5 Wochen in beiden Geschlechtern voll befiedert sind. Gute Fleischqualität.

Was ist zu fordern?

Kräftiges, mittellanges, mittelhoch gestelltes, gedrungenes Huhn mit breitem Rücken, voller und tiefer Brust, straff anliegendem Gefieder und bei der Henne vollem Bauch. Die Rumpfform der Henne gleicht einer liegenden Glocke.

Was ist abzulehnen?

Jeder augenscheinliche Mangel an Vitalität und Leistungskraft, mattes Wesen, geringe Größe, alle „italienerhaften" Merkmale.

Geschichtliches

In den USA aus Dominikanern, schwarzen Cochin und schwarzen Java erzüchtet. Im Jahre 1869 zuerst in Massachusetts gezeigt. Als Barred Rocks 1874 in USA anerkannt im „First American Standard of Excellence". In Deutschland anerkannt seit 1. 8. 1958. Allerdings sind unsere heutigen Amrocks deutscher Herkunft, haben doch die in den sechziger Jahren führenden Zuchtfreunde H. Wessel, Bassum; W. Martens, Stuckenborstel; R. Stahl, Reinheim, und J. Westendorf, Lohne, aus den bis dahin bevorzugt leistungsbezogenen Tieren auch vorzügliche Schautiere erzüchtet. Ihre Tiere bildeten die Basis der heutigen Amrocks-Zucht.

Form und Kennzeichen

Hahn

Gewicht:	3 bis 4 kg.
Kopf:	Mäßig groß.
Schnabel:	Kurz, kräftig, gebogen, gelb. **Gr. F.:** Langer, spitzer Schnabel.
Augen:	Groß, vorstehend, lebhaft, rötlichbraun. **Gr. F.:** Tiefliegende oder matte Augen.
Kamm:	Einfach, mittelgroß, fest, gerade und aufrecht, 4–6 Zacken, die vordere und hintere etwas kleiner, also in Seitenansicht halboval, fein im Gewebe, Fahne nicht aufliegend.
Ohrlappen:	Länglich, glatt, rot.
Kehllappen:	Fein im Gewebe, glatt und mäßig lang.
Gesicht:	Glatt.
Hals:	Mittellang, mit reichem Behang.
Brust:	Gut gerundet, breit und tief.
Rumpf:	Mittellang, breit, tief und voll. **Gr. F.:** Zu kurzer Körper, schmächtige Figur, geringe Größe.
Rücken:	Mittellang, breit in seiner gesamten Länge, flach in den Schultern, fast waagerecht vom Hals bis zum Sattel, wo er in reichem Sattelbehang mit konkavem Schwung im Schwanz ausläuft. **Gr. F.:** Schmaler, in flacher Schwanzlage abfallender Rücken.
Flügel:	Mittelgroß, gut angezogen getragen. Bug von Brustfedern bedeckt, breite Arm- und Handschwingen.
Schwanz:	Mittellang, mäßig breit, im stumpfen Winkel ohne scharfen Absatz über der Horizontalen getragen, breite, von den Sicheln bedeckte Steuerfedern.
Schenkel:	Mittellang, dick, gut befiedert.
Läufe:	Mittellang, breit stehend, glatt, kräftig gelb. **Gr. F.:** Zu hoher oder zu enger Stand, rauhschuppige Läufe.
Zehen:	Gerade, gut gespreizt. **Gr. F.:** Überlange Zehennägel.
Gefieder:	Mäßig breite Federn, Flaum mäßig dicht.

Henne:

Gewicht:	2,5–3 kg. Bruteier-Mindestgewicht: 58 g. Schalenfarbe: Braun bis bräunlichgelb. Bruttrieb: Gering.

Die Henne gleicht dem Hahn bis auf die durch das Geschlecht bedingten Unterschiede. Der mittellange Rumpf, die breite und tiefe Brust, der volle und tiefe Bauch, der verhältnismäßig dünne, ohne scharfen Absatz in den breiten Rücken übergehende Hals und die ebenfalls ohne scharfen Absatz in den Schwanz ausschwingende Rückenlinie geben dem gedrungenen Huhn einen geschlossenen Umriß. Die mittellangen Steuerfedern ragen nur wenig aus der Schwanzdecke hervor. Dunkler Anflug an den Läufen bei Junghennen (als abklingendes Kennkükenmerkmal) sowie verblaßtes Gelb bei legenden Hennen sind keine Fehler. **Gr. F.:** Schwach entwickelter oder verfetteter Bauch.

Ringgröße: Hahn II, Henne III.

Farbe und Zeichnung

Schwarze Grundfarbe mit groben, grauweißen Streifen, die parallel und regelmäßig durch das ganze Gefieder verlaufen, beim Hahn in gleicher Breite wie die Grundfarbe, wobei die Anzahl der Streifen von der Größe der Feder abhängt. Jede Feder endet in einer schwarzen Spitze, wodurch das geschlossene Streifungsbild entsteht. Im Untergefieder muß die Streifung bis zum Federkiel durchgehen. Da der Hahn den dominanten und geschlechtsgebundenen Faktor für Streifung doppelt besitzt, die Henne dagegen nur einmal, so ist die schwarze Grundfarbe der Henne etwa doppelt so breit wie die grauweiße Streifung. Die Hennen sind also dunkler als die Hähne. **Gr. F.:** Mehr als je eine völlig schwarze Feder in Hand- und Armschwingen oder Steuerfedern. Jede völlig weiße Feder; Untergefieder ohne erkennbare Streifung, zu enge Streifung. Jeder Messingglanz bei Junghähnen oder starker Messingglanz bei Althähnen.

1,1 Andalusier

Andalusier

Zuchtidee:

Ein stattliches, frühreifes Huhn, mit gut mittelhoher und breiter Stellung und einer schnittigen, leicht abfallenden Figur. Die Nachzucht spaltet nach dem Erbgesetz auf in der Farbe. Das Andalusierhuhn ist ein Nutzhuhn und fleißiger Futtersucher. Es legt dicke, weißschalige Eier.

Was ist zu fordern?

Gefordert wird ein Huhn, das durch seine elegante Figur mit dem schmucken Gefieder besonders den Schönheitssinn des Züchters erfreuen soll. Es ist daher auf Vitalität, gute Entwicklung, kräftigen, jedoch schnittigen Körperbau und blaue Gefiederfarbe mit breiter Feder und schwarzer Säumung großer Wert zu legen.

Was ist abzulehnen?

Grundsätzlich alles, was vorstehender Grundidee nicht entspricht wie in Form versagende, zu kleine, schwache, unentwickelte, zu tief stehende, zu schmale Körper, andererseits grobknochige und plumpe Tiere, zu schmale Feder mit nur angedeuteter Saumzeichnung, andersfarbiger als blauer Farbton ohne schwarze Säumung.

Geschichtliches

Die Heimat des Andalusierhuhnes ist das im Süden von Spanien gelegene Tiefland Andalusien. Hier waren Hühner mit blauem Gefieder keine Seltenheit. Die englischen Züchter nahmen sich der Rasse schon früh an und machten Versuche durch Einkreuzung von blauen Altenglischen Kämpfern. So wurde die Rasse veredelt.
1872 gelangten die Andalusier nach Deutschland; zu Anfang des Jahrhunderts brachte der bekannte Züchter Heinrich Marten sen., Lehrte, diese Tiere erneut aus England mit; die Rasse erhielt damit einen neuen Auftrieb. Von da an lag die Zucht in den Händen des Züchters Corte, Bocholt. Doch erst der Zusammenschluß der Züchter der Rasse war entscheidend, sich der Veredlung der Rasse gemeinsam zu widmen.

Form und Kennzeichen

Hahn

Gewicht:	2,5 bis 3 kg.
Kopf:	Breit, kräftig entwickelt.
Schnabel:	Mittellang, dunkelhornfarbig. **Gr. F.:** Krähenschnabel.
Augen:	Groß, möglichst dunkel, rote Augen sind zulässig. **Gr. F.:** Andersfarbige Augen.
Kamm:	Fest aufgesetzter Stehkamm mit feinem Gewebe und regelmäßigem, mitteltiefem Zackenschnitt. Die Kammfahne folgt nicht dem Nacken. **Gr. F.:** Doppelzacken, Auswüchse, Sägekamm, Wickelkamm, zu grober oder faltiger Kamm.
Ohrscheiben:	Mittelgroß, reinweiß, oval, glatt. **Gr. F.:** Schwammige Ohrscheiben bei Jungtieren.
Kehllappen:	Fein im Gewebe, mittellang und dünn.
Gesicht:	Rot, mit haarartigen, schwärzlichen Federchen besetzt.
Hals:	Ziemlich lang, leicht nach hinten getragen.
Brust:	Voll, gut gewölbt und hoch getragen.
Rumpf:	Kräftig, gestreckt, etwas abfallend.
Bauch:	Gut entwickelt.
Rücken:	Breit in den Schultern, lang, mit reichem Sattelbehang.
Flügel:	Mittellang, fest anliegend. **Gr. F.:** Schmale Schwingenfedern.
Schwanz:	Voll, etwas locker und leicht ansteigend getragen, mit schön gebogenen Sicheln. **Gr. F.:** Steil- oder Fächerschwanz.
Schenkel:	Kräftig, hervortretend.
Läufe:	Mittellang, glatt, schieferblau. **Gr. F.:** Stelzige Erscheinung.

Henne

Gewicht:	2 bis 2,5 kg. Bruteier-Mindestgewicht: 58 g. Schalenfarbe: Weiß. Bruttrieb: Nicht vorhanden.

Geräumiger Rumpf, weniger abfallend als beim Hahn, Brust gut gewölbt, etwas hoch getragen. Bauch voll und ziemlich breit, jedoch nur mäßig hervortretend. Schwanz leicht ansteigend, etwas offen getragen. Der Kamm steht vorne aufrecht, der hintere Teil liegt um, ohne das Auge zu verdecken. **Gr. F.:** Steh- oder Wickelkamm.

Ringgröße: Hahn IV, Henne V.

Farbe und Zeichnung

Die Grundfarbe ist ein gutes Taubenblau, jede Feder ist schwarz gesäumt.
Hahn: Hals- und Sattelbehang des Hahnes in Blauschwarz übergehend. Schwanz blau, möglichst der Brustfarbe entsprechend. Aus Zuchtgründen ist der Hahn etwas dunkler als die Henne.
Gr. F.: Sehr helles Blau ohne Säumung, ungleichmäßige oder rußige Grundfarbe, weiße Federn, zu helle Lauffarbe. Rost in Hals- und Sattelbehang.

1,1 Annaberger Haubenstrupphühner

Annaberger Haubenstrupphühner

Zuchtidee

Ein mittelhoch gestelltes, schnittig gebautes Huhn im leichten Landhuhntyp, mit Spitzhaube und Struppfedern.

Was ist zu fordern?

Ein Huhn in walzenförmigem Zuschnitt, mit kaum sichtbaren Schenkeln und gut entwickelter Brust- und Bauchpartie, jede Feder nach rückwärts angerollt.

Was ist abzulehnen?

Alles, was in den Hauptrassemerkmalen nicht den Forderungen entspricht, vor allem formliche Abweichungen und zu schwach ausgebildete Struppfedern.

Geschichtliches

Die Heimat des Annaberger Haubenstrupphuhnes ist das Erzgebirge, wo es ab 1957 unter Verwendung von Appenzeller Spitzhauben, Brabantern, Seidenhühnern und Chabo erzüchtet wurde.

Form und Kennzeichen

Hahn

Gewicht:	*1,5 kg.*
Kopf:	Mittelgroß, mit deutlicher Schädelwölbung und kräftig entwickelter Spitzhaube. **Gr. F.:** Fehlende Haube.
Schnabel:	Kräftig, mit etwas aufgetriebenen Nasenlöchern, je nach Farbenschlag hornfarbig bis schwarz.
Augen:	Groß, orangefarbig bis braun.
Kamm:	Auf flachem Fleischwulst vor der Haube stehender kleiner Hörnerkamm.
Ohrscheiben:	Weiß, leicht rötliche Durchsetzung gestattet. **Gr. F.:** Völlig rote Ohrscheiben.
Kehllappen:	Klein und fein im Gewebe.
Gesicht:	Rot, leicht befiedert.
Hals:	Nicht zu lang, leicht gebogen.
Brust:	Voll, breit und gut gerundet.
Rumpf:	Walzenförmig, mittellang, seitlich gerundet.
Bauch:	Gut entwickelt.
Rücken:	Mittellang, gerade und breit.
Flügel:	Mittellang, breit, lose und etwas herabgedrückt getragen.
Schwanz:	Ziemlich steil und offen getragen.
Schenkel:	Kaum zu sehen, gut eingebettet in die losen Federn.
Läufe:	Glatt, mittellang, je nach Farbenschlag hornfarbig bis bläulich.
Gefieder:	Jede Körperfeder mit angerollter rückwärtiger Krümmung, wobei an Schwingen und Schwanzfedern keine zu hohen Anforderungen gestellt werden dürfen. **Gr. F.:** Sehr gering ausgebildete Struppfedern.

Henne

Dem Hahn bis auf die geschlechtlich bedingten Unterschiede gleichend.

Gewicht:	1,3 kg.
	Bruteier-Mindestgewicht: 46g.
	Schalenfarbe: Weiß bis gelb.

Farbe und Zeichnung

Weiß

Reinweiß, leicht cremefarbiges Schmuckgefieder der Hähne zulässig.

Schwarz

Möglichst tiefschwarz mit etwas Grünglanz.

Schwarz-Weißgescheckt

Unregelmäßige Schwarzscheckung auf überwiegend weißer Grundfarbe, wobei an Farbe und Zeichnung keine hohen Anforderungen zu stellen sind.

Gr. F.: Mattes, glanzloses Gefieder bei allen Farbenschlägen.

1,1 Appenzeller Barthühner, schwarz

Appenzeller Barthühner

Zuchtidee:

Das leichte, temperamentvolle Huhn mit stolzer Haltung ist mit allen Vorzügen für ein rauhes Gebirgsklima ausgestattet. Der Bart verdeckt die empfindlichen Stellen des Huhnes: Kehllappen und Ohrscheiben. Der Rosenkamm ist der Kälte weit besser gewachsen als der Einfachkamm. Die mittelhohe Stellung und kräftige Flügel ermöglichen den Tieren, ihre Nahrung zum großen Teil selbst zu suchen.

Was ist zu fordern?

Gute Bart- und Kammbildung; straffe, lackreiche Feder, kräftige, etwas gestreckte Landhuhnform mit leicht abfallendem Rücken und vollem, ziemlich angezogenem und fächerndem Schwanz; mittelhohe und breite Stellung; Robustheit und Wetterhärte. Gute Legeleistung.

Was ist abzulehnen?

Schwache, empfindliche Tiere; Tiere mit körperlicher Mißbildung, mit fehlendem Bart oder zu großen Kehllappen, starker Schwingenschilf, andersfarbiger Anflug, temperamentlose Tiere mit eingefallenen Augen.

Geschichtliches

Im Kanton Appenzell etwa um 1860 von dem Züchter Züst in Wolfhalden erzüchtet, und zwar aus rebhuhnfarbigen Italienern und Barthühnern mit Rosenkamm. Daraus fielen dann rebhuhnfarbige rosenkämmige Barthühner, die fortan Appenzeller Barthühner genannt wurden. Wegen ihres Rosenkammes und ihres die Kehllappen nahezu vollkommen verdeckenden Federbartes sind die Appenzeller Barthühner dem strengen Gebirgsklima recht gut angepaßt; dies dürfte auch im Sinne der Erzüchter gewesen sein. Ursprünglich im goldhalsigen, später auch im schwarzen Farbenschlag gezüchtet. Seit etwa 1952 in Deutschland eingeführt, hier aufgekreuzt und dann von Stuttgart aus verbreitet, so daß sie bei fast jeder großen Ausstellung anzutreffen sind. Anzustreben sind etwas schwerere Tiere mit guter Kammform und Bartbildung sowie die Erhaltung der guten Legeleistung.

Form und Kennzeichen

Hahn

Gewicht: 2 bis 2,3 kg.
Kopf: Mittelgroß, kräftig und breit.
Schnabel: Kräftig, schwärzlich.
Augen: Dunkelbraun, hervortretend.
Kamm: Ziemlich breiter, gut aufliegender Rosenkamm mit ausgeprägten Perlen und einem gerade auslaufenden Dorn.
Ohrscheiben: Weiß, klein, vom Bart verdeckt.
Kehllappen: Klein, vom Bart fast verdeckt.
Bart: Mittlerer, ungeteilter Kinn- und Backenbart. **Gr. F.:** Fehlender Bart.
Gesicht: Leicht behaart.
Hals: Mittellang, leicht gebogen, voller Behang.
Brust: Breit und gewölbt, hoch getragen. **Gr. F.:** Hochgezogene, schmale Brust oder Hängebrust.
Rumpf: Kräftige Landhuhnform, fast rechteckig, mit breiten Schultern. **Gr. F.:** Schmale Schultern.
Bauch: Gut entwickelt.
Rücken: Mittellang und leicht abfallend, Sattel ausgerundet. **Gr. F.:** Fischrücken und zu schmaler Rücken.
Flügel: Mäßig angezogen. **Gr. F.:** Hängeflügel.
Schwanz: Breit angesetzt und gut fächernd getragen, gut angezogen, mit guter Besichelung. **Gr. F.:** Eichhornschwanz oder zu flacher Schwanz, spitzer und zu schmal angesetzter Schwanz.
Schenkel: Gut hervortretend, straff befiedert. **Gr. F.:** Zu hohe oder zu tiefe Stellung.
Läufe: Mittellang, unbefiedert, vierzehig, bläulich bis schwarz. **Gr. F.:** Fleischfarbene Läufe, Stoppeln, grobe Läufe.
Gefieder: Federn breit, eher kurz, straff anliegend. **Gr. F.:** Schmale, lange oder haarige Feder, bauschig.

Henne

Gewicht: 1,6 bis 1,8 kg.
Jahres-Eierleistung: Im 1. Jahr 150 weißschalige Eier.
Bruteier-Mindestgewicht: 55 g.
Bruttrieb: Mäßig.

Die Henne gleicht dem Hahn, jedoch mit den geschlechtlich bedingten Unterschieden. Der Rücken ist waagerechter als beim Hahn.

Ringgröße: Hahn IV, Henne V.

Farbe und Zeichnung

Schwarz
Mantelgefieder grünglänzend schwarz, Untergefieder dunkel bis schwarz. **Gr. F.:** Weiß in den Schwingen, rote Federn in den Behängen, mattes Gefieder, stark violetter Anflug.
Blau-Gesäumt
Grundfarbe ein gleichmäßiges Taubenblau; jede Feder schwarzgesäumt. Hals- und Sattelbehang des Hahnes in Blauschwarz übergehend. Schwanz blau, möglichst der Brustfarbe entsprechend. Aus Zuchtgründen ist der Hahn etwas dunkler als die Henne.
Gr. F.: Sehr helles Blau ohne Säumung, ungleichmäßige oder rußige Grundfarbe, starker Rost im Sattelbehang, weiße Federn.
Rebhuhnfarbig
Hahn: Kopf dunkelgoldfarbig; Halsbehang dunkelgoldfarbig mit schwarzem Schaftstrich, der den Saum nicht durchbrechen darf. Schulterdecken und Rücken rotgoldfarbig. Sattelgefieder rotgoldfarbig, möglichst mit Schaftstrich. Binden schwarzgrün glänzend. Handschwingen schwarz mit schmalem braunem Außensaum. Armschwingen mit schwarzer Innen- und brauner Außenfahne, das Dreieck bildend. Bart, Brust, Schenkel und Schwanz reinschwarz.
Gr. F.: Strohige Behänge, viel Braun in schwarzen Gefiederteilen, Schilf in Schwingen und Schwanz, schwarzes Flügeldreieck.
Henne: Kopf dunkelgoldfarbig; Halsbehang dunkelgoldfarbig mit schwarzem Schaftstrich, der den Saum nicht durchbrechen darf. Rücken, Schultern und Flügeldecken graubraun mit möglichst gleichmäßiger, schwarzer Rieselung und hellem Federkiel. Bart braun. Brust lachsrot, zum Bauch grauer werdend. Schwingen und Schwanz schwarzbraun.
Gr. F.: Fehlender oder durchstoßender Schaftstrich im Halsbehang (Rußkragen). Stark rußiges oder zu helles Mantelgefieder, Flitterzeichnung, stark schilfige Schwingen.

1,1 Appenzeller Spitzhauben, silber-schwarzgetupft

Appenzeller Spitzhauben

Zuchtidee:

Leichtes, sehr temperamentvolles, äußerst bewegliches und stolzes, frühreifes, genügsames Legehuhn. Durch seine Spitzhaube, den Hörnerkamm, die erweiterten Nasenlöcher und den aufgeworfenen Schnabelrücken wirkt es sehr apart. Guter Futtersucher.

Was ist zu fordern?

Robustheit und Wetterhärte, straffe, lackreiche Feder, mittelhohe, breite Stellung. Viel Temperament.

Was ist abzulehnen?

Schwache, empfindliche Tiere, Fehlen des Hörnerkamms, zu volle Rundhaube statt Spitzhaube. Schwache Legeleistung.

Geschichtliches

Aus alten Haubenhühnerschlägen in der Schweiz (Kanton Appenzell) vor Jahrhunderten erzüchtet. Zu den Stammeltern könnten die Brabanter zählen. Die Appenzeller Spitzhauben sind für die Gebirgsgegenden geschaffen. Man muß diese kecken Tiere sehen, wie sie – Gemsen gleich – an Felswänden von Vorsprung zu Vorsprung klettern, um die besten Gräser zu erhaschen. Wenn sie dann abstreichen und dank ihrer

kräftigen Flügel unversehrt landen, könnte man meinen, sie seien Wildvögel. Gerne übernachten sie selbst bei schärfstem Frost auf Bäumen, ohne Schaden zu erleiden. So wild und von unbändigem Temperament sie sonst sind, so gut eignen sie sich aber auch für Volierenhaltung.
Leider sind die Appenzeller Spitzhauben in ihrem Heimatland nicht mehr stark verbreitet. Etwa ab 1952 in Deutschland eingeführt und von Stuttgart aus verbreitet, so daß sie heute bei großen Ausstellungen kaum einmal fehlen.

Form und Kennzeichen

Hahn

Gewicht:	1,5 bis 1,8 kg.
Kopf:	Mittelgroß, mit verdickter Schädelhaut und mit einer mittelgroßen, nach vorne gebogenen Spitzhaube.
Schnabel:	Kräftig, bläulich, mit stark aufgetriebenen Nasenlöchern und hufeisenförmig aufgeworfenem Schnabelrücken, davor eine kleine Fleischwarze. **Gr. F.:** Ohne aufgetriebene Nasenlöcher, Krähenschnabel.
Augen:	Dunkelbraun, lebhaft.
Kamm:	Hörnerkamm, bestehend aus zwei kleinen, runden, oben auseinanderstrebenden Hörnern, ohne Verästelung. **Gr. F.:** Viel Vorfleisch, starke Verästelungen des Kammes, anderer als Hörnerkamm.
Ohrscheiben:	Bläulichweiß, oval, mittelgroß.
Kehllappen:	Mittellang, fein im Gewebe.
Gesicht:	Feurig rot, wenig behaart.
Hals:	Leicht gebogen, mittellang, mit reichem Behang.
Brust:	Etwas hoch getragen, voll gewölbt. **Gr. F.:** Schmale, eingefallene Brust, zu tiefe Brust.
Rumpf:	Harmonisch gerundet, mittellang, walzenförmig. **Gr. F.:** Eckige Körperform.
Bauch:	Gut entwickelt.
Rücken:	Mittellang, leicht abfallend, mit schön ausgerundetem, reichlichem Sattel. **Gr. F.:** Fischrücken, schmaler Rücken.
Flügel:	Ziemlich lang und gut angezogen. **Gr. F.:** Hängeflügel.
Schwanz:	Voll besichelt und breit gefächert, breit angesetzt, bis rechtwinklig zur Rückenlinie getragen. **Gr. F.:** Spitzer, schmaler Schwanz, zu flach getragen; spitzer Schwanzansatz.
Schenkel:	Schlank, sichtbar hervortretend.
Läufe:	Feinknochig, mittellang, vierzehig, von blauer Farbe, Nägel hellhornfarbig. Mittelhohe, breite Stellung. **Gr. F.:** Zu tiefe oder zu enge Stellung, Stoppeln an den Läufen.
Gefieder:	Ziemlich hart und gut anliegend.

Henne

Gewicht:	1,2 bis 1,5 kg.
	Jahres-Eierleistung: Im 1. Jahr 150 weißschalige Eier.
	Bruteier-Mindestgewicht: 55g.
	Bruttrieb: Selten.

Entspricht in der Form im wesentlichen dem Hahn bis auf die geschlechtlich bedingten Unterschiede. Der Rücken ist nahezu waagerecht.

Ringgröße: Hahn V, Henne VI.

Farbe und Zeichnung

Silber-Schwarzgetupft
H a h n: Rein silberweiße Hauptfarbe. Jede Feder endet mit klarer, ziemlich kleiner und nicht kreisrunder schwarzer Tupfenzeichnung. An Kopf und Hals Spitzenzeichnung wenig hervortretend. Hand- und Armschwingen und Schwanzfedern mit schwarzer Endtupfung. Bauch- und Aftergefieder grau. Untergefieder dunkelgrau.
H e n n e: Kopf, Haube und Hals silberweiß mit schwarzer Spitzenzeichnung. Brust, Flügeldecken, Rücken und Schwanz silberweiß mit klarer, schwarzer Endtupfung. Schwingen wie beim Hahn. Untergefieder dunkelgrau.
Gr. F.: Vorsaum, zusammenlaufende (klatschige) Tupfung, die die Grundfarbe nicht überall hervortreten läßt.

Gold-Schwarzgetupft
H a h n: Goldrote Hauptfarbe, Tupfenzeichnung wie bei den Silber-Schwarzgetupften. Schwingen: Außenfahne goldgelb, Innenfahne möglichst schwarz. Brust und Seiten: Gold mit schwarzen Tupfen, Bauch- und Untergefieder grauschwarz. Schwanz: möglichst braun mit schwarzen Endtupfen; schwarzbrauner Schwanz zugelassen.
H e n n e: Goldgelbe Hauptfarbe, Schwanz goldbraun mit schwarzer Endtupfung; sonst wie beim Hahn, unter Berücksichtigung der geschlechtlich bedingten Unterschiede.
Gr. F.: Siehe Silber-Schwarzgetupft.

Schwarz
Das Obergefieder ist bei beiden Geschlechtern grünglänzend schwarz, das Untergefieder dunkelgrau bis schwarz, die Läufe sind blauschwarz bis schwarz. **L. F.:** Etwas Grau in Sicheln, Steuerfedern oder am Hals. **Gr. F.:** Viel Schilf in Schwingen, weiße Kehle oder Haube, stark violetter Glanz oder brauner Anflug.

Blau
H a h n: Gleichmäßiges, mittleres Blau ohne Säumung. Dunkelblaue bis samtschwarze Behänge. Schwanz im Farbton der Brustfarbe entsprechend. Etwas schwarze Spritzer gestattet. Untergefieder graublau.
H e n n e: Gleichmäßiges mittleres Blau, ohne Säumung. Halsbehang dunkler abgesetzt. Etwas schwarze Spritzer gestattet. Untergefieder graublau.
Gr. F.: Fleckiges, rußiges oder zu helles Blau, bräunlicher Hals- oder Sattelbehang, Weiß in Schwingen und Schwanz, weißes Untergefieder.

1,1 Araucana, gold-weizenfarbig

Araucana

Zuchtidee

Ein mittelgroßes, frühreifes Zierhuhn, mit einem in allen Teilen gut abgerundeten Körper. Mittleres Gewicht, normale Legeleistung und gutes Tafelfleisch. Lebhafter, fleißiger Futterverwerter für Freiläufe mit guten Brut- und Aufzuchteigenschaften. – Das Araucana-Huhn soll als züchterisches Kulturdokument gefördert werden und der Rassegeflügelzucht erhalten bleiben.

Was ist zu fordern?

Volle, typische Form des mittelhochgestellten Huhnes. Feiner Kopf mit lebhaften Augen, leicht aufgerichtete Körperhaltung, in allen Teilen gut proportioniert, feinknochig, aber kräftig. Schenkel nur mäßig, aber nicht flauschig hervortretend. Möglichst gleichmäßige Federquasten (Bommeln, Tuffs) an den Kopfseiten und ein dreireihiger, hochgestellter Erbsenkamm von Lorbeerblattform.

Was ist abzulehnen?

Übergroße, plumpe oder eckige Figur, deutliche Abweichungen vom Standardgewicht, andere Kammform, falsche Lauffarbe, Halskrause und Schwanzbildung.

Geschichtliches

Araucana sind aus den halbwild gehaltenen Hühnern der Südsee-Insulaner (Philippinen) und den seit etwa 1500 von den Spaniern und anderen Seefahrern nach Süd-

amerika eingeführten Mittelmeerhühnern entstanden. Die grünblaue Eischale, die Federquasten am Kopf und die Schwanzlosigkeit der Hühner sind in jahrhundertelanger Inzucht bei den Araucana- und anderen Indianerstämmen der Westküste von Südamerika als kumulative Mutation entstanden. Entdeckung der Mutation um 1880 durch nordamerikanische Seeleute und danach Ersteinfuhr nach Nordamerika. In den Jahren 1900 und 1914 erfolgte je eine Einfuhr nach Deutschland, jedoch keine Weiterzucht. Von Professor Castillo, Madrid, im Jahre 1921 auf dem Weltgeflügelkongreß in Den Haag, Niederlande, vorgestellt und beschrieben, jedoch nicht weitergezüchtet. Im Jahre 1960 Wiedereinfuhr von Araucana aus den USA nach Deutschland, kurz darauf auch aus Chile und England.
Am 1. Juli 1962 gründete Friedrich W. Proebsting aus Bonn den Sonderverein „Club der Züchter des Araucana-Huhnes“. Anerkennung als Rasse durch den BDRG im März 1965, zielstrebige und erfolgreiche Förderung im Sonderverein insbesondere durch die Züchter Proebsting, Welberts und Voßhenrich. Seit dem 1. Januar 1965 leitete F. W. Proebsting auch die von ihm gegründete Europa-Sektion des Internationalen Araucana-Clubs, mit eigenen Standards für Araucana mit Schwanz und ohne Bommeln sowie für gleichartige Araucana-Zwerge. Trotz der zeitweilig auftretenden erheblichen genetischen Schwierigkeiten wird die züchterische Vervollkommnung der Araucana von den Mitgliedern beider Züchtervereinigungen erfolgreich weitergeführt.

Form und Kennzeichen

Hahn

Gewicht:	2 bis 2,5 kg.
Kopf:	Mäßig breit, mit Federquasten (Tuffs, Bommeln) in Verbindung mit den Ohrlappen an den Kopfseiten. (Federquasten möglichst gleichmäßig in Größe und Stellung, nach oben, unten, hinten oder vorn zeigend); mit Backenbart (der wenig vorhandene Kehlbart soll glatt anliegen); mit Federquasten und Backenbart. **Gr. F.:** Einseitig ausgebildete Federquasten, stark ausgeprägter Kehlbart.
Schnabel:	Kräftig, leicht gebogen.
Augen:	Lebhaft, Farbe siehe Farbenschläge.
Kamm:	Unregelmäßiger Erbsenkamm, fest, hinten nicht aufliegend. **Gr. F.:** Umkippender Erbsenkamm.
Ohrlappen:	Rot, etwas Emailleeinlagerung zulässig.
Kehllappen:	Wenig entwickelt, bei Barttieren nicht vorhanden. **L. F.:** Ungleiche oder verwachsene Kehllappen.
Hals:	Mittellang, breite Behangfedern. **Gr. F.:** Stark ausgeprägte Halskrause.
Brust:	Breit, leicht gewölbt.
Rumpf:	Gut gerundet, leicht aufgerichtete Haltung. **Gr. F.:** Übergröße, plumpe oder eckige Figur.
Schultern:	Breit.
Rücken:	Mäßig lang. **Gr. F.:** Kurzer, stark abfallender Rücken, zu schmaler und spitzer Körperabschluß.
Flügel:	Fest anliegend, waagerecht, den Körper nicht überragend.
Bauch:	Voll entwickelt.
Schwanz:	Fehlt. **Gr. F.:** Vollständig ausgebildeter Schwanzwirbel.

Schenkel: Kräftig, mäßig hervortretend.
Läufe: Mittellang, feinknochig, glatt.

Henne
Gewicht: 1,6 bis 2 kg.
Bruteier-Mindestgewicht: 50 g.
Eischalenfarbe: Türkis (grünlichblau bis bläulichgrün). **Gr. F.:** Andere Eischalenfarbe.

Form und Kennzeichen der Henne entsprechen bis auf die geschlechtsbedingten Kennzeichen denen des Hahnes. Sie ist in der Körperhaltung waagerechter als der Hahn.

Ringgrößen: Hahn IV, Henne V.

Farbe und Zeichnung

Farbreinheit und Zeichnung des Gefieders sind von untergeordneter Bedeutung.

Wildfarbig
Lauffarbe weidengrün, Augenfarbe orangerot.
Hahn: Kopf, Hals- und Sattelbehang braunrot mit schwarzer Schaftstrichzeichnung. Schultern und Rücken dunkel-rotbraun. Handschwingen schwarz mit braunem Außensaum, Armschwingen Innenseite schwarz, Außenseite braun, das Flügeldreieck bildend. Flügelbinden schwarz. Brust, Bauch und Schenkel schwarz.
Henne: Kopf und Halsgefieder goldbraun mit schwarzer Schaftstrichzeichnung, Brust lachsfarbig, Mantelgefieder braun mit schwarzer Rieselung, hellbrauner Nervzeichnung und mehr oder weniger schwärzlicher Säumung, Schenkel graubraun, Bauch schwarzgrau.

Goldhalsig
Lauffarbe weidengrün, Augenfarbe orangerot.
Hahn: Kopf goldbraun, Hals- und Sattelbehang dunkelgoldgelb mit schwarzer Schaftstrichzeichnung, Schultern und Rücken goldrot, Handschwingen schwarz mit braunem Außensaum, Armschwingen Innenseite schwarz, Außenseite braun, das Flügeldreieck bildend, Flügelbinden schwarz, Brust, Bauch und Schenkel schwarz.
Henne: Kopf und Halsgefieder goldgelb mit schwarzer Schaftstrichzeichnung, Brust lachsfarbig, Mantelgefieder gelbbraun mit schwarzer Rieselung, gelber Nervzeichnung, gelbbraune Säumung zulässig, Schenkel und Bauch graubraun.

Gold-Weizenfarbig
Lauffarbe hellweidengrün, Augenfarbe orangerot.
Hahn: Farbe und Zeichnung wie goldhalsig oder wildfarbig, jedoch ohne schwarze Schaftstrichzeichnung in Kopf, Hals- und Sattelbehang (verdeckte leichte Zeichnung im Halsbehang gestattet).
Henne: Kopf und Halsgefieder rötlichbraun, geringe mattschwarze Schaftstrichzeichnung im Halsbehang zulässig, Mantelfarbe weizenfarbig, Brust, Bauch und

Schenkel hellsemmelfarbig, Schwingen dunkel weizenfarbig mit schwarzbraunen Einlagerungen auf der Innenfahne.

Schwarz-Rot

Lauffarbe schwarzoliv mit gelber Sohle, Augenfarbe rot bis braunrot.
Hahn: Tiefschwarz mit Grünglanz, Kopf, Hals und Sattelbehang satt goldrot mit kräftiger schwarzer Schaftstrichzeichnung in den Behängen, Rücken schwarz oder schwarz mit braunroten Einlagerungen, Schultern braunrot.
Henne: Schwarz mit Grünglanz, Kopf und Halsbehang braunrot mit schwarzer Schaftstrichzeichnung im Halsbehang, rotbrauner Saum im Vorderhals zulässig.

Schwarz

Hahn und Henne schwarz mit Grünglanz. Lauffarbe schwarzoliv mit gelber Sohle, Augenfarbe rot bis braunrot.

Blau-Wildfarbig

Wie wildfarbig, doch Blau an Stelle von Schwarz.

Blau-Goldhalsig

Wie goldhalsig, doch Blau an Stelle von Schwarz.

Blau-Weizenfarbig

Wie gold-weizenfarbig, doch Blau an Stelle von Schwarz.

Blau-Rot

Wie schwarz-rot, doch Blau an Stelle von Schwarz.

Blau

Helleres oder dunkleres Blau mit oder ohne Säumung, Kopf, Hals- und Sattelbehang und Schultern beim Hahn deutlich dunkler. Lauffarbe schwarzoliv bis weidengrün mit gelber Sohle, Augenfarbe rot bis braunrot.

Weiß

Rahmweiß, beim Hahn etwas Gelb im Schmuckgefieder zulässig. Lauffarbe weidengrün bis grünlichgelb, Augenfarbe orangerot.

Gesperbert

Jede Feder in mehrfachem Wechsel von Schwarz und Hellblaugrau, leicht bogig quer gesperbert; beim Hahn in etwa gleicher Breite, bei der Henne mit breiterem schwarzem Anteil; die Sperberung ist nicht scharf und das Untergefieder nur schwach gezeichnet. Lauffarbe gelb, auch mit schwarzem Anflug oder vereinzelten schwarzen Schuppen, Augenfarbe orangerot.

Silberhalsig

Lauffarbe weidengrün, Augenfarbe orangerot.
Hahn: Kopf, Hals- und Sattelbehang silberweiß mit schwarzer Schaftstrichzeichnung, Schultern und Rücken silberweiß, Handschwingen schwarz mit weißem Außensaum, Armschwingen Innenseite schwarz, Außenseite weiß, das Flügeldreieck bildend, Flügelbinden schwarz, Brust, Bauch und Schenkel schwarz.

H e n n e: Kopf und Halsgefieder silberweiß mit schwarzer Schaftstrichzeichnung, Brust lachsfarbig, Mantelgefieder silbergrau mit schwarzer Rieselung, weißer Nervzeichnung, leichter Silbersaum zulässig, Schenkel und Bauch grau.

1,1 Asil, rotbunt

Asil

Zuchtidee

Ein knapp mittelgroßer asiatischer Kämpfer-Typ mit ungemein harter Bemuskelung. Hahn und Henne sind sehr kampflustig.

Was ist zu fordern?

Die Erhaltung eines starkknochigen, sehr breiten, gedrungenen, stark muskulösen Ur-Huhnes, eher niedrig als mittelhoch gestellt, Haltung geballte Kraft verkörpernd. Die Farbe ist von untergeordneter Bedeutung.

Was ist abzulehnen?

Tiere mit weichem Muskelfleisch, schmalem Rumpf, schmalen Schultern, hoher Stellung und weichem Gefieder.

Geschichtliches

Die Asil stammen aus Vorderindien, wo sie von alten Zeiten her in höchsten Ehren gehalten werden. Sie kommen dort in vielen Farben und Größen vor. Jede Gegend hält den für die dort geltenden Kampfregeln besonders gezüchteten Rassetyp. Unser Standard beschreibt die Rajah-aseel. Sie sind für ihre Größe ungewöhnlich kompakt, kräftig und ausdauernd. In den 70er Jahren des 19. Jahrhunderts wurden sie nach England eingeführt und gelangten von dort aus nach Deutschland.

Form und Kennzeichen

Hahn

Gewicht:	2 bis 2,5 kg.
Kopf:	Kurz, klein, mit breiter Stirn. **Gr. F.:** Langer, schmaler Kopf.
Schnabel:	Greifvogelartig, sehr kurz und sehr stark, leicht gebogen, gelb, auch mit dunklem First. **Gr. F.:** Langer Schnabel.
Augen:	Groß, möglichst weiß (perlfarbig), bei Jungtieren gelb bis orangegelb zulässig. **Gr. F.:** Rote Augenfarbe.
Kamm:	Kurzer, wenig entwickelter Erbsenkamm. **Gr. F.:** Einfacher oder Wulstkamm.
Ohrlappen:	Unbedeutend, dunkelrot.
Kehllappen:	Fehlen, dafür eine dunkelrote, nackte, mit harten Borstenfedern besetzte Kehlhaut.
Gesicht:	Fein im Gewebe.
Hals:	Mittellang, aufrecht getragen, scharf abgesetztes Genick, von oben bis unten gleich dick erscheinend, Halsbehang kurz, die Schultern nicht bedeckend.
Schultern:	Mächtig breit, sehr hervortretend, abstehender Flügelbug. **Gr. F.:** Schmale Schultern.
Rumpf:	Sehr kurz und breit, eiförmig, aber abgeplattet, stark abfallend getragen, mit sehr kurzem, knappem, anliegendem Gefieder. **Gr. F.:** Weiches Muskelfleisch, waagerechte Haltung, schmaler Rumpf.
Rücken:	Breit und flach, abfallend.
Flügel:	Kurz, fest anliegend, hoch getragen.
Bauch:	Wenig entwickelt.
Schwanz:	Geschlossen, gesenkt getragen, fest im Ansatz, mit kurzen, schmalen, nur leicht gebogenen Sicheln und spärlichen Schwanzdeckfedern. **Gr. F.:** Hohe Schwanzhaltung.
Schenkel:	Breitspurig stehend, kurz, sehr muskulös, knapp befiedert.
Läufe:	Sehr breitstehend, kurz, kräftige Knochen, gelb; starke, spitze Sporen. **Gr. F.:** Zu hohe Stellung.
Gefieder:	Knapp, derb, fest anliegend. **Gr. F.:** Volles, weiches Gefieder.

Henne

Gewicht: 1,5 bis 2 kg.

Jahres-Eierleistung: 60 cremefarbige bis bräunliche Eier.

Bruteier-Mindestgewicht: 40 g.

Bruttrieb: Sehr gut.

Die Henne gleicht dem Hahn bis auf die geschlechtsbedingten Merkmale.

Ringgröße: Hahn III, Henne IV.

Farbe und Zeichnung

Bei der Bewertung ist die Farbe von untergeordneter Bedeutung.

Rotbunt
Ähnlich der Porzellanfarbe; Hals und Sattelbehang rotgold, Schwanz schwarz, sehr stark grünglänzend.

Wildfarbig (Bankiva)
Henne weizenfarbig.

Fasanenbraun
Hahn: Gleicht dem weizenfarbigen Malaienhahn, nur sind Rücken, Schulterdecken und Behang etwas dunkler, der Behang manchmal fast schwarz.
Henne: Ebenfalls möglichst dunkler Hals, sonst braun mit schwarzer Zeichnung.

Schwarz-Weißgescheckt

Weiß

Blau-Silberhalsig

Weizenfarbig
Hahn: Kopf, Hals- und Sattelbehang goldigbraunrot; Rücken braun; Schulterdekken rot; die großen Flügeldeckfedern bilden ein breites, schwarzes, glänzendes Querband; Außenfahne der Schwingen braunrot, teils mit schwarzem Schaftstrich; Vorderhals, Brust, Bauch, Schenkel und Schwanz schwarz mit grünem Glanz.
Henne: Kopf und Halsbehang braunrot, teils mit schwarzem Schaftstrich; Rücken, Bürzel, Schwanzdeckfedern, Flügel, Schenkel und Bauch rötlichgelb; Hinterteil rostgelb; die Federn der Brustseiten mit rötlichem Rand und hellem Federschaft; Schwanzfedern und Schwingen schwarz mit bräunlichem Rand.

Blau
Möglichst gleichmäßiges, mittleres Graublau, mit oder ohne Säumung. Halsbehang sowie Sattel und Schwanz des Hahnes dunkler.

Blau-Rotbunt
Zeichnungsverteilung ähnlich der Porzellanfarbe; Hals- und Sattelbehang rotgold; schwarze Tupfen der Rotbunten sind hier durch Blau ersetzt. Schwanz blau; einige weiße Federn in Schwingen und Schwanz zulässig.

Rotgesattelt
Entsprechen den Modernen Englischen Kämpfern. Sind in Farbe und Zeichnung nachsichtig zu beurteilen (unreine Brust beim Hahn bzw. Flügeldeckenzeichnung bei der Henne), müssen aber in den Rassemerkmalen höheren Ansprüchen genügen.

1,1 Augsburger, schwarz

Augsburger

Zuchtidee

Das Augsburger Huhn wird vor allen Dingen von Liebhabern für Rasse- und Sportzucht gehalten. Ein mittelschweres Landhuhn, das in erster Linie auf Schönheit gezüchtet wird.

Was ist zu fordern?

Ein mittelhoch gestelltes Huhn mit kräftigem Rumpf und gut ausgebildetem Bauch. Wichtig ist der formvollendete Kronen- oder Becherkamm.

Was ist abzulehnen?

Grundsätzlich alles, was vorstehender Grundidee nicht entspricht, d.h. in Form versagende, zu kleine, schwache, spitze, unentwickelte, andererseits grobknochige, plumpe Tiere, wie auch solche mit stumpfer, glanzloser Feder.

Geschichtliches

Das Augsburger Huhn wurde um 1870 bei Augsburg aus einer Kreuzung von La Flèche und schwarzen, schwarzläufigen Lamotta erzüchtet. Damit entstand eine neue, seltene Rasse, die gleichzeitig in Augsburg und im Schwarzwald gezeigt wurde. Später wurden im Laufe der Jahrzehnte auch Einkreuzungen mit Sachsenhuhn, Rheinländer, Minorka und ganz besonders mit La Flèche vorgenommen, die aber selten befriedigend waren, da die für diese Rasse maßgebende Feinheit dadurch leidet. Die Augsburger fanden in ganz Deutschland Liebhaber. Seit 1938 besteht auch ein Sonderverein. Besonders in den sechziger Jahren hat diese Zucht einen Aufschwung erfahren.

Form und Kennzeichen

Hahn

Gewicht: 2,3 bis 3 kg.
Kopf: Mittelgroß, ziemlich breit.
Schnabel: Dunkelgrau.
Augen: Dunkelbraun (bei Alttieren etwas heller erlaubt).
Kamm: Aufrechtstehend, beginnt am Schnabel einfach, teilt sich nach der 1. oder 2. Kammzacke zu einem becherförmigen, kronenartig gezackten Kamm. Beide Kammteile sollen so geformt sein, daß der dadurch entstehende Becher hinten geschlossen erscheint. Möglichst gleichmäßige Zackenbildung. **Gr. F.:** Andere Kammform, z. B. Schlappkamm, Schmetterlingskamm, vor der Teilung mehr als 3 einfache Kammzacken.
Ohrscheiben: Länglich rund, glatt, rein weiß. **Gr. F.:** Stark rote Ohrscheiben.
Kehllappen: Mittelgroß und dünn.
Gesicht: Glatt.
Hals: Aufrecht getragen, mittellang.
Brust: Voll, breit, etwas angehoben getragen.
Rumpf: Mittelgroß, kräftig, leicht abfallend getragen. **Gr. F.:** Schwacher Körper.
Haltung: Etwas aufgerichtet.
Rücken: Breit, ziemlich lang, nach hinten ganz leicht abfallend. **Gr. F.:** Zu kurzer Rücken.
Flügel: Anliegend getragen (leicht hängend kein Fehler).
Schwanz: Lang, mit langen Sicheln, etwas geöffnet, ziemlich hoch, jedoch nicht zu steil getragen. **Gr. F.:** Zu stark gefächert.
Schenkel: Sichtbar.
Läufe: Mittellang, unbefiedert, schiefergrau, hellere Zehenspitzen kein Fehler. **Gr. F.:** Zu tiefe Stellung.

Henne

Gewicht: 2 bis 2,5 kg.
Jahres-Eierleistung: 160 bis 170, nicht selten 180 weißschalige Eier.
Bruteier-Mindestgewicht: 58 g.
Bruttrieb: Gering.

Die Henne gleicht dem Hahn, jedoch mit den geschlechtlich bedingten Unterschieden. Der Bauch ist gut entwickelt, der Schwanz wird etwas weniger aufrecht und leicht gefächert getragen. Der Rücken weist keine Kissenbildung auf. **Gr. F.:** Breiter Fächer und Steilschwanz.

Ringgröße: Hahn IV, Henne V.

Farbe und Zeichnung

Schwarz

Hahn und Henne: Intensives Schwarz mit grünem Glanz. **Gr. F.:** Bronze- oder violette Farbtöne.

Blau-Gesäumt
Mittleres Taubenblau, jede Feder mit schwarzem Saum; beim Hahn sind Hals- und Sattelbehang blauschwarz. **Gr. F.:** Zu helles oder zu dunkles Blau; weiße oder schilfige Federn; Bronze- oder Violettöne.

1,1 Australorps, schwarz

Australorps

Zuchtidee

Ein schnellwüchsiges, frühreifes Zwiehuhn mit vorzüglicher Legeleistung, beste Fleischqualität. Vollmittelschweres, ruhiges, dabei emsiges Wirtschaftshuhn mit entsprechendem, kräftigem Körperbau.

Was ist zu fordern?

Ein mittelhoch gestelltes, lebhaftes Huhn von mittlerem Gewicht mit tiefer Brust, breitem, ziemlich lang erscheinendem Rücken und gut ausgebildetem Bauch. Der Rumpf wird fast waagerecht getragen. Rückenlinie mit ansteigendem, vollem Schwung.

Was ist abzulehnen?

Jegliche Kissenbildung an den Schenkeln sowie in der Rückenpartie, matte Färbung bei Schwarz, schmaler kurzer Körper, Cochintyp und langer, spitzer Schwanz.

Geschichtliches

Die Australorps stammen von den schwarzen Orpington aus England. Bei der Züchtung standen u. a. auch schwarze Deutsche Langschan Pate. 1950/51 kamen die schwarzen Australorps auf verschiedenen Wegen zu uns nach Deutschland, zum größten Teil über Amerika, Holland, England und Südafrika. Sie wurden in England und Australien von den dortigen Züchtern nur auf Legeleistung gezüchtet. Diese hohe Legeleistung gab den amerikanischen Züchtern Anlaß, sie im Jahre 1925 nach den USA zu importieren. Dort erkannte man auch die Fleischnutzung der Orps, und dies war der Grund, daß im Jahre 1929 die Australorps in den amerikanischen Standard aufgenommen wurden.
Wir verfügen in Deutschland über verschiedene Stämme, die uns die Möglichkeit geben, für lange Zeit intensive Zucht durchzuführen, ohne auf fremdes Blut zurückzugreifen. Anläßlich der Landesverbands- und Sonderschau Rheinland-Pfalz am 30. 11. 1952 in Finthen bei Mainz wurde der Sonderverein der Züchter der Australorps gegründet. Auf Antrag des SV erfolgte 1952 durch den BDRG in Deutschland die Anerkennung gemäß dem internationalen Standard.

Form und Kennzeichen

Hahn

Gewicht:	3 bis 3,5 kg.
Kopf:	Mittellang, leicht gewölbt.
Augen:	Dunkelbraun.
Kamm:	Einfachkämmig, mittelgroß, fest aufsitzend, mit 4 bis 6 Zacken, Kammfahne etwas der Nackenlinie folgend.
Ohrlappen:	Mittelgroß, länglich, glatt, rot. **Gr. F.:** Weiß in den Ohrlappen.
Kehllappen:	Mittelgroß, schön gerundet.
Gesicht:	Unbefiedert, rot, von feinem Gewebe. **Gr. F.:** Dunkle Gesichtsfarbe.
Brust:	Voll, vorgewölbt und gut gerundet.
Rumpf:	Mäßig lang, ziemlich tief, fast waagerecht getragen, nur leicht nach hinten abfallend. **Gr. F.:** Schmaler Körper, Cochintyp.
Bauch:	Breit, voll, mäßig tief und flaumreich.
Rücken:	Mäßig lang, gleichbleibend breit, von den Schultern bis zur Mitte des Rückens leicht abfallend, dann zum Schwanz hin allmählich ansteigend. **Gr. F.:** Buckelpolster.
Flügel:	Von mittlerer Größe, gut anliegend, waagerecht getragen, breite Hand- und Armschwingen.
Schwanz:	Mittellang und breit, mittelhoch bis hoch getragen, bei gut gefülltem, gerundetem Übergang. Zahlreiche, gut gebogene Sicheln und Deckfedern hüllen die Steuerfedern fast ganz ein. **Gr. F.:** Langer oder spitzer Schwanz.
Schenkel:	Fleischig, mäßig lang, noch sichtbar. **Gr. F.:** Starke Kissenbildung.
Läufe:	Mittellang, unbefiedert. **Gr. F.:** Gelbe Sohlen.

Henne

Gewicht: 2 bis 2,5 kg.
Jahres-Eierleistung: 230 hellbraune Eier.
Bruteier-Mindestgewicht: 55 g.
Bruttrieb: Zuverlässig.

Die mäßig lange, breite, ziemlich tiefe, etwas länglich wirkende Form der Rasse kommt bei der Henne mit gut entwickelter Hinterpartie besonders zum Ausdruck. Rücken- und Schwanzpartie gut ansteigend mit lose getragenen, breiten Steuerfedern. Gefieder gut anliegend, ohne stärkere Kissenbildung. Schenkel aus dem Gefieder noch heraustretend. Sonst dem Hahn bis auf die durch das Geschlecht bedingten Unterschiede fast gleich.

Ringgröße: Hahn II, Henne III.

Farbe und Zeichnung

Schwarz
Tiefgrünglänzendes Schwarz, dunkler Flaum. Schnabel glänzend schwarz, helle Spitze beim Hahn zulässig. Läufe und Zehen schwarz, Fußsohlen und Zehenunterseite weiß bis blaßrosa, Zehennägel weiß bis hellhornfarbig. **Gr. F.:** Mattes, bronze- oder violettglänzendes Gefieder, Weiß in den Schwingen.

Weiß
Leicht gelber Anflug im Schmuckgefieder des Hahnes gestattet. Läufe möglichst dunkelblau, bläulichweiß noch zugelassen. Augen dunkelbraun bis rotbraun. **Gr. F.:** Stark gelber Anflug, andersfarbige Federn, Augenfarbe ohne braunen Farbton.

Blau-Gesäumt
Hahn: Grundfarbe ein zartes Graublau, Brust, Schenkel jede Feder gleichmäßig schwarz gesäumt. Hals, Decken und Sattelbehang samtschwarz. Der Hahn im Gesamtton etwas dunkler als die Henne.
Henne: Grundfarbe ein zartes Graublau, jede Feder schwarz gesäumt.
Läufe und Zehen schwarz, Fußsohlen und Zehenunterseite weiß bis blaßrosa.
Gr. F.: Rost im Hals- und Sattelbehang, fehlende Säumung, weiße, schwarze oder gefleckte Federn im Mantelgefieder.

1,1 Barnevelder, doppeltgesäumt

Barnevelder

Zuchtidee

Frühreifes Legehuhn mit lebhaftem, aber angenehmem Temperament. Bei guter Fleischnutzung als Leger vieler großer, braunschaliger Eier bekannt. Nichtbrüter, schlechter Flieger, als Wirtschaftshuhn für alle Verhältnisse gleich geeignet. Ein Nutzhuhn ersten Ranges. Mit seiner besonderen Form und eigenartigen Farbe auch dem Schauzüchter viele Reize und Feinheiten bietend.

Was ist zu fordern?

Da das Barnevelder Huhn in erster Linie Leistungshuhn sein und bleiben soll, ist auf Form, gute Entwicklung, Geräumigkeit des Körpers in den Grenzen der Mittelschwere, Glanz und Saft der Feder ganz besonderer Wert zu legen. Erst Form, dann Farbe!

Was ist abzulehnen?

In Form versagende, zu kleine, schwache, spitze, unentwickelte, andererseits grobknochige, plumpe Tiere, wie auch solche mit stumpfer, glanzloser Feder.

Geschichtliches

Die Heimat der Barnevelder ist Holland. Sie sind nicht als planmäßige Neuzüchtung entstanden, sondern ursprünglich eine Schlagzüchtung, die zunächst nur örtliche Bedeutung hatte. Sie haben sich von ihrem Heimatort Barneveld (Holland) langsam weiter verbreitet. Das in England beliebte und besser bezahlte große braune Ei war lange Jahre dem holländischen Bauern das einzige züchterische Ziel. Nur zu diesem Zweck kreuzte er sein Landhuhn mit Asiaten und Halbasiaten, so daß die Barnevelder, soweit sie sich zurückverfolgen lassen, eine Mannigfaltigkeit von Stammrassen zeigen, die an ihrem Aufbau Anteil haben. Ein Hauptanteil im Typ und an den wirtschaftlichen Eigenschaften der Barnevelder Rasse ist dem bodenständigen Landhuhn und den Langschan alter Zuchtrichtung zuzuschreiben. Doch sind auch Rhodeländer, Goldwyandotten, Cochin und wohl Indische Kämpfer beteiligt. 1920 wurde in Holland die erste Vereinigung von Züchtern und Förderern der Barnevelder gegründet mit dem Ziel, „die Barnevelder rasserein zu züchten und die Legetätigkeit zu kontrollieren". 1921 stellten Westerink und Wellemann den ersten Standard auf. 1922/23 wurden die ersten Barnevelder in den Provinzen Rheinland und Westfalen in Deutschland gezeigt.

Form und Kennzeichen

Hahn

Gewicht:	3 bis 3,5 kg.
Kopf:	Mittelhoch, ziemlich breit.
Schnabel:	Kurz, breit, gelb mit dunklem First.
Augen:	Orangerot.
Kamm:	Einfach, knapp mittelgroß, Fahne nicht zu fest aufliegend, 4–6 gleichmäßig tiefe Zacken, fein im Gewebe.
Ohrlappen:	Länglich, mittelgroß, fein im Gewebe, rot. **Gr. F.:** Emaille in den Ohrlappen.
Kehllappen:	Gut gerundet, kurz.
Gesicht:	Glatt, federfrei, rot.
Hals:	Mittellang, mit sehr vollem Behang.
Brust:	Tief und breit, wenig gewölbt. **Gr. F.:** Schmale, spitze Brust.
Rumpf:	Tief, breit, gedrungen, aber doch von fließender, gefälliger Linienführung, Länge zur Tiefe wie 3:2, waagerecht getragen. **Gr. F.:** Mangelnde Geräumigkeit oder Tiefe des Körpers.
Bauch:	Breit, voll und tief.
Rücken:	Mittellang, breit, im Sattel hohl ansteigend. **Gr. F.:** Fischrücken, schmaler oder abfallender Rücken.
Flügel:	Geschlossen, anliegend.
Schwanz:	Mittelhoch bis hoch getragen, knapp mittellang, mit sehr reicher, breiter Besichelung. **Gr. F.:** Sehr steil oder flach getragener Schwanz.
Schenkel:	Kräftig, sichtbar hervortretend. **Gr. F.:** Starke Kissenbildung.
Läufe:	Mittellang, feinknochig, gelb. **Gr. F.:** Stoppeln, zu hohe oder zu tiefe Stellung.

Henne

Gewicht:	2,5 bis 2,75 kg.
	Jahres-Eierleistung: Im 1. Jahr mindestens 180, im 2. Jahr 150 Eier.
	Bruteier-Mindestgewicht: 60 g.
	Schalenfarbe der Eier: Dunkelbraun.
	Nichtbrüter.

Die Henne hat einen vollen und tiefen Körper, eine breite Brust und einen gut entwikkelten, weichen Bauch. Ihr Rücken ist mittellang, ihre Rückenlinie hohl ansteigend. Der Schwanz wird leicht offen getragen und ist breit angesetzt. Die gelben Läufe haben meist einen leicht rauchigen Anflug. **Gr. F.:** Wenig entwickelter Bauch.

Ringgröße: Hahn III, Henne IV.

Farbe und Zeichnung

Doppeltgesäumt
Hahn: Hals- und Sattelbehang schwarz mit Rotbraun durchsetzt. Jede Feder mit schwarzer, grünglänzender Säumung und rotbrauner Mitte, möglichst doppeltgesäumt. Vorderseite des Halses, Brust, Bauch, Schenkel, Hinterteil und Schwanz schwarz (verdeckte Zeichnung in Brust und Schenkeln erwünscht), Brust und Schwanz grünglänzend. Rücken rotbraun, jede Feder grünglänzend schwarz gesäumt. Schulterdecken dunkelrotbraun mit breiter schwarzer Säumung oder Doppelsäumung. Flügelbinden grünglänzend schwarz, möglichst mit Zeichnung wie auf Schulterdecken. Handschwingen schwarz mit schmalem, rotbraunem Saum am Außenrand; Armschwingen innen schwarz, außen rotbraun, schmal schwarz gesäumt, geschlossen ein rotbraunes Dreieck bildend.
Henne: Kopf und Hals schwarz. Rücken, Sattel und der gesamte Flügel rotbraun mit schwarzer, grünglänzender Doppelsäumung; Doppelsäumung wünschenswert auf Brust und Schenkel sowie Bauch. Schwarz schwarz, die großen Schwanzdeckfedern braun gezeichnet.
Gr. F.: Stumpfes, glanzloses Schwarz, lehmiges, strohiges Braun, zu viel oder zu wenig Rotbraun in Hals- und Sattelbehang beim Hahn, viel Braun im Hals oder rote Kehle der Henne, Weiß in Schwingen und Schwanz beim Hahn, mangelhafte Doppelsäumung bei der Henne.

Schwarz
Hahn und Henne: Sattschwarz mit grünem Glanz; Untergefieder des Hahnes nach dem Grunde zu weiß. **Gr. F.:** Braun im Gefieder, stark schilfige Sicheln beim Hahn.

Weiß
Hahn und Henne: Rahm- bis silberweiß. **Gr. F.:** Gelber Anflug.

Dunkelbraun
Hahn und Henne dunkel-kastanienbraunes Mantelgefieder. Der Farbton soll der Zeichnungsfarbe der Doppeltgesäumten entsprechen. Hals mit schwarzer Tropfenzeichnung. Schwanz schwarz mit grünem Glanz. Handschwingen schwarz mit Braun durchsetzt. Armschwingen: Außenfahne braun, Innenfahne schwarz, mit wenig Braun durchsetzt, Untergefieder braun, grau zugelassen. **Gr. F.:** Uneinheitliche Mantelfarbe, viel sichtbares Schwarz in der Mantelfarbe.

1,1 Bergische Kräher

Bergische Kräher

Zuchtidee

Großes, stattliches Huhn mit gutem Fleischansatz, Förderung der Frühreife, Erhaltung des eigenartigen Krährufes.

Was ist zu fordern?

Der Hahn muß den langgezogenen Krähruf zum Vortrag bringen, dem diese Rasse den Namen verdankt. Die Form der Kräher soll die bekannte Dreibogenlinie zeigen. Den ersten Bogen bildet der Hals, den zweiten der gewölbte Rücken und den dritten Bogen der reich mit langen Sicheln besetzte Schwanz.

Was ist abzulehnen?

Grundsätzlich jedes Tier, das in obigen Bedingungen vollständig versagt. Ferner allzu hohe Stellung, Bronzeschwänze, Bartzeichnung (braune Federn an der Kehle der Henne).

Geschichtliches

Die Heimat der Bergischen Kräher ist das Bergische Land. Einer alten Sage zufolge soll der Graf von Berg im Jahre 1190 lang krähende Hähne aus dem Kreuzzug mitgebracht haben, weil der Krähruf des Hahnes ihn und sein Gefolge aus großer Gefahr gerettet habe. Das Schloß des Grafen von Berg befand sich in damaliger Zeit im Tale der Dhünn. Die Zisterziensermönche des in unmittelbarer Nähe des Schlosses gelegenen Klosters Altenberg verbreiteten die Rasse durch das ganze Bergische Land. Um den Krähruf auf der alten Höhe zu halten, wurden alljährlich große Wettkrähen veranstaltet, zu denen die Grafen von Berg außergewöhnlich hohe Preise stifteten. Um die Mitte des 19. Jahrhunderts wurden die Bergischen Kräher durch die Einfuhr vieler neuer Rassen verdrängt. Nur einige wenige Liebhaber blieben dieser Rasse treu. 1916 gründete der bekannte Solinger Züchter Heinrich Beyer die „Vereinigung der Züchter Bergischer Hühnerrassen". Um den Krähruf wieder auf die alte Höhe zu bringen, führte man 1923 das alljährliche Wettkrähen wieder ein. Der Anfang wurde mit sieben Hähnen gemacht, 1939 standen 73 Hähne im Wettbewerb. Auch der schwere Rückschlag durch den zweiten Weltkrieg wurde überwunden. Durch die Unterstützung des ehemaligen Präsidenten des BDRG, Ziebertz, und die Hilfe des Rheinischen Landesverbandes fanden große Züchtertagungen statt. Der Rundfunk sandte den Krähruf über Länder und Meere. Selbst das Ausland interessierte sich für die älteste deutsche Hühnerrasse. Bis heute werden alljährlich die sog. „Wettkrähen" veranstaltet, um das eigenartige Krähen zu erhalten und züchterisch zu fördern.

Form und Kennzeichen

Hahn

Gewicht:	3 bis 3,5 kg.
Kopf:	Gestreckt, Hinterkopf breiter.
Schnabel:	Stark in der Wurzel, lang, hornfarbig.
Augen:	Rot bis orangefarben, das dunkle Lid mit Härchen besetzt.
Kamm:	Mittelgroßer Stehkamm, nicht zu tief und grob gezackt, mit etwas hochstrebender Fahne, fein im Gewebe.
Ohrscheiben:	Mittelgroß, mandelförmig, reinweiß. **Gr. F.:** Rote Ohrscheiben.
Kehllappen:	Mittellang, dünn.
Gesicht:	Groß, mit Haarfederchen besetzt, rot.
Hals:	Sehr lang, in flachem Bogen nach vorn getragen. Langer, aber nicht zu voller Behang.
Brust:	Etwas hochgezogen, flach gewölbt, mit langem Brustbein.
Rumpf:	Walzig langgestreckt, schlank und kräftig, schräg aufgerichtet, mit hohen Schultern. **Gr. F.:** Kurzer Körper.
Bauch:	Voll ausgeprägt.
Rücken:	Lang, mit flacher Wölbung und anschließend sanfter Neigung gegen den breiten Sattel. **Gr. F.:** Gerader Rücken.
Flügel:	Hoch angesetzt, lang, angezogen.
Schwanz:	Im stumpfen Winkel ziemlich aufrecht getragen, mit langen, breiten Haupt- und vielen Nebensicheln. **Gr. F.:** Eichhornschwanz.
Schenkel:	Mittellang, besser etwas kürzer, muskulös, nicht weit herausragend, anliegend befiedert.
Läufe:	Lang, kräftig, graublau. **Gr. F.:** Zu niedrige Stellung.

Henne

Gewicht:	2 bis 2,5 kg.
	Jahres-Eierleistung: Im 1. Jahr 150, im 2. Jahr 120 weißschalige Eier.
	Bruteier-Mindestgewicht: 56 g.
	Bruttrieb: Nicht vorhanden.

Die Henne erscheint weniger hochgereckt und ist etwas niedriger gestellt, der Rumpf wird fast waagerecht getragen, ihr Rücken ist ebenfalls gewölbt. Brust und Bauch sind voll und abgerundet, der Schwanz wird im stumpfen Winkel bis zum Ende etwa in gleicher Breite getragen. Der Kamm der Henne ist einfach, mittelgroß und kann sich im hinteren Teil leicht nach der Seite neigen.

Ringgröße: Hahn III, Henne IV.

Farbe und Zeichnung

Hahn: Hals- und Sattelbehang goldbraun, jede Behangfeder mit schwarzer Spitze und schwarzem Rand (rußig), jedoch ohne Schaftstrich. Rücken braunrot bis schwarz. Schultern leuchtend goldbraun. Brust schwarz mit einigen z. T. von Schwarz verdeckten goldbraunen Tupfen an den Seiten (Dobbelung). Der goldbraune Tupfen soll dabei jeweils in der Mitte (nicht an der Spitze) der sonst schwarzen Feder liegen. Bauch und Hinterpartie schwarz. Schwanz schwarz mit grünem Glanz. Außenfahnen der Schwingen goldbraun, Innenfahnen schwarz. Große Flügeldeckfedern goldbraun, mit grober schwarzer Säumung, die 2–3 grünglänzenden Binden bildet.
Henne: Hals, Sattel, Schwanz und Bauchpartie samtschwarz. Leichte braune Rieselung in den großen Schwanzdeckfedern ist zugelassen. Rücken, Schultern und Brust schwarz mit leichter, unregelmäßiger, goldbrauner Dobbelung. Große Flügeldeckfedern goldbraun mit grober, schwarzer Säumung, 1–2 Binden bildend. Schwingen wie beim Hahn. **Gr. F.:** Zeichnung im Schwanz des Hahnes oder in den Steuerfedern der Henne, grobe Zeichnungsfehler.

Bergische Schlotterkämme, 0,1 schwarz und 1,0 schwarz-gelbgedobbelt

Bergische Schlotterkämme

Zuchtidee

Ein derbes, mittelgroßes, wetterfestes Nutzhuhn mit gedrungenem Körper, gut ausgeprägtem Bauch und einem zur Seite schlotternden, einfachen Kamm. Gutes Fleisch- und Legehuhn.

Was ist zu fordern?

Vor allen Dingen der Legetyp, sowie Reinheit in Farbe und Zeichnung; hartes und festes Gefieder.

Was ist abzulehnen?

Allzu schnittige Figuren, körperliche Mängel und andere als einfache Kämme.

Geschichtliches

Eine schon vor vielen hundert Jahren im Bergischen Land neben den Krähern gezüchtete Rasse waren die Bergischen Schlotterkämme. Sie sind aus der Vermischung von westeuropäischen Sprenkelhühnern mit spanischen Landschlägen entstanden. Der Ursprung der schwarzen Rasse ist nicht nachzuweisen. Lange, bevor man die Geflügelzucht im heutigen Sinne kannte, wurden die Bergischen Schlotterkämme in ihrer Heimat, dem Bergischen Land, in vielerlei Farbenschlägen gezüchtet.

Die Schwarz-Weißgedobbelten, auch Holthauser Schimmel genannt, wurden vor über hundert Jahren in dem Dorf Holthausen, die Schwarz-Gelbgedobbelten, früher Kuchhauser Gelbe genannt, in dem Dorf Kuchhausen herausgezüchtet. Die Bergischen Schlotterkämme sind seit Jahren als eine gute Legerasse bekannt.

Form und Kennzeichen

Hahn

Gewicht: 2 bis 2,75 kg.
Kopf: Kräftig, breit.
Schnabel: Kräftig, mittellang.
Augen: Rot bis dunkelbraun.
Kamm: Einfach, aufrecht, übermittelgroß, mit gut ausgebildeter Fahne, die dem Nacken folgt, ohne aufzuliegen, nicht zu tief gezackt.
Ohrscheiben: Mäßig groß, länglich-rund, reinweiß. **Gr. F.:** Viel Rot in den Ohrscheiben.
Kehllappen: Mittellang, gut abgerundet.
Gesicht: Behaart, rot.
Hals: Gedrungen, mit reichem Behang.
Brust: Tief angesetzt, voll und breit.
Rumpf: Breite, derbe, leicht abfallende Walzenform mit breiten Schultern.
Bauch: Voll und tief.
Rücken: Mittellang, sich wenig verjüngend, mit reichem Sattelbehang. **Gr. F.:** Sehr kurzer Rücken.
Flügel: Hoch angesetzt, lang, fest anliegend.
Schwanz: Im stumpfen Winkel ziemlich aufrecht getragen, sehr reich entwickelt. **Gr. F.:** Steilschwanz, sogenannter Eichhornschwanz, Schleppschwanz.
Schenkel: Kräftig, etwas sichtbar, fest befiedert.
Läufe: Mittellang, schieferfarben, bei Gesperberten fleischfarben. **Gr. F.:** Zu hohe Stellung.

Henne

Gewicht: 1,75 bis 2,25 kg.
Jahres-Eierleistung: Im 1. Jahr 180, im 2. Jahr 160 reinweiße Eier.
Bruteier-Mindestgewicht: 55 g.
Kein Bruttrieb.

Die Henne entspricht dem Hahn bis auf die geschlechtlich bedingten Unterschiede. Sie ist mehr waagerecht in der Haltung und hat einen sehr tiefen, vollen Bauch sowie einen umliegenden, schlotternden Kamm. **Gr. F.:** Stehkamm.

Ringgröße: Hahn IV, Henne V.

Farbe und Zeichnung

Schwarz
Die Farbe der Schwarzen ist tiefschwarz mit grünlichem Glanz. Läufe schieferblau. **Gr. F.:** Andersfarbige Einlagerungen.

Schwarz-Weißgedobbelt
Hahn: Hals- und Sattelbehang silberweiß, jede Feder mit schwarzer Spitze, rußig wirkend, ohne Schaftstrich. Schultern möglichst silberweiß mit leicht rußigem Rand. Große Flügeldeckfedern weiß mit groben schwarzen Endsäumen, die 2–3 Binden bilden (dreireihige Binden bevorzugt). Außenfahnen der Schwingen weiß mit leichter schwarzer Säumung, Innenfahnen grau. Brust schwarz mit seitlicher weißer Dobbelung, Bauch und Hinterpartie schwarz, Schwanz grünglänzend.
Henne: Rumpfgefieder schwarz mit unregelmäßiger weißer Dobbelung. Hals und Schwanz möglichst reinschwarz. Flügeldreieck grauweiß gesprenkelt.
Gr. F.: Stark abweichende Zeichnung.

Schwarz-Gelbgedobbelt
Hahn und Henne entsprechen in der Zeichnung den Schwarz-Weißgedobbelten, die Behänge und Dobbelung sind jedoch statt weiß goldgelb bis goldbraun. **Gr. F.:** Stark abweichende Zeichnung.

Gesperbert
Hahn und Henne sind in mehrfachem Wechsel von Schwarz mit Lichtblau leicht bogig quergebändert, beim Hahn in gleicher Breite, bei der Henne sind die dunklen Federteile etwas breiter als die hellen. Die Zeichnung ist nicht scharf, das Untergefieder nur schwach gezeichnet. Der Schnabel ist hellhornfarbig, die Läufe sind schieferblau (jedoch fleischfarbig zugelassen).
Gr. F.: Völlig verschwommene Zeichnung; gänzliches Fehlen der Sperberung in Steuerfedern und Sicheln; viel Weiß in den Sicheln.

1,1 Bielefelder Kennhühner, kennfarbig

Bielefelder Kennhühner

Zuchtidee:

Schnellwüchsiges, wetterhartes, kennfarbiges Huhn mit beachtlicher Legeleistung. Die Hahnenküken sind durch ihr ockergelbes Dunenkleid mit hellbraunem Rückenstreifen und weißem Sperberfleck auf dem Kopf, die Hennenküken duch ein hellbraunes Dunenkleid mit sattdunkelbraunem Rückenstreifen und einem kleinen Sperberfleck auf dem Kopf zu erkennen.

Was ist zu fordern?

Großes Huhn mit gerader, langer Rückenlinie und stumpfem Schwanzwinkel, nicht ganz mittelhoch gestellt; Schenkel möglichst wenig sichtbar.

Was ist abzulehnen?

Alle Formabweichungen, die die geforderte Legeleistung der Henne nicht zulassen, nicht genügend markante Kenn-Zeichnung.

Geschichtliches

Im Laufe der 70er Jahre im Großraum Bielefeld durch Gerd Roth aus Mechelnern, Amrocks, Welsumern, New Hampshire und Rhodeländern erzüchtet. Zum ersten Mal ausgestellt in Hannover 1976; anerkannt durch den BZA im Jahre 1980.

Form und Kennzeichen

Hahn

Gewicht:	3–4 kg.
Kopf:	Mäßig groß.
Schnabel:	Kräftig, mittellang, gelblich-hornfarbig.
Augen:	Orangerot.
Kamm:	Einfach, mit 4–6 bis zur Hälfte des Kammblattes geschnittenen Zakken. Kammfahne nicht aufliegend.
Ohrlappen:	Länglich, mittelgroß, rot. **Gr. F.:** Weiß in den Ohrlappen.
Kehllappen:	Oval, in der Größe dem Verhältnis zum Kamm entsprechend.
Gesicht:	Unbefiedert, lebhaft rot.
Hals:	Leicht gebogen, kräftig, mit vollem Behang.
Brust:	Tief und breit, leicht vorgewölbt, mit guter Rundung. **Gr. F.:** Flache, hochgetragene Brustpartie.
Rumpf:	Walzenförmig gestreckt, waagerecht getragen. **Gr. F.:** Dreieckiger oder hochgeschossener, leichter und schmaler Rumpf.
Bauch:	Voll, breit, weit ausladend.
Rücken:	Breit in den Schultern, lang, waagerecht, mit vollem Sattelbehang. **Gr. F.:** Kurzer oder hohlrunder Rücken.
Flügel:	Mittelgroß, gut geschlossen und fest anliegend getragen, am Bug etwas gewölbt.
Schwanz:	In stumpfem Winkel getragen, Steuerfedern breit, von den mittellangen Sicheln bedeckt. **Gr. F.:** Steilschwanz.
Schenkel:	Kurz, zum größten Teil im Seitengefieder versteckt.
Läufe:	Mittellang, unbefiedert, gelb. **Gr. F.:** Zu hohe Stellung.
Zehen:	Gerade und gut gespreizt.
Gefieder:	Mäßig breite Feder; leichte Schenkelkissenbildung erlaubt.

Henne

Gewicht:	2,5–3,25 kg. Jahres-Eierleistung: 230. Bruteier-Mindestgewicht: 60 g. Schalenfarbe: Braun. Bruttrieb: Nicht vorhanden.

Die Henne entspricht dem Hahn bis auf die durch das Geschlecht bedingten Unterschiede. Großer Wert ist auf eine tiefe, breite und leicht vorgewölbte Brustpartie zu legen, ebenfalls auf einen breiten, vollen, sehr ausgeprägten Bauch. Der lange und waagerecht getragene Rücken geht in stumpfem Winkel zum Schwanz über. Bei legenden Hennen sind ein verblaßtes Gelb der Läufe und eine leicht umliegende Kammfahne zulässig. **Gr. F.:** Nicht genügend ausgeprägter Bauch.

Ringgröße: Hahn II, Henne III.

Farbe und Zeichnung

Kennfarbig

Hahn: Hals- und Sattelbehang, Oberrücken, Schultern und Flügeldecken satt rötlichgelb mit hellgrauer Sperberung bzw. Streifung. Leicht graue Tönung im Rücken erlaubt. Armschwingen grau-weiß-gelbbraun gesperbert. Brust und Bauch gelb bis leicht rötlich mit hellerer Sperberung; leichter grauer Anflug ist nicht fehlerhaft. Der Schwanz ist grau gesperbert; brauner Anflug ist gestattet. **Gr. F.:** Graugesperberte Brust- und Bauchpartie sowie fehlende Gelbtönung im Mantelgefieder.

Henne: Etwas aufgehelltes rost-rebhuhnfarbiges Mantelgefieder mit flockiger Sperberzeichnung, die auf den Flügeldecken als helle Tupfung auftreten kann. Halsbehang goldfarbig mit Schaftstrich, der durch angedeutete hellgraue Sperberung leicht unterbrochen wird. Brustfarbe rötlichgelb. Gelblicher Flitter im Mantelgefieder ist kein Fehler. **Gr. F.:** Stark ausgeprägte Grautönung im Mantelgefieder, schwarze Farbeinlagerungen in Brust-, Bauch- und Rückenpartie, schwarzer Hinterkopf sowie andere als rötlichgelbe Brustfarbe.

Silber-Kennfarbig

Hahn: Kopf, Hals- und Sattelbehang silberweiß mit eingelagerter grauer, sperberartiger Zeichnung im Federinnenfeld; Rücken, Schultern und Flügeldecken silberweiß mit mehr oder weniger verdeckter grauer Sperberung; Steuerfedern, Handschwingen und Innenfahnen der Armschwingen der Federgröße entsprechend mit unklarer, grober Sperberung; Armschwingen Außenfahnen silberweiß, so das Flügeldreieck bildend. Die größeren Flügeldeckfedern (Binden) sind dunkelgrau gesperbert, zum Teil mit weißem Außensaum. Brust, Schenkel, Bauch und Schwanz sind abwechselnd hell- und dunkelgrau leicht bogig und ohne scharfe Abgrenzung gesperbert. **Gr. F.:** Gelber Anflug, fehlende Behangsperberung, Rost auf den Flügeldecken.

Henne: Kopf und Halsbehang sind silberweiß mit dunkelgrauer Sperberung im Federinnenfeld; der Nacken kann etwas dunkler gezeichnet sein. Die Brust ist lachsfarbig bis rötlichgelb, wobei weiße Flecken auf einzelnen Federn vorerst noch gestattet sind. Das Körpergefieder ist abwechselnd hell- und dunkelgrau leicht bogig und ohne scharfe Abgrenzung gesperbert und teils mit leichter grauer Rieselung gezeichnet. Ein schmaler silbriger Federrand ist zugelassen. Schwingen und Schwanz zeigen etwas dunklere, unklare grobe Sperberung. **Gr. F.:** Braune Einlagerungen im Kopf- und Mantelgefieder; Rost auf den Flügeln; fehlende Sperberung im Halsbehang; schwarzer Hinterkopf.

Brabanter, 1,0 blau und 0,1 chamois

Brabanter

Zuchtidee

Leichtes, temperamentvolles, bewegliches Huhn im Landhuhntyp. Stolze, etwas aufgerichtete Haltung, nicht grobknochig. Auffallend sind die Helmhaube, der dreigeteilte Bart, der Hörnerkamm, die aufgeweiteten Nasenlöcher und der Quersattel über dem Oberschnabel.

Was ist zu fordern?

Da ein Zier- und Legehuhn, muß sowohl auf die Schönheitsmerkmale als auch auf eine annehmbare Legeleistung geachtet werden. Die aufrechtstehende Helmhaube darf nicht auseinanderflattern und nicht nach hinten fallen; sie sei schmal und soll möglichst senkrecht stehen. Der Bart soll dreigeteilt sein. Der Backenbart muß mindestens angedeutet sein.

Was ist abzulehnen?

Zu schwache, aber auch zu starke Tiere, plumpe Körperform, zu kurzer, aber auch zu langer Rumpf, tiefe Beinstellung, lange Kehllappen, Fehlen des Hörnerkammes, Kammverästelungen, Rundhaube, Wetterempfindlichkeit.

Geschichtliches

Die Brabanter sind eine sehr alte niederländische Hühnerrasse, deren Entstehung etwa im 17. Jahrhundert liegen dürfte. Schon auf Gemälden alter niederländischer Meister sind Hühner zu sehen, die man als Brabanter ansehen kann. Sind die Brabanter eine Abart der Paduaner, der Polveraras, sind sie Abkömmlinge der Paduaner oder sind ihre Vorfahren direkt aus Rußland importiert worden? Das sind Fragen, die wohl nie ganz geklärt werden können. Die Niederlande waren ja schon immer ein Hort für aparte Haubenhühner. Die ein wenig stolze Haltung der Brabanter mag von den La Flèche herrühren, die wahrscheinlich einmal eingekreuzt wurden. Die Brabanter sind mit den niederländischen Eulenbärten (Uilebaarden) eng verwandt, jedoch nicht mit den Brabanter Bauernhühnern, den „Brabanconne", die in Belgien beheimatet sind. In Holland haben die Brabanter immer einen beständigen Liebhaberkreis gehabt.

Form und Kennzeichen

Hahn

Gewicht: 1,9 bis 2,5 kg.

Kopf: Mittelgroß, breit, ohne Schädelerhöhung, das Gesicht vom Bart ziemlich verdeckt.

Bart: Federreich, stark eingeschnürt, wodurch eine dreiteilige Bartbildung entsteht. Der Kinnbart bedeckt die Kehle vollkommen; Backenbart seitlich bis an die Augen reichend, ohne die Sicht zu behindern.

Haube: Aufrecht stehende, nach oben ziemlich spitz auslaufende, an den Seiten zusammengedrückt erscheinende Helmhaube. Die längsten der vordersten Haubenfedern können ein wenig nach vorn gebogen sein. **Gr. F.:** Zu große oder zu lose Haube.

Schnabel: Mittellang, kräftig, an der Spitze gebogen, aufgeworfene Nasenlöcher, zwischen diesen eine hufeisenförmige Vertiefung mit oder ohne Fleischwarze. Schnabelfarbe je nach Gefiederfarbe hell bis dunkelhornfarben.

Augen: Groß, orangefarbig bis bräunlichrot.

Kamm: Aus zwei runden, etwa 1,5 bis 1,75 cm langen, v-förmig gegen die Haube gerichteten Hörnern bestehend. **Gr. F.:** Verästelte Kammhörner.

Ohrscheiben: Klein, vom Bart verdeckt, weiß.

Kehllappen: Kaum oder nur mäßig entwickelt, möglichst vom Bart verdeckt.

Hals: Aufrecht getragen, leicht gebogen, mit vollem, langem Behang.

Brust: Gut gerundet, etwas nach vorn und ziemlich hoch getragen.

Rumpf: Breit in den Schultern, nach hinten schmaler werdend.

Bauch: Wenig entwickelt.

Rücken: Wenig abfallend, mittellang, mit vollem, breitem Sattel.

Flügel: Kräftig entwickelte Schwingen, anliegend getragen.

Schwanz: Verhältnismäßig groß, mit reichlich Nebensicheln, etwas offen und hoch getragen. **Gr. F.:** Flache Schwanzhaltung.

Schenkel: Gut mittellang, straff befiedert.

Läufe: Gut mittellang, ziemlich breit gestellt, unbefiedert; Farbe siehe Farbenschläge. **Gr. F.:** Tiefe Stellung, Laufbefiederung.

Henne

Gewicht: 1,5 bis 2,0 kg.
Bruteier-Mindestgewicht: 52 g.
Schalenfarbe: Reinweiß.

Rumpf etwas gestreckter, Stellung etwas tiefer, Haltung nur wenig waagerechter als beim Hahn. Haube aufrecht, an den Seiten flach, verhältnismäßig klein, helmartig in das Nackengefieder übergehend. Länge der Kammhörner bis zu 1 cm. Kehllappen fehlend oder sehr schwach entwickelt, vollkommen vom Bart verdeckt. Sonstige Merkmale bis auf die geschlechtsbedingten Unterschiede wie beim Hahn. **Gr. F.:** Sichtbare Kehllappen.

Ringgröße: Hahn IV, Henne V.

Farbe und Zeichnung

Schwarz
Tiefes Schwarz mit grünem Glanz. Schnabel dunkelhornfarbig. Läufe dunkelblaugrau.

Blaugesäumt
Grundfarbe taubenblau, jede Feder schwarz gesäumt. Hals- und Sattelbehang des Hahnes und bei der Henne in Blauschwarz übergehend. Schnabel dunkelhornfarbig. Läufe blaugrau.

Perlgrau
Zarte, einheitlich hellgraue Gefiederfarbe. Lauffarbe blaugrau.

Weiß
Reinweiß, Lauffarbe hellblaugrau (fleischfarbige Läufe sind zulässig).

Gesperbert
Grobe, graublaue Sperberung; Läufe fleischfarbig mit oder ohne dunkle Flecken.

Silber
Hauptfarbe silberweiß. V-förmige schwarze Zeichnung am Federende in Haube, Hals, Schulter, Rücken und Sattel. Sichel- oder halbmondförmige Zeichnung im übrigen Gefieder. Bart schwarz, jedoch ist Zeichnung kein Fehler. Lauffarbe blaugrau.

Gold
Hauptfarbe goldbraun. Zeichnung wie bei Silber, jedoch schwarze Sicheln beim Hahn zulässig. Lauffarbe blaugrau.

Blaugold
Hauptfarbe und Zeichnung in beiden Geschlechtern wie bei Gold, jedoch ist die Zeichnungsfarbe taubenblau, in Haube, Halsbehang, Bart und Schwanz sowie beim Hahn auf Rücken und im Sattelbehang dunkler. Lauffarbe blaugrau.

Chamois
Hauptfarbe ledergelb, Zeichnungsfarbe weiß, Zeichnungsform wie bei Silber und Gold. Lauffarbe blaugrau.

1,1 Brabanter Bauernhühner

Brabanter Bauernhühner

Zuchtidee

Ein mittelgroßes, bewegliches Huhn in gestreckter Landhuhnform, Leger großer, weißschaliger Eier.

Was ist zu fordern?

Die Erhaltung der etwas derben Landhuhnform als Hauptcharakteristikum und des Schopfes als besonderes Merkmal.

Was ist abzulehnen?

Zu zierlicher, zu grober oder zu kurzer Körper; wenig entwickelte Brust- und Bauchpartie; Fehlen des Schopfes; Haubenbildung, insbesondere bei der Henne.

Geschichtliches

Brabanter Bauernhühner sind bereits im 17. und 18. Jahrhundert in Belgien und den Niederlanden entstanden. Lange Zeit kamen sie über eine regionale Bedeutung nicht hinaus. Nunmehr haben sie auch in Deutschland Fuß gefaßt, doch ist ihr Züchterkreis noch sehr bescheiden zu nennen.

Form und Kennzeichen

Hahn

Gewicht:	2,0 bis 2,5 kg.
Kopf:	Klein, länglich, mit mäßig entwickeltem, am Hinterkopf sitzenden Schopf, aus langen, feinen Federn bestehend, die der Nackenlinie folgen. **Gr. F.:** Fehlender Schopf.
Schnabel:	Mittellang, dunkelhornfarbig bis bläulich, zur Spitze hin heller werdend.
Augen:	Dunkelbraun, mit schwärzlichem Augenrand.
Kamm:	Einfach, mittelgroß, Fahne nicht zu lang und abstehend, Zacken mittelbreit und nicht zu tief geschnitten, fein im Gewebe.
Ohrscheiben:	Mittelgroß, weiß, glatt.
Kehllappen:	Gut gerundet, mittelgroß, fein im Gewebe.
Hals:	Mittellang, voller Behang, etwas nach vorn getragen.
Brust:	Voll, etwas vorgewölbt und leicht angehoben getragen.
Rumpf:	Mittellang, breit, leicht abfallend.
Bauch:	Gut entwickelt und tief getragen.
Rücken:	Breit und lang, fast gerade, leicht abfallend.
Flügel:	Groß und fest anliegend, waagerecht getragen, die Enden vom Sattelbehang verdeckt.
Schwanz:	Mittellang, schmal und geschlossen, im stumpfen Winkel getragen, jedoch nicht zu flach; Hauptsicheln und die zahlreichen Nebensicheln gut gebogen und nicht zu breit.
Schenkel:	Kurz und wenig sichtbar.
Läufe:	Feinknochig, mittellang, schiefergrau.
Gefieder:	Gut entwickelt, straff am Körper anliegend, mit wenig Saum.

Henne

Gewicht:	1,5 bis 2,0 kg. Bruteier-Mindestgewicht: 70 g. Schalenfarbe: Weiß.

Dem Hahn bis auf die geschlechtsbedingten Unterschiede entsprechend, aber im Bauch stärker ausgeprägt, in der Haltung weniger abfallend. Mit Wickelkamm. Der Schopf ist voller entwickelt, fast so hoch wie breit, den Hinterkopf bedeckend.

Ringgröße: Hahn IV, Henne V.

Farbe und Zeichnung

Wachtelfarbig

Alle Farbtöne satt und leuchtend, doch werden an die Abgrenzung zwischen Grundfarbe und Zeichnung keine so hohen Anforderungen wie bei gesäumten Farbenschlägen gestellt.

Hahn: Kopf schwarz mit goldbraunem Saum, Halsbehang schwarz, oberer Teil der Behangfedern seitlich hellgoldbraun gesäumt, so daß der untere Teil des Behanges (zirka ein Drittel) glänzend schwarz erscheint. Rücken und Flügeldecken mittelbraun

mit verdeckter Mantelzeichnung der Henne, Sattelbehang hellgoldbraun mit schwarzen Schaftstrichen ohne goldbraunen Endsaum. Armschwingen Innenfahne schwarz, Außenfahne mittelbraun, das braune Flügeldreieck bildend, Bindenfedern braun mit schwarzer Innenfahne. Handschwingen schwarz. Brust dunkelgoldgelb mit fahlem Saum und hellerer Nervzeichnung, Bauch dunkelgoldgelb, nach hinten grau durchsetzt. Schenkel dunkelgoldgelb. Steuerfedern schwarz, Hauptsicheln grünglänzend schwarz; Nebensicheln glänzend schwarz mit zum Sattel hin zunehmendem braunem Saum.
Gr. F.: Hahn: Zu viel oder zu wenig Schwarz im Halsbehang; rußiger Sattelbehang, Schwarz in der Brust. Gelb- und Brauntöne zu dunkel, zu rötlich, zu fahl oder zu hell.
Henne: Kopf schwarz mit goldbrauner Säumung, Halsbehang schwarz mit leuchtend hell-goldbrauner Säumung, am Federende schwarz durchbrochen mit goldbraunem Federschaft im oberen Teil der Behangfedern. Jede Feder des Mantelgefieders mit samtglänzendem, schwärzlichbraunem Mittelfeld, goldgelber Nervzeichnung und hellbraunem Saum, der in den Flügeln nach unten zu etwas breiter wird, ohne jedoch das Mittelfeld zu verdrängen. Handschwingen schwarz, Armschwingen zwei Drittel nach innen schwarz, ein Drittel nach außen mittelbraun mit schwarzem Ende, ein braunes Flügeldreieck bildend. Brust goldgelb mit fahlem Saum, seitliche bräunliche Einlagerungen zugelassen. Bauch goldgelb, nach hinten grauschwarz durchsetzt. Schenkel goldgelb. Steuerfedern schwarz mit angedeutetem braunem Federrand und bräunlichem Federschaft.
Gr. F.: Henne: Fehlende Nervzeichnung und fehlender Rückensaum, zu offenes, zeichnungsloses Flügelschild, stark ungleichmäßige Mantelfarbe, in den Braun- und Gelbtönen zu dunkel, zu rötlich, zu fahl oder zu hell.

Silber-Wachtelfarbig
Beide Geschlechter mit gleichen Zeichnungsmerkmalen wie die Wachtelfarbigen, doch sind die gelben und braunen Farbtöne durch Silberweiß ersetzt. Leichter gelber Anflug in den Flügeln beim Hahn und leichter Rost in den Flügeln der Henne sind vorerst milde zu beurteilen. **Gr. F.:** In der Zeichnungsanlage wie bei Wachtelfarbig; starker gelber Anflug, braune Einlagerungen.

Brahma, 0,1 hell und 1,0 dunkel

Brahma

Zuchtidee

Leicht aufziehbares, starkes, sehr fleischiges und großes, federfüßiges Huhn, wetterhart und mit guter Legeleistung. Eine kräftige Erscheinung durch die überdurchschnittliche Größe und massige Ausformung des sehr breiten, nicht zu tief gestellten, vollbefiederten Körpers, durch die herausfordernde Haltung und den kühnen Blick; von sehr lebhaftem Temperament.

Was ist zu fordern?

Vor allen Dingen ist auf die Größe und Massigkeit zu achten. Der fleischige Körper muß geräumig, mit breiter Brust und ausgeprägtem Bauch versehen sein. Förderung der Frühbrut.

Was ist abzulehnen?

Zu tief gestellte Tiere mit ungenügender Größe, schmaler Brust und kurzem Rücken.

Geschichtliches

Dieses Riesenhuhn ist asiatisch-amerikanischen Ursprungs. Es wird berichtet, daß Chamberlain in New York 1846 die ersten Tiere dieser Rasse von Matrosen erworben hat. Da für ihre Herkunft keine genauen Unterlagen vorhanden sind, so erscheint es am richtigsten, wenn man die Brahma als ein zur festen Rasse durchgezüchtetes

Kreuzungsprodukt von Cochin und Malaien betrachtet. Ihre Heimat ist die Provinz Assam in Britisch-Hinterindien, und zwar längs des Brahmaputra-Flusses, von dem sie ihren Namen erhielten. Die ersten hellen Brahma gelangten 1852 nach England, 1853 kamen auch dunkle Brahma von Amerika nach England. In Deutschland wurde diese Rasse gegen Mitte der 50er Jahre des 19. Jahrhunderts durch den amerikanischen Konsul Geisse aus Philadelphia nach Nürnberg eingeführt.

Form und Kennzeichen

Hahn

Gewicht:	3,5 bis 5 kg.
Kopf:	Klein, breit, stark gewölbt, mit breitem, über die Augen vorspringendem Scheitel, im Genick gut und deutlich abgesetzt.
Schnabel:	Kurz, kräftig, gelb, aber meist dunkel an der Spitze und im First, Farbe bei Schwarzen und Blauen siehe unter Farbenschläge.
Augen:	Tiefliegend, mit deutlich vorspringenden Augenbrauen, orangerot.
Kamm:	Erbsenkamm, klein, fest aufgesetzt, dreireihig ohne Dorn, möglichst wenig entwickelt. **Gr. F.:** Anderer als Erbsenkamm.
Ohrlappen:	Länglich, feinhäutig, rot. **Gr. F.:** Weiße Ohrlappen.
Kehllappen:	Klein, gut gerundet und feinhäutig; die durch eine Wamme ausgefüllte Kehle muß dazwischen hervortreten.
Gesicht:	Wenig oder gar nicht befiedert, rot.
Hals:	Mittellang, vom Hinterkopf durch eine kleine Einbiegung sich durch den sehr vollen Behang aufbauschend, daher gut nach hinten gebogen getragen.
Brust:	Breit, voll und rund. **Gr. F.:** Schmale Brust.
Rumpf:	Breit, tief, doch gestreckt, waagerecht getragen. **Gr. F.:** Ungenügende Größe.
Bauch:	Breit und voll durch das daunenreiche Gefieder.
Rücken:	Aus den sehr breiten, gut gerundeten Schultern in gleicher Breite verlaufend, mit federreichem Sattel, nach dem Schwanz zu ansteigend; der obere Bogen der Hauptsicheln bildet den höchsten Punkt der nach oben etwas ausgewölbten Rücken-Schwanz-Linie.
Flügel:	Kurz, aber kräftig, fest angezogen getragen, Schwingen durch den Sattel verdeckt.
Schwanz:	Kurz, jedoch länger als bei den Cochin; die gut ausgebildeten Sicheln sperren oben auseinander, daher etwas offen, mit vollen Seitenfedern.
Schenkel und Läufe:	Übermittellang; sehr voll befiedert, mit weichem Flaum, stulpenartig verlaufend; Mittel- und Außenzehe mit langen, harten Latschen besetzt; Läufe starkknochig, sattgelb, gut befiedert; Farbe bei Schwarzen und Blauen siehe unter Farbenschläge. **Gr. F.:** Völlig fehlende Mittelzehenbefiederung, zu niedrige Stellung.

Henne

Gewicht:	3 bis 4,5 kg.
	Jahres-Eierleistung: Im 1. Jahr 140, im 2. Jahr 100 gelbbraune, besser gelbrote Eier.

Bruteier-Mindestgewicht: 53 g.
Bruttrieb: Vorhanden.

Die Henne erscheint durch ihre niedrige Stellung, den kürzeren Hals und die tiefer herabgehende Brust gedrungener und geschlossener; die Federpartien im Sattel und hinter den Schenkeln sind bauschiger als beim Hahn; in der Rücken-Schwanz-Linie liegt der höchste Punkt in den Spitzen der obersten Steuerfedern, also keine Cochin-Kruppe. **Gr. F.:** Cochin-Kruppe.

Ringgröße: Hahn 0, Henne I.

Farbe und Zeichnung

Hell

Hahn und Henne fast übereinstimmend gezeichnet. Kopf rein weiß. Halsbehang mit breiten, tiefschwarzen, grünglänzenden Schaftstrichen und weißem Saum. Die Federn des Oberrückens zeigen schwarze Tropfenzeichnung. Sattel des Hahnes mit angedeuteter, schwarzer Schaftstrichzeichnung. Sattel der Henne immer rein weiß. Schwanz des Hahnes rein schwarz, mit grünem Glanz. Nebensicheln weiß gesäumt. Schwanz der Henne schwarz, in den großen Schwanzdeckfedern weiße Säumung gestattet, kleine Schwanzdeckfedern weiß gesäumt. Handschwingen schwarz mit weißem Außensaum. Armschwingen innen schwarz, außen weiß, so daß der zusammengelegte Flügel weiß erscheint. Fußbefiederung weiß mit schwarzer Zeichnung in den Latschen. Das übrige Gefieder rein weiß. Untergefieder grau gestattet.
Gr. F.: Starker gelber Anflug im Obergefieder, jegliches Schwarz an nicht dafür vorgesehenen Stellen, stark durchstoßende Halszeichnung, violetter Glanz im Schwanz. Viel Weiß in den Steuerfedern.

Dunkel

Hahn: Kopf silberweiß: Hals- und Sattelbehang silberweiß mit schwarzem Schaftstrich, der im oberen Teil der Feder am Kiel entlang beidseitig durch Weiß unterbrochen wird. Kehle, Brust, Bauch, Schenkel und Fußbefiederung schwarz mit schmaler weißer Säumung, rein schwarz gestattet. Rücken, Schultern und Flügeldecken silberweiß. Die größeren Flügeldeckfedern (Binden) schwarz, weißer Saum gestattet. Armschwingen Innenfahne schwarz, Außenfahne weiß, das Flügeldreieck bildend. Handschwingen schwarz mit weißem Außensaum. Schwanz schwarz mit Grünglanz, im Schwanzdeckgefieder weißer Federrand gestattet. Untergefieder grau.
Gr. F.: Gelber Anflug, Braun im Gefieder, nicht unterbrochener oder durchstoßender Schaftstrich in den Behängen, zu klatschige Säumung auf Brust, Bauch und Schenkel, Schilf.
Henne: Kopf silberweiß bis silbergrau. Halsbehang silberweiß bis silbergrau mit mehrfacher, schwarzer Zeichnung ähnlich der des Körpergefieders und breitem weißem Schmucksaum. Mantelgefieder blaugrau bis stahlgrau mit mehrfacher, der Federform folgender schwarzer Bänderung und dunklem Federkiel. Schenkel und Fußbefiederung möglichst klar gezeichnet. Armschwingen Innenfahne schwarz, Außenfahne mit gebänderter Zeichnungsanlage. Handschwingen schwarz mit meliertem Außenrand. Schwanz schwarz, obere Steuerfedern möglichst mit angedeuteter Zeichnung. Untergefieder grau.

Gr. F.: Braune Farbtöne im gesamten Gefieder, einfache und nicht unterbrochene Halszeichnung, verschwommene oder moosige Zeichnung, weißes Untergefieder.

Gelb-Columbia

Hahn und Henne fast übereinstimmend gezeichnet. Kopf rein gelb. Halsbehang mit breiten, tiefschwarzen, grünglänzenden Schaftstrichen und gelbem Saum. Die Federn des Oberrückens zeigen schwarze Tropfenzeichnung. Sattel des Hahnes mit angedeuteter, schwarzer Schaftstrichzeichnung. Sattel der Henne immer rein gelb. Schwanz des Hahnes rein schwarz mit grünem Glanz. Nebensicheln gelb gesäumt. Schwanz der Henne schwarz, in den großen Schwanzdeckfedern gelbe Säumung gestattet, kleine Schwanzdeckfedern gelbgesäumt. Handschwingen schwarz mit gelbem Außensaum. Armschwingen innen schwarz, außen gelb, so daß der zusammengelegte Flügel gelb erscheint. Fußbefiederung gelb mit schwarzer Zeichnung in den Latschen. Das übrige Gefieder rein gelb. Flügeldecken des Hahnes in satterem Farbton. Untergefieder grau gestattet.
Gr. F.: Zu helle, stark fleckige oder stark rötliche Oberfarbe, jegliches Schwarz an nicht dafür vorgesehenen Stellen, stark durchstoßende Halszeichnung, bräunliches Flügeldreieck, violetter Glanz im Schwanz des Hahnes, Schilf.

Rebhuhnfarbig-Gebändert

Hahn: Kopf goldbraun. Hals- und Sattelbehang goldfarbig, mit schwarzem Schaftstrich, der im oberen Teil der Feder am Kiel entlang beidseitig durch Gold unterbrochen wird. Brust, Bauch, Schenkel und Fußbefiederung schwarz mit schmaler, brauner Säumung, rein schwarz gestattet. Rücken, Schultern und Flügeldecken braungold. Die größeren Flügeldeckfedern (Binden) schwarz, brauner Saum gestattet. Armschwingen Innenfahne schwarz, Außenfahne braun, das Flügeldreieck bildend. Handschwingen schwarz mit braunem Außenrand. Schwanz schwarz mit Grünglanz, im Schwanzdeckgefieder brauner Federrand gestattet. Untergefieder grau.
Gr. F.: Beim Hahn nicht durchbrochener, durchstoßender oder fehlender Schaftstrich in den Behängen; zu klatschige Säumung auf Brust, Bauch oder Schenkeln, schwarzes Flügeldreieck.
Henne: Kopf goldfarbig. Halsbehang satt goldfarbig mit mehrfacher schwarzer Zeichnung, ähnlich dem Mantelgefieder, mit breitem goldfarbigem Schmucksaum. Körpergefieder goldbraun mit mehrfacher, der Federform folgender schwarzer Bänderung und dunklem Federkiel. Schenkel und Fußbefiederung möglichst klar gezeichnet. Armschwingen Innenfahne schwarz, Außenfahne mit gebänderter Zeichnungsanlage. Handschwingen schwarz mit braunmeliertem Außenrand. Schwanz schwarz, obere Steuerfedern möglichst mit angedeuteter Zeichnung. Untergefieder grau.
Gr. F.: Bei der Henne einfache, nicht unterbrochene oder durchstoßende Halszeichnung; verschwommene oder moosige Zeichnung; zu ungleichmäßige, zu lehmig helle oder zu rötliche Grundfarbe; Schilf bei beiden Geschlechtern.

Blaurebhuhnfarbig-Gebändert

Hahn: Kopf goldbraun. Hals- und Sattelbehang satt goldgelb mit blauem Schaftstrich, der im oberen Teil der Feder am Kiel entlang beidseitig durch Gelb unterbrochen wird. Brust, Bauch, Schenkel und Fußbefiederung blau mit schmaler, rotgoldener Säumung. Rücken, Schultern und Flügeldecken satt leuchtend rot. Die größeren

Flügeldeckfedern (Binden) blau, roter Saum gestattet. Armschwingen Innenfahne blau, Außenfahne rotbraun, das Flügeldreieck bildend. Handschwingen blau mit braunem Außenrand. Schwanz blau, die Sichelfedern etwas dunkler als die Steuerfedern, im Schwanzdeckgefieder goldfarbener Federrand gestattet. Untergefieder graublau, zum Kiel hin etwas aufgestellt.
Gr. F.: Beim Hahn stark durchstoßender Schaftstrich; zu klatschige Säumung auf Brust und Schenkel; blaues Flügeldreieck; viel Schwarz im Schwanz.
Henne: Kopf hell goldbraun. Halsbehang goldgelb mit mehrfacher blauer Zeichnung ähnlich dem Mantelgefieder, mit breitem goldgelbem Schmucksaum. Körpergefieder mittelgoldbraun mit mehrfacher, der Federform folgender blauer Bänderung und dunklem Federkiel. Schenkel und Fußbefiederung möglichst gezeichnet. Armschwingen Innenfahne blau, Außenfahne mit gebänderter Zeichnungsanlage. Handschwingen blau mit braunmeliertem Außenrand. Schwanz blau, obere Steuerfedern möglichst mit angedeuteter Zeichnung. Untergefieder graublau.
Gr. F.: Bei der Henne einfache oder durchstoßende Halszeichnung; verschwommene Zeichnung, fehlende Zeichnung auf der Brust, zu ungleichmäßige, zu helle oder zu rötliche Mantelfarbe. Schilf bei beiden Geschlechtern.

Schwarz
Tiefes Schwarz mit grünlichem Glanz; nicht sichtbares Weiß im Untergefieder des Hahnes erwünscht. Schnabelfarbe gelb bis dunkel hornfarbig; grünlicher Anflug, besonders bei der Henne, zugelassen.
Gr. F.: Sehr matte Farbe, rote Federn in den Behängen; von außen sichtbares Weiß.

Blau
Hahn: Ein gleichmäßiges, ungesäumtes Blau mit gut durchgefärbtem Schwanz; Kopf, Behänge und Flügel dunkelblau bis samtschwarz; etwas Weiß im Untergefieder gestattet. Schnabel gelb bis hornfarbig. Lauffarbe gelb.
Henne: Gleichmäßiges mittleres Blau, leichte Säumung zulässig; Kopf und Halsbehang dunkler als das Mantelgefieder. Schnabel gelb bis hornfarbig. Lauffarbe gelb.
Gr. F.: Schimmeliges oder rußiges, auch zu scheckiges Blau; Weiß im Schwanz junger Hähne; bräunlicher Halsbehang.

1,1 Goldbrakel

Brakel

Zuchtidee

Mittelschweres Landhuhn. Bei gutem, feinfaserigem Fleisch ein fleißiges, frühreifes Legehuhn. Nichtbrüter, Eier kunstbrutfest, lebhaftes Temperament.

Was ist zu fordern?

In erster Linie ein Leistungshuhn mit einer derben, stattlichen, beweglichen Landhuhnform in mittelhoher Stellung; gut ausgebildeter Bauch der Henne.

Was ist abzulehnen?

Zu schlanke, schnittige Körperform, die den Ansprüchen an ein Wirtschaftshuhn nicht genügt. Eichhorn- oder flach getragener Schwanz, zu großer Kamm. Tupfen- oder Hufeisenzeichnung, verschwommene oder graue Zeichnung bei beiden Geschlechtern.

Geschichtliches

Über die Ausgangstiere, aus denen die Brakel herausgezüchtet wurden, sind sichere Angaben nicht vorhanden. Im Jahre 1888 wurden sie in Belgien als Unterrasse der Campiner bezeichnet und waren das bodenständige Landhuhn der deutschstämmigen Bevölkerung in Flandern. Die Bezeichnung Brakel dürfte jedenfalls auf die flämi-

schen Dörfer Op- und Neederbraekel zurückzuführen sein. Das belgische Landwirtschaftsministerium hat 1891 die Brakel neben den Campinern als die meist gehaltenen Hühnerrassen genannt und als ausgezeichnete Leger bezeichnet.
Im Jahre 1895 erwarb der 1938 verstorbene, altbekannte Geflügelzüchter Arthur Wulf den ersten Satz Brakel-Bruteier. So verbreitete sich die Rasse in den nordwestlichen Gauen Deutschlands. Nach 1900 bemühte sich Rektor Breuer aus Alkenrath bei Köln in Wort und Schrift um die weitere Verbreitung der Brakel. Mit der Gründung des „Clubs deutscher Brakelzüchter“ 1907 in Bremen, zu dem 1910 der „Verein deutscher Brakelzüchter“ aus Nordrhein-Westfalen kam, konnte sich die deutsche Zuchtrichtung festigen und erhalten. 1914 folgte der Zusammenschluß der beiden Sondervereine zum „Verein deutscher Brakelzüchter“, der sich nach dem ersten Weltkrieg wieder erfolgreich um den Aufschwung der Brakel bemühte.

Form und Kennzeichen

Hahn

Gewicht: 2 bis 2,75 kg.
Kopf: Gut mittelgroß, breit, leicht abgeplattet.
Schnabel: Mäßig stark, blau, Spitze hornfarbig.
Augen: Dunkelbraun, schwarz erscheinend, Augenlid oft schwärzlich.
Kamm: Einfach, mittelgroß, etwas grob im Gewebe, 5 bis 6 breite Zacken, Fahne ein wenig dem Nacken folgend.
Ohrscheiben: Mittelgroß, bläulichweiß. **Gr. F.:** Völlig rote oder gelbe Ohrscheiben.
Kehllappen: Gut mittelgroß.
Gesicht: Mit feinen Federn besetzt.
Hals: Mittellang, mit vollem Behang.
Brust: Breit, tief, fleischig.
Rumpf: Derbes, breites Rechteck mit abgerundeten Kanten. **Gr. F.:** Schmächtiger oder kleiner Körper.
Bauch: Breit und voll.
Rücken: Breit in den Schultern, leicht abfallend, voller Sattel.
Flügel: Lang, gut geschlossen, Enden unter dem Behang.
Schwanz: Sehr entwickelt, ziemlich hoch getragen, üppige, breite, lange Sicheln. **Gr. F.:** Zu steil oder flach getragener Schwanz.
Schenkel: Stark, wenig sichtbar.
Läufe: Mittellang, feinknochig, schieferblau, weiße Nägel.

Henne

Gewicht: 1,75 bis 2,25 kg.
Jahres-Eierleistung: Im 1. Jahr 180 weißschalige Eier.
Bruteier-Mindestgewicht: 55 g.
Nichtbrüter, Eier kunstbrutfest.

Die Henne hat einen vollen Bauch, einen etwas mehr waagerechten Rücken als der Hahn, der einfache Kamm neigt sich im hinteren Teil nach der Seite und zeigt am Kammgrund mitunter blaues Pigment. Dies tritt auf, wenn die Ohrscheiben stärker bläulich sind, und kann auch im unteren Gesicht beobachtet werden. Der Schwanz wird breit getragen, ohne zu fächern; im übrigen dem Hahn bis auf die geschlechtsbedingten Unterschiede fast gleich.

Ringgröße: Hahn IV, Henne V.

Farbe und Zeichnung

Silber

H a h n : Kopf und Halsbehang reinweiß ohne jede Zeichnung, aber jede Feder am Grund schwärzlich. Rücken weiß. Sattelbehang weiß, jedoch obere, verdeckte Federhälften gezeichnet. Auf Brust, Seiten und Bauch Grundfarbe schwarz mit weißer Querbänderung. Die weiße Querbänderung ist in der Oberbrust am breitesten, wodurch die Grundfarbe nur an der Federspitze durch ein tiefschwarzes Band hervortritt. Nach unten und hinten nimmt die weiße Querbänderung an Breite ab und die schwarzen Bänder nehmen an Breite und farblicher Sattheit zu. Flügeldeckfedern quergebändert mit kräftigem Glanz in den schwarzen Bändern. Arm- und Handschwingen in den Außenfahnen gebändert, Innenfahnen schwarz. Steuerfedern schwarz, etwas Zeichnung gilt nicht als Fehler. Hauptsicheln schwarz, am Rand weiß gebändert, jedoch gelten durchgezeichnete Hauptsicheln nicht als Fehler. Nebensicheln mit durchgehender Querbänderung erwünscht.
H e n n e : Kopf und Hals silberweiß, bei intensiver, hochreichender Brustzeichnung sind leichte, schwarze Spritzer im unteren Halsbehang zulässig. Das übrige Gefieder schwarz mit weißer Querbänderung, wobei die schwarzen Bänder wesentlich breiter sind als die weißen. Möglichst klare Zeichnung auf Flügeldecken, Bürzel und den Außenfahnen der Armschwingen. Die Bänderung in den Steuerfedern verliert sich nach dem Grund hin.
Gr. F.: Stark gelber Anflug bei Hähnen; Tupfenzeichnung in der Brust bei Junghähnen und Hennen jeden Alters, fehlende Brustzeichnung; verschwommene Querbänderung; Hufeisenzeichnung bei Hennen; stark gezeichneter Halsbehang bei Junghennen.

Gold

Grundfarbe schwarz, Zeichnungsanlage wie bei Silber, Zeichnungsfarbe jedoch goldbraun anstatt silberweiß.
Gr. F.: Zu helle, zu dunkle oder stark ungleichmäßige Zeichnungsfarbe; Zeichnungsfehler wie bei Silber.

Breda, 0,1 blau und 1,0 schwarz

Breda

Zuchtidee

Mittelgroßes, langschnäbeliges, ziemlich hochgestelltes Huhn mit verhältnismäßig hartem Gefieder.

Was ist zu fordern?

Ein kräftiges, mittellanges Huhn mit gestreckter, leicht abfallender Walzenform, mit bestulpten und schwach befiederten Läufen. Der Kamm fehlt nahezu vollständig, an dessen Stelle die rote Kopfhaut; dahinter ein kleiner, unscheinbarer Federschopf.

Was ist abzulehnen?

Schwache, unentwickelte Tiere mit dürrem Rumpf; dünner, gerader Schnabel; Ansätze von Kammbildung, auch Hörnern und Vorfleisch; fehlender Schopf; sehr unreine Gefiederfärbung.

Geschichtliches

Das Breda- oder Gelderische Huhn ist in den holländischen Provinzen Gelderland und Nordbrabant mit der Hauptstadt Breda beheimatet. Die Entstehungsgeschichte ist leider unbekannt. Von seiner einstigen Beliebtheit hat es durch die Einführung der Cochin sehr verloren und ist seit einigen Jahren wieder in wenigen Exemplaren bei Großschauen zu finden.

Form und Kennzeichen

Hahn

Gewicht:	2 bis 2,5 kg.
Kopf:	Kurz, breit, abgestumpft, mit etwas aufgetriebenem Stirnbein.
Schnabel:	Lang, stark gebogen (Krähenschnabel), mit hoch aufgeworfenem Sattel über den großen, höhlenförmigen Nasenlöchern, hornfarbig, bei Weiß hell. **Gr. F.:** Mangelhafter Nasensattel und Stirnnapf.
Augen:	Orange bis dunkelrot, groß.
Kamm:	Fehlt, statt dessen eine mit roter Fleischhaut ausgekleidete Vertiefung mit leicht wulstigen Rändern; dahinter der Schopf, aus kleinen, spitzen, steifen, nach hinten gerichteten Federn bestehend. **Gr. F.:** Starke Kammbildung, auch ausgebildete Hörner.
Ohrscheiben:	Klein, weiß, mandelförmig.
Kehllappen:	Mittellang, breit, gut abgerundet.
Hals:	Über mittellang, leicht gebogen, mit vollem Behang.
Brust:	Vorgewölbt, hoch angesetzt.
Rumpf:	Mittellange, gestreckte, leicht abfallende Walzenform mit breiten Schultern. **Gr. F.:** Zu dürftiger Rumpf.
Bauch:	Voll und breit.
Rücken:	Lang und breit bis in den voll befiederten Sattel.
Flügel:	Anliegend, die Spitzen unter den Sattelfedern.
Schwanz:	Bis zum rechten Winkel zulässig, besser etwas flacher, mit ziemlich harten Sicheln.
Schenkel:	Kräftig, mehr als mittellang, mit reicher Befiederung, die am Fersengelenk schmale, tiefreichende Stulpen bildet. **Gr. F.:** Unausgebildete Stulpen.
Läufe:	Über mittellang, kräftig, an der Außenseite dünn mit kleinen Federn besetzt. Schieferfarbig, bei Weiß und Gesperbert fleischfarbige Läufe statthaft.
Gefieder:	Verhältnismäßig kurz und hart.

Henne

Gewicht:	1,5 bis 2 kg.
	Jahres-Eierleistung: Im ersten Jahr 160, im zweiten Jahr 120 weißschalige Eier.
	Bruteier-Mindestgewicht: 55 g.
	Bruttrieb: Gering.

Kammulde, Kehllappen und Ohrscheiben der Henne sind sehr klein. Der Schwanz wird weniger hoch und leicht gefächert getragen. In den übrigen Merkmalen gleicht sie dem Hahn.

Ringgröße: Hahn III, Henne IV.

Farbe und Zeichnung

Perlgrau

Bei Hahn und Henne einheitlich sehr zarter hellblauer Farbton.

Gr. F.: Säumung, Ruß, Rost und Schilf.

Blau
Helleres oder dunkleres Blau mit oder ohne Säumung. Hahn etwas dunkler als die Henne.

Schwarz
Tiefes Schwarz, möglichst mit Grünglanz am ganzen Körper.

Weiß
Gr. F.: Sehr unreine Gefiederfärbung.

Gesperbert
Grobe Sperberung am ganzen Körper.

Brügger Kämpfer, 1,0 blaurot und 0,1 blaugesäumt

Brügger Kämpfer

Zuchtidee

Großes, kräftiges, Stärke und Mut ausstrahlendes Huhn mit meist aggressiver Kampfeslust.

Was ist zu fordern?

Vitalität und Lebenskraft, Schnellwüchsigkeit mit früher Legeleistung, kräftiges Knochengerüst mit starken Läufen; harte Feder, dunkle Augen mit finsterem Blick, Zucht der Kammform nach der neuen MB, waagerechte Haltung, gedrungener Rumpf, knapp entwickelter Schwanz.

Was ist abzulehnen?

Alle Merkmale und Eigenschaften, die dem Kampfhuhntyp nicht entsprechen, ferner zur deutlichen Unterscheidung vom Lütticher Kämpfer geringeres Gewicht des Hahnes als 4 kg, langer, abfallender Rücken und zu hoch getragene Brust.

Geschichtliches

Vermutlich bereits im 17. Jahrhundert in Flandern aus alten Kampfhühnern und Malaien, z. T. auch Altenglischen Kämpfern hervorgegangen und in erster Linie als Gegenstand der Wettleidenschaft der kleinen Leute der Brügger Gegend auf Kampfwerte und nicht auf die Merkmale der Form und Farbe gezüchtet. So entstanden, ohne streng voneinander geschieden zu werden, in den Gegenden von Brügge und Lüttich zwei unterschiedliche Schläge, die sich vor allem in der Kammform, doch auch in der Größe, Länge und Haltung unterscheiden. Seit den zwanziger Jahren unseres Jahrhunderts waren beide Schläge als Belgische Kämpfer gezüchtet worden; 1975 wurden sie als zwei selbständige Rassen anerkannt.

Form und Kennzeichen

Hahn

Gewicht: 4,5 bis 5,5 kg. Weniger als 4 kg Gewicht gilt als Ausschlußfehler.

Kopf: Lang, kräftig, mit breitem, starkem Schädel und gut entwickelten Augenbrauenbogen.

Schnabel: Kräftig, gebogen, dunkelhornfarbig.

Augen: Hochsitzend, nicht hervortretend, herausfordernd blickend, dunkel mit möglichst dunklem Lidrand.

Kamm: Erbsenkamm, an der Basis schmal, purpurrot.

Ohrlappen: Klein, glatt, purpurrot. **Gr. F.:** Weiß in den Ohrlappen.

Kehllappen: Knapp entwickelt, purpurrot.

Gesicht: Purpurrot, glatt.

Hals: Aufgereckt, lang, kräftig, mit langem, schmalfedrigem, bis auf Schultern und Oberrücken reichendem Behang.

Brust: Breit, wenig vorgewölbt, Brustbein lang, voll bemuskelt. **Gr. F.:** Zu hoch getragene Brust.

Rumpf: Kräftig, sehr breit, nur mäßig gestreckt. **Gr. F.:** Schmaler Rumpf.

Rücken: Knapp mittellang, sehr breit (möglichst fast so breit wie lang wirkend), waagerecht getragen. **Gr. F.:** Abfallender Rücken.

Bauch: Gut entwickelt, verhältnismäßig voll.

Flügel: Ziemlich kurz, fest anliegend getragen.

Schwanz: Nur leicht angehoben (flach) getragen, mit mäßig entwickelten, nicht stark gebogenen Haupt- und Nebensicheln und verhältnismäßig kurzen Steuerfedern. **Gr. F.:** Zu hoch getragener Schwanz.

Schenkel: Kräftig, hervortretend.

Läufe: Starkknochig, gerade nebeneinanderstehend, schieferblau; Sporen gut entwickelt, Doppelsporen. **Gr. F.:** Dünne Läufe sind ein Vorzug.

Zehen: Sehr lang, kräftig, Hinterzehen gut aufsetzend.

Gefieder: Hart. **Gr. F.:** Weiche Feder.

Henne

Gewicht: 3,5 bis 4 kg.
Bruteier-Mindestgewicht: 55 g.
Schalenfarbe: Gelb oder weiß.

Kamm, Gesicht und Ohrlappen schwarz bis schwarzrot, Schwanz ziemlich geschlossen getragen. Ansonsten entspricht sie dem Hahn bis auf die geschlechtsbedingten Merkmale. Sporenbildung gilt als Vorzug.

Ringgröße: Hahn I, Henne II.

Farbe und Zeichnung

Anerkannt sind:

Birkenfarbig

Blau-Birkenfarbig

Blau, mit und ohne Saum

Blau-Rot

Blau-Silber (mit roten Schultern beim Hahn)

Goldhalsig

Orangebrüstig

Schwarz-Rot

Schwarz

Silberhalsig

Silberhalsig mit Orangerücken

Cochin, 0,1 weiß und 1,0 gelb

Cochin

Zuchtidee

Robustes, leicht aufziehbares Huhn mit reichlich Fleischansatz. Bietet besonders dem Rassegeflügelzüchter durch Größe, Ebenmäßigkeit der Form, Schönheit der Farben und durch sein zahmes Wesen Anreiz. Für beschränkten Auslauf geeignet.

Was ist zu fordern?

Ein breiter, tiefgetragener, sehr kräftiger Körper mit üppigem Feder- und Daunenreichtum und reichbefiederten Läufen. Kleine Kopfpunkte.

Was ist abzulehnen?

Schmale, hohe Tiere (Brahma-Typ), ungenügende Größe und fest anliegendes Gefieder; zu große Kämme und zu lange Schwänze; Neigung zur Verfettung, übermäßige Brutlust.

Geschichtliches

Die Cochin sind nach dem Landesteil Cochin-China an der Südspitze Hinterindiens benannt. Die ersten Tiere unter diesem Namen kamen 1843 von China nach England. Sie sind aber nicht die Stammeltern unserer Cochin, da sie weder in Form noch Befiederung unseren heutigen Cochin entsprachen. Vielmehr bilden den Ursprung für diese Rasse Tiere, die 1847 durch zwei englische Züchter namens Moody und Sturgeon von Schanghai nach England importiert und von ihnen auch weitergezüchtet wurden. 1850 erregten die erstmalig ausgestellten Cochin durch ihre Körpergröße und laute, tiefe Stimme großes Aufsehen. Unabhängig von der englischen Zucht fanden die Cochin auch Eingang in Amerika. Außerdem hat 1846 Admiral Cécile die Rasse nach Frankreich eingeführt und dort als „Poules de Nanking" weitergezüchtet und verbreitet. Seit 1870 in Deutschland gezüchtet, 1881 in Elberfeld bei der ersten großen Ausstellung gezeigt.

Form und Kennzeichen

Hahn

Gewicht:	3,5 bis 5,5 kg.
Kopf:	Klein und zierlich.
Schnabel:	Stark, kurz; Farbe siehe Farbenschläge.
Augen:	Orangerot, tiefliegend.
Kamm:	Einfach, aufrechtstehend, ziemlich klein, mäßig tief und gleichmäßig gezackt, fein im Gewebe.
Ohrlappen:	Rot, schmal. **Gr. F.:** Weiße Ohrlappen.
Kehllappen:	Von feinem Gewebe, gut gerundet.
Gesicht:	Groß, glatt.
Hals:	Kurz, mit sehr reichem und langem Behang.
Brust:	Breit und rund, doch tief getragen. **Gr. F.:** Flache, schmale Brust.
Rumpf:	Tief und breit, sehr massiv wirkend. **Gr. F.:** Schmale Form.
Bauch:	Durch das daunenreiche und bauschige Gefieder breit und voll.
Rücken:	Kurz und breit, mit breiter, stark nach oben gewölbter Kruppe, also mit voll und bauschig befiedertem Sattel und breiten, gut gerundeten Schultern.
Flügel:	Kurz, breit, hoch getragen, förmlich in das Sattelkissen eingebettet.
Schwanz:	Sehr kurz, sehr voll, mit weichen Sichelfedern besetzt, die Steuerfedern einhüllend, Sichelfedern recht kurz, so daß sie die Steuerfedern nicht oder nur wenig überragen. **Gr. F.:** Langer Schwanz.
Schenkel:	Mäßig lang, sehr stark, breit gestellt, mit sehr voller, weicher Befiederung die bauschigen Schenkelkissen bildend, dann ohne Absatz in die weiche Laufbefiederung übergehend, die sich bis zur Spitze der Außen- und Mittelzehe erstreckt und die langen Latschen bildet.
Läufe:	Kräftig, Farbe siehe Farbenschläge. **Gr. F.:** Schwache Laufbefiederung.

Henne

Gewicht:	3 bis 4,5 kg.
	Jahres-Eierleistung: Im 1. Jahr 120 braungelbe Eier.
	Bruteier-Mindestgewicht: 53 g.
	Bruttrieb: Stark.

Die Henne erscheint durch ihre niedrige Stellung, den gedrungeneren Hals, den kürzeren Schwanz und die noch tiefer getragene Brust noch massiger, tiefer und gedrungener als der Hahn. Besonders in der Kruppe und im Hinterteil sehr reichliche

Flaumbefiederung. Der Sattel ist daher sehr breit und so gelagert, daß seine Mitte den höchsten Punkt der Rücken-Schwanz-Linie bildet. Schenkel- und Laufbefiederung sind sehr voll. Die ganze Haltung ist etwas nach vorn geneigt. Die Kopfpunkte entsprechend kleiner als beim Hahn.

Ringgröße: Hahn 0, Henne I.

Farbe und Zeichnung

Gelb

Sattes, glänzendes, tiefes Gelb, Untergefieder und Federschaft gelb. Bronze in Schwanz und Schwingen bei gelbem Federschaft zulässig. Schnabel und Läufe gelb. **Gr. F.:** Schwarze Schwingen oder Kiele.

Schwarz

Tiefes Schwarz mit grünlichem Glanz; nicht sichtbares Weiß im Untergefieder beim Hahn erwünscht; Schnabel gelb bis dunkelhornfarbig, Läufe gelb, mindestens weidengrün. **Gr. F.:** Andere als gelbe Fußsohlen.

Weiß

Reinweiß mit silbrigem Glanz. Schnabel und Läufe gelb. **Gr. F.:** Stark gelbes Gefieder.

Rebhuhnfarbig-Gebändert

Hahn: Kopf rotbraun; Halsbehang goldbraun, jede Feder mit schwarzem Schaftstrich und goldiger Einfassung; Schultern und Rücken dunkelrotbraun; Sattelbehang goldbraun bis goldgelb mit Schaftstrich; Schwingen innen schwarz, außen braun; breite Flügelbinde grün glänzend; Brust schwarz, leichte braune Säumung gestattet, Schenkel ebenso; Bauch, Fußbefiederung und Schwanz schwarz; Untergefieder dunkelgrau.

Henne: Goldbraune Grundfarbe, hierin jede Feder mehrfach schmal dunkel gebändert; die Bänder folgen in möglichst gleichen Abständen der Form der Feder; Halsbehang goldfarbig mit breitem schwarzem Schaftstrich; Schwanz schwarzbraun gemischt; Laufbefiederung braun mit dunkler Zeichnung. Schnabelfarbe gelb bis hornfarbig; Lauffarbe gelb. **Gr. F.:** Starke Abweichungen in der Gefiederfarbe.

Schwarz-Weißgescheckt

Hauptfarbe grünglänzend schwarz, die Federenden mit weißem Fleck. Bei der Henne möglichst gleichmäßig verteilte Zeichnung. Beim Hahn und bei Jungtieren ist das Schwarz vorherrschend. Mit dem Alter wird die weiße Zeichnung stärker. Schnabelfarbe gelb bis dunkelhornfarbig; Lauffarbe gelb, mindestens weidengrün.

Gr. F.: Rostiges oder mattes Schwarz; beim Hahn stark weiße Schwingen, Steuerfedern und Sicheln; bei der Henne zu grobe oder zu wenig Zeichnung.

Blau

Ein gleichmäßiges, ungesäumtes Blau mit gut durchgefärbtem Schwanz; beim Hahn der Kopf, die Behänge und die Flügeldecken dunkel, samtschwarz gestattet; leichtes Weiß im Untergefieder erforderlich. Schnabel gelb bis dunkelhornfarbig, Läufe gelb, mindestens weidengrün. **Gr. F.:** Andere als gelbe Fußsohlen, starke Abweichungen in der Gefiederfarbe.

Gesperbert
Jede Feder in mehrfachem Wechsel von Schwarz und Blaugrau leicht bogig quer gebändert. Beim Hahn in gleicher Breite; bei der Henne sind die dunklen Federteile etwas breiter als die hellen. Die Zeichnung ist nicht scharf, das Untergefieder nur schwach gezeichnet. Schnabel gelb bis dunkelhornfarbig, Läufe gelb, dunkel angelaufen gestattet. **Gr. F.:** Zu dunkle Farbe beim Hahn, Braun oder Rot im Gefieder beider Geschlechter, andere als gelbe Fußsohlen.

Schwarz-Weißgescheckt
Hauptfarbe grünglänzend schwarz, die Federenden mit weißem Fleck. Bei der Henne möglichst gleichmäßig verteilte Zeichnung. Bei Hahn und Jungtieren ist Schwarz vorherrschend. Mit dem Alter wird die weiße Zeichnung stärker. Schnabelfarbe gelb bis dunkelhornfarbig, Läufe gelb, mindestens weidengrün. **Gr. F.:** Rostiges oder mattes Schwarz. Beim Hahn stark weiße Schwingen und Steuerfedern sowie Sicheln. Bei der Henne zu grobe oder zu wenig Zeichnung.

1,1 Crève-Cœur, schwarz

Crève-Cœur

Zuchtidee

Mittelgroße, länglich-viereckige massige Landhuhnform mit kaum mittelhoher Stellung. Crève-Cœur besitzen eine volle Rundhaube und einen Vollbart. Sie sind dicht und rein, aber nicht straff befiedert und von ruhigem Temperament. In mildem Klima sind sie fleißige Leger, vor allem aber eines der besten Tafelhühner mit sehr gutem, weißem Fleisch.

Was ist zu fordern?

Ein nicht zu hochgestelltes Huhn, im Körper sehr breit. Der Legebauch der Henne soll voll und gut ausgebildet sein. Wichtig sind eine schön gebildete Haube und ein großer, dicht und schleierförmig herabfallender Vollbart.

Was ist abzulehnen?

Schmale, leichte Tiere mit zu kleiner oder unregelmäßig geformter Haube und unvollkommener Bartbildung.

Geschichtliches

Die Crève-Cœur sind eine alte französische Rasse, nach dem Dorfe Crève-cœur im Departement de l'Oise benannt, wo sie zuerst gezüchtet worden sein sollen. In der Abstammung werden sie auf die Paduaner und Polverara zurückgeführt.

Form und Kennzeichen

Hahn

Gewicht: 2,5 bis 3,5 kg.

Kopf: Breit, stark gewölbt. Auf dem Vorderschädel befindet sich eine halbkugelförmige Erhöhung, die Unterlage für die Haube bildend.

Haube: Sehr dicht, aus kräftigen, breiten, langen Federn bestehend, gut zurückgeworfen, so daß Augen und Kamm freiliegen. **Gr. F.:** Kleine oder unregelmäßig ausgebildete Haube.

Bart: Vollbart, groß und dicht, schleierförmig herabfallend, also nicht in eigentlichen Backen- und zottelförmigen Knebelbart getrennt.

Schnabel: Kräftig, stark gebogen; über der Schnabelwurzel befindet sich eine verkümmerte, kleine Fleischwarze, die oft auch nur durch eine rote Stelle angedeutet ist. Die Nasenlöcher sind etwas aufgeworfen.

Augen: Rotgelb.

Kamm: Geweihkamm, bestehend aus zwei gleichförmigen, im Querschnitt runden, wenig gebogenen Hörnern von mäßiger Größe, die frei von seitlichen Auswüchsen sein müssen. Das Geweih zeigt seine schönste Form, wenn seine beiden Hörner einen Winkel wie ein etwas erweitertes lateinisches V zueinander bilden und gut gegen die Haube hinauf gerichtet sind. **Gr. F.:** Blätterförmiger oder überhaupt in stärkerem Maße verzweigter Kamm.

Ohrlappen: Klein, Farbe belanglos.

Kehllappen: Klein, kurz und gut abgerundet, vom Bart verdeckt.

Gesicht: Etwas vom Bart verdeckt, die Augen freilassend.

Hals: Gedrungen, anmutig getragen, mit reichem Behang.

Brust: Sehr voll und breit heraustretend, tief. **Gr. F.:** Eingezogene Brust.

Rumpf: Lang und breit, rechteckig, waagerecht getragen. **Gr. F.:** Schwächliche Form.

Bauch: Breit und voll.

Rücken: Breit, lang und flach.

Flügel: Ziemlich groß, mäßig geschlossen getragen.

Schwanz: Sehr voll, mit gut gebogenen, breiten Sicheln, mäßig hoch getragen.

Schenkel: Kurz und stämmig, gut befiedert, dadurch etwa zur Hälfte verdeckt.

Läufe: Kurz, unbefiedert, dunkelgraublau, bei Weiß und Gesperbert hellere Läufe zulässig. **Gr. F.:** Hohe Stellung.

Henne

Gewicht: 2 bis 3 kg.

Jahres-Eierleistung: ca. 150 weißschalige Eier.

Bruteier-Mindestgewicht: 55 g.

Nichtbrüter.

Die Henne gleicht in etwa dem Hahn, soll nur noch massiger und gedrungener gebaut sein mit sehr breiter, voller Brust und tiefem Bauch. Ihre Haube unterscheidet sich von der des Hahnes ganz wesentlich in der Form. Sie soll sehr groß, dicht und hoch sein, den Blick der Augen freilassend, gerade auf dem Kopf sitzen und möglichst kugelförmig sein.

Ringgröße: Hahn III, Henne IV.

Farbe und Zeichnung

Schwarz
Mit grünem Glanz.

Blau
In der dunklen Färbung der Andalusier. Der Hahn ist etwas dunkler als die Henne.

Weiß
Reinweiß. **Gr. F.:** Stark gelber Anflug.

Gesperbert
Jede Feder in mehrfachem Wechsel von Schwarz mit Blaugrau leicht bogig quer gebändert. Beim Hahn in gleicher Breite; bei der Henne sind die dunklen Federteile etwas breiter als die hellen. Die Zeichnung ist nicht scharf, das Untergefieder nur schwach gezeichnet. **Gr. F.:** Messing oder Braun im Gefieder.

Perlgrau
Bei Hahn und Henne einheitlich zarter hellgrauer Farbton. **Gr. F.:** Säumung, Ruß, Rost und Schilf.

Croad-Langschan, 0,1 weiß und 1,0 schwarz

Croad-Langschan

Zuchtidee:

Ein wetterhartes, kräftiges und großes Huhn mit sehr guter Legeleistung und vorzüglicher Fleischqualität. Robust, zutraulich und temperamentvoll.

Was ist zu fordern?

Großes Huhn mit aufrechter Haltung und verhältnismäßig langem und breitem Schwanz bei sehr glatt anliegendem Gefieder. Der Eindruck der Größe wird nicht durch eine besonders hohe Stellung, sondern durch große Rumpftiefe und aufrechte Haltung hervorgerufen.

Was ist abzulehnen?

Tiere mit flacher oder schmaler Brust, unbefiederten Läufen bzw. Außenzehen, gerader Rückenlinie und solche mit gelber Haut und Fußsohle sowie Geierfersen. Tiere mit lockerer Befiederung und bauschigen Schenkeln sind verpönt.

Geschichtliches

Die Croad-Langschan wurden am 14. Februar 1872 von dem englischen Major A. C. Croad in Durrington eingeführt. Sie stammten, wie alle direkt eingeführten Langschans, aus dem nordöstlichen Asien. Die ersten Importe nach Deutschland erfolgten im Herbst 1879 durch Kapitän Mensing. Durch die aus ihnen entstandenen Deutschen Langschan wurden sie, nach anfänglicher Beliebtheit, verdrängt, sind aber bei uns nach dem Zweiten Weltkrieg wieder aus den USA eingeführt worden, ohne bis heute einen größeren Züchterkreis gefunden zu haben.

Form und Kennzeichen

Hahn

Gewicht:	3,75 bis 4,25 kg.
Kopf:	Mittelgroß, ziemlich breit.
Schnabel:	Kräftig, gebogen.
Augen:	Groß, schwarzbraun.
Kamm:	Einfach, mittelgroß, gerade, aufrechtstehend, gleichmäßig, aber nicht tief geschnitten (5 Zacken), fein im Gewebe, Fahne etwas vom Nacken abstehend.
Ohrlappen:	Schmal, länglich, glänzend rot.
Kehllappen:	Mittellang, abgerundet.
Hals:	Lang, leicht gebogen mit reichlichem, über die Schulter fließendem Behang.
Brust:	Etwas angehoben getragen, breit, gut gerundet. **Gr. F.:** Schmale oder flache Brust.
Rumpf:	Breit und tief, ziemlich kurz wirkend.
Bauch:	Voll, mit dichten, aber nicht zu langen Flaumfedern.
Rücken:	Kurz, breit, an den Schultern flach, von der Rückenmitte stark ausgerundet zum Schwanz ansteigend (Lyraform). **Gr. F.:** Gerade Rückenlinie.
Flügel:	Gut geschlossen, eng anliegend, Arm- und Handschwingen breit.
Schwanz:	Lang, groß, voll, hoch getragen, breit angesetzt. Sicheln lang, die breiten Steuerfedern gut bedeckend, Sattelfedern lang, je länger, desto besser.
Schenkel:	Lang und stark. **Gr. F.:** Starker Schenkelbausch.
Läufe:	Ziemlich lang, kräftig, im Fersengelenk fast nicht gewinkelt, an den Außenseiten bis zur Spitze der Außenzehen befiedert, die übrigen Zehen unbefiedert. **Gr. F.:** Unbefiederte Läufe bzw. Außenzehen, Geierfersen, gelbe Haut, gelbe Fußsohlen.

Henne

Gewicht:	3 bis 3,5 kg.
	Bruteier-Mindestgewicht: 58 g.
	Schalenfarbe der Eier: Dunkelbraun.

Die Henne wirkt im Rücken etwas länger. Die Rückenlinie steigt von ihrer Mitte in scharf konkaver Biegung zum langfiedrigen, in stumpfem Winkel getragenen Schwanz auf. Die Steuerfedern ragen weit aus der Schwanzdecke hervor. Die Henne besitzt einen kleinen Stehkamm, ihre Kehllappen sind kurz, zart und rund.

Ringgröße: Hahn I, Henne II.

Farbe und Zeichnung

Schwarz
Sattes Schwarz mit grünlichem Glanz, das Untergefieder ist mattschwarz. Der Schnabel ist dunkelhornfarbig, wobei der Unterschnabel etwas heller getönt ist. Die Läufe sind bläulichschwarz, die Fußsohlen rötlichweiß.

Weiß
Leichter gelber Anflug im Schmuckgefieder des Hahnes gestattet. Schnabel hell schieferfarbig, Läufe schieferblau.

1,1 Cubalaya

Cubalaya

Zuchtidee

Ein bewegliches Huhn mit kämpferischem, herausforderndem Wesen. Als rassetypische Merkmale gelten der stark gespreizte Schwanz (Hummerschwanz) und die gerade Linie vom Nacken bis zur Schwanzspitze.

Was ist zu fordern?

Ein mittelgroßes, bewegliches Huhn mit abfallender Haltung und gut mittelhoher Stellung. Es soll ein kämpferisches, herausforderndes Wesen besitzen.

Was ist abzulehnen?

Tiere, die den Hummerschwanz sowie die gerade Nacken-Schwanz-Linie nicht aufweisen.

Geschichtliches

Die Cubalaya kommen, wie ihr Name schon sagt, von der Insel Cuba. Sie wurden 1939 in den USA in den Standard aufgenommen, in Deutschland wurden sie erst 1983 zugelassen.

Form und Kennzeichen

Hahn

Gewicht:	2 bis 2,5 kg.
Kopf:	Kurz, breit, über den Augen etwas vorstehende Wülste.
Schnabel:	Kurz, stark, gut gebogen, hellhornfarbig.
Augen:	Mittelgroß, lebhaft, etwas tiefliegend, rot bis rotbraun.
Kamm:	Dreireihiger Erbsenkamm, vorn niedrig, nach hinten aufstrebend, nicht über die Augen hinausragend.
Ohrlappen:	Klein, glatt, rot.
Kehllappen:	Sehr klein, glatt, rot.
Gesicht:	Glatt, leuchtend rot.
Hals:	Ziemlich lang, kräftig. Der Halsbehang reicht bis auf die Schultern.
Brust:	Breit, voll, hervortretend.
Rumpf:	Ziemlich lang, muskulös, breitschultrig, breit auf der gesamten Länge, abfallend getragen. **Gr. F.:** Waagerechte Körperhaltung, kurzer oder schmaler Körper.
Bauch:	Knapp, fest eingezogen.
Rücken:	Breit auf der gesamten Länge, ziemlich lang, Schultern hervortretend, volles Sattelgefieder, eine ununterbrochene Linie vom Halsansatz bis zur Schwanzspitze. **Gr. F.:** Fehlende Schulterung.
Flügel:	Kurz, breit an den Schultern hervortretend, leicht gesenkt getragen, jedoch nicht die Schenkel verdeckend.
Schwanz:	Lang, breit, gut gespreizt und dadurch den rassetypischen Hummerschwanz formend. Die Länge vom Schwanzansatz bis zur Schwanzspitze soll größer sein als vom Schnabel zum Schwanzansatz. Sicheln und Nebensicheln lang, voll, schleppend getragen. **Gr. F.:** Steiler oder federarmer Schwanz, jegliche Bildung eines Schwanzwinkels, zusammengelegte Schwanzpartie.
Schenkel:	Ziemlich lang, muskulös.
Läufe:	Mittellang, Jungtiere zeigen glatte, Alttiere grobe Schuppung, unbefiedert, fleischfarbig; auch mit Mehrfachsporn vorkommend. **Gr. F.:** Niedrige Stellung.
Zehen:	Gut gespreizt, lang, fleischfarbig.
Gefieder:	Hart und lang, glanzreich, dicht.

Henne

Gewicht:	1,5 bis 2 kg. Bruteier-Mindestgewicht: 50 g. Schalenfarbe der Eier: Weiß oder gelblich.

Die Henne entspricht dem Hahn bis auf die geschlechtsbedingten Unterschiede. Ihr Kamm ist kleiner und das Ende meist weniger aufwärts gerichtet. Die Rückenlinie fällt zum Schwanz hin stärker ab als beim Hahn. Der Schwanz ist stark gespreizt, in sich gewölbt und wird gesenkt getragen, so daß er den sogenannten Hummerschwanz bildet, Sporenbildung ist zugelassen.

Ringgröße: Hahn IV, Henne V.

Farbe und Zeichnung

Wildfarbig/Zimtfarbig
Hahn: Kopf braunrot, Halsbehang braunrot, im unteren Teil in einen leuchtenden Goldton übergehend, Schaftstrichzeichnung erlaubt. Rücken braunrot, Flügeldecken satt rot, Flügelbinde grünglänzend schwarz, Handschwingen schwarz mit braunem Saum, Armschwingen: Innenfahne schwarz, teils mit braunem Saum, Außenfahne rotbraun mit schwarzen Enden, bei zusammengelegtem Flügel ein rotbraunes Dreieck bildend. Sattelbehang wie Halsbehang. Vorderhals, Brust, Bauch und Schenkel schwarz. Schwanz schwarz mit grünem Glanz. Untergefieder schwarz mit Rotbraun durchsetzt. **Gr. F.:** Zu heller, stark absetzender und strohiger Halsbehang, rußiger Halsbehang, fehlendes Flügeldreieck, Weiß in den Sicheln, viel Weiß in den Schwingen.
Henne: Kopf kastanienrotbraun, Halsbehang dunkelrotbraun, leichte Schaftstrichzeichnung erlaubt. Rücken, Flügel, Sattel und Schwanzdeckfedern zimtfarbig. Vorderhals, Brust, Schenkel und Bauch hellzimtfarbig. Handschwingen schwarz mit braunem Saum. Armschwingen Innenfahne schwarz, Außenfahne rotbraun. Schwanz schwarz mit zimtfarbigem Saum, an den unteren Steuerfedern meist als bräunlich gepfefferter Rand. Untergefieder hellgrau, an manchen Körperteilen hellzimtfarbig. **Gr. F.:** Goldfarbiger Halsbehang, viel Ruß oder Pfefferung im Mantelgefieder, Weiß im Schwanz, viel Weiß in den Schwingen.

1,1 Denizli-Kräher

Denizli-Kräher

Zuchtidee:

Ein stolz aufgerichtetes Landhuhn mit gerade abfallendem Rücken, wobei die Haltung den Kampfhuhneinschlag verrät. Erhaltung des eigenartigen und sehr langen Krährufes der Hähne.

Was ist zu fordern?

Vitalität, muskulöser Körper, knappes Gefieder.

Was ist abzulehnen?

Waagerechte Haltung, kurzer Rücken, schmale Schultern.

Geschichtliches

Bei den Denizli-Krähern handelt es sich um eine der wohl ältesten Langkräherrassen des vorderasiatischen Raumes, insbesondere der Türkei, nach deren im Süden gelegenen Stadt Denizli sie benannt wurden.

Form und Kennzeichen

Hahn

Gewicht:	2,5 bis 3 kg.
Kopf:	Mit breitem Schädel und leichten Augenbrauenwülsten. **Gr. F.:** Schmaler Kopf.
Schnabel:	Kräftig, lang, dunkelhornfarbig. **Gr. F.:** Dünner Schnabel.
Augen:	Dunkelbraun, bei heller gefärbten Tieren zum Irisrand hin gründlich aufhellend.
Kamm:	Mittelgroß, tief gezackt, im Gewebe fein, mit 5 bis 6 Zacken. **Gr. F.:** Umliegender Kamm, weniger als 5 Zacken.
Kehllappen:	Mittellang.
Ohrlappen:	Rot, etwas Emaille gestattet. **Gr. F.:** Weiße Ohrlappen.
Gesicht:	Rot, mit kleinen Federchen besetzt.
Hals:	Ziemlich lang, mit knappem Behang, aufrecht getragen.
Brust:	Etwas hochgezogen und wenig gewölbt.
Rumpf:	Schlank und muskulös, walzenförmig.
Bauch:	Nur mäßig entwickelt.
Rücken:	Mittellang, gerade bis leicht gewölbt. **Gr. F.:** Zu kurzer Rücken.
Flügel:	Hoch angesetzt, zur Rückenlinie parallel verlaufend.
Schwanz:	Wird etwa im rechten Winkel zum Rücken getragen, mit breiter, aber mäßiger Besichelung.
Schenkel:	Gut mittellang, hervortretend, straff befiedert.
Läufe:	Lang und kräftig, dunkelgrau bis schwarz, bei stark gezeichneten Tieren etwas hellere, ins Olivgrün variierende Lauffarbe zugelassen. **Gr. F.:** Dünne Läufe, tiefe Stellung.
Zehen:	Breit aufgesetzt.
Gefieder:	Knapp und anliegend.

Henne

Gewicht:	2 bis 2,5 kg. Bruteier-Mindestgewicht: 55 g. Schalenfarbe der Eier: Weiß bis cremefarbig.

Die Henne steht etwas niedriger als der Hahn und ist auch in der Haltung waagerechter. Ihre Schenkel treten weniger hervor. Brust, Rumpf und Bauch sind voller und gerundeter, der Schwanz ist nur wenig gespreizt. Sie trägt einen mittelgroßen Kamm, aufrechtstehend, der sich im hinteren Teil nach der Seite umlegen darf. **Gr. F.:** Anderer als Landhuhntyp, flache Brust, wenig entwickelter Bauch, viel Weiß in den Ohrlappen, weiße Federn oder Schilf.

Ringgröße: Hahn III, Henne IV.

Farbe und Zeichnung

Denizli-Kräher sind keine auf Farbfeinheiten und einheitliche Farben gezüchtete Rasse. Farbe und Zeichnung sind daher von untergeordneter Bedeutung.

Schwarz-Gold

Hahn: Schwarze Grundfarbe. Hals- und Sattelbehang, Flügeldecken und Rücken sind goldbraun gezeichnet. Die Brust ist braun gezeichnet, bei stark gezeichneten Tieren ganz braun, fast schwarz bei weniger gezeichneten. Armschwingen schwarz bis grau mit angedeuteter Rieselung.

Henne: Grundfarbe Schwarz mit mehr oder weniger brauner Rieselung, Halsgefieder mehr oder weniger goldbraun gezeichnet, mit breiten, durchstoßenden Schaftstrichen. Mantelgefieder mehr oder weniger gesäumt. Die Intensität der Zeichnung ist unbedeutend.

Schwarz-Silber

Wie Schwarz-Gold, jedoch Silber anstelle von Goldbraun bzw. Braun.

Schwarz

Hahn und Henne mit samtschwarzem Mantelgefieder. Das Schmuckgefieder des Hahnes mit Grünglanz und ohne Zeichnung.

1,1 Deutsche Lachshühner, lachsfarbig

Deutsche Lachshühner

Zuchtidee:

Mittelschweres, zutrauliches Huhn. Ein Nutzhuhn ersten Ranges. Vorzügliches Fleischhuhn, gutes Legehuhn. Nichtbrüter. schlechter Flieger. Mit seiner besonderen Form und den eigenartigen Rassemerkmalen sowie den Kontrastfarben zwischen beiden Geschlechtern gerade dem Schauzüchter viele Reize bietend.

Was ist zu fordern?

Da das Lachshuhn in erster Linie Leistungshuhn sein und bleiben muß, ist auf gute Form, gute Entwicklung des Körpers, Glanz und Saft der Farbe ganz besonders Wert zu legen. Erst Form, dann Farbe.

Was ist abzulehnen?

In Form versagende, zu kurze, kleine, schwache, schmale, unentwickelte Tiere wie auch solche mit stumpfer, glanzloser Farbe.

Geschichtliches

Hervorgegangen ist das Lachshuhn zunächst aus dem französischen Faverolleshuhn. Die ursprüngliche Heimat der Faverolles ist der Bezirk Seine et Oise mit dem Ort Faverolles, einem kleinen Dörfchen im mittleren Frankreich. Dort wie auch in der gesamten Umgebung war dieses Huhn nichts anderes als ein schlichtes Landhuhn. Dieses zeichnete sich durch sein sehr feines, zartes, saftiges Fleisch, durch seine Weißhäutigkeit und auch als gutes Legehuhn aus. Der Franzose, von jeher ein Feinschmecker, legte bei der Zucht großes Gewicht auf viel und feines Fleisch. Das Faverolleshuhn war durch Kreuzung aus hellen, in geringerem Maße auch aus dunklen Brahma älterer Zuchtrichtung und silbergrauen Dorking entstanden. Diese Kreuzungstiere wurden jahrzehntelang auf alle Merkmale, die ein erstklassiges Tafelhuhn haben soll, gezüchtet. Im Jahre 1866 traten die Faverolles zum ersten Male als Mastmarktrasse in Frankreich auf. In Deutschland wurden sie bei Ausstellungen Anfang der 90er Jahre des 19. Jahrhunderts gerichtet. Durch intensiven Züchterfleiß hat die Rasse eine völlige Umzüchtung erfahren. Zur gleichen Zeit bemühten sich Züchter aus Deutschland und England, die äußeren Merkmale zu festigen, und erreichten durch nochmalige Einkreuzung von roten Dorking und Sussex eine rote Zwischenfarbe, von der man den neuen Namen ableitete. In England nannte man sie „Salmon Faverolles“, in Deutschland „Lachshühner“. Das heutige Lachshuhn der deutschen Zuchtrichtung hat viele Vorzüge gegenüber den Mutterrassen (Dorking, Brahma) und gehört nach wie vor zu den interessantesten Züchtungen des 20. Jahrhunderts.

Form und Kennzeichen

Hahn

Gewicht: 3 bis 4 kg.

Kopf: Verhältnismäßig klein, Gesicht befiedert.

Schnabel: Kurz, kräftig, hell bis hornfarbig.

Augen: Orangefarbig bis rot.

Kamm: Einfach, aufrechtstehend, klein bis mittelgroß, regelmäßig gezackt. **Gr. F.:** Übergroßer oder umliegender Kamm.

Bart: Sehr voll, Ohrlappen und Kehllappen völlig verdeckend. Kehllappen möglichst zurückgebildet, vom Bart verdeckt, Ohrlappen vom Bart verdeckt, Farbe belanglos. **Gr. F.:** Dürftiger Bart.

Hals: Mittellang, kräftig, voller Behang. **Gr. F.:** Dünner Hals.

Brust: Breit, voll, tief, gut gerundet, weit nach vorn reichend.

Rumpf: Breit, tief und lang, in der Seitenansicht ein in die Länge gezogenes, hinten etwas tieferes Viereck bildend, waagerecht getragen. **Gr. F.:** Schwacher, kurzer oder schmaler Körper.

Bauch: Breit und voll.

Rücken: Lang, in ganzer Länge breit in den breiten, flachen, vollen Sattelbehang übergehend. **Gr. F.:** Stark abfallender, hohler oder Fischrücken. Schmaler Bürzel, starkes Sattelkissen.

Flügel: Fest anliegend, waagerecht getragen.

Schwanz: Verhältnismäßig kurzfedrig, voll mit kurzen Sicheln bedeckt; halbhoch getragen. **Gr. F.:** Steiler Schwanz.

Schenkel: Kurz und kräftig, wenig sichtbar, gut befiedert, jedoch ohne Geierfersen. **Gr. F.:** Geierfersen.

Läufe: Mittellang, feinknochig, an den Außenseiten befiedert, fleischfarbig. **Gr. F.:** Sehr hohe oder sehr niedrige Stellung.

Zehen: Fünf. Außenzehe schwach befiedert. Vierte und fünfte Zehe voneinander getrennt, vierte Zehe höher als die Vorderzehen, etwas nach der Innenseite des Laufes angesetzt, möglichst waagerecht. Fünfte Zehe über der vierten sitzend, länger als diese, aufwärts gerichtet. **Gr. F.:** 4. und 5. Zehe aus gleicher knöcherner Wurzel.

Gefieder: Breit und voll.

Henne

Gewicht: 2,5 bis 3,25 kg.
Jahres-Eierleistung: 160 hellgelbe bis braune Eier.
Bruteier-Mindestgewicht: 55 g.

Die Henne erscheint gedrungener als der Hahn durch den gut ausgebildeten Bauch und den tiefbrüstigen, waagerechten Rumpf ohne Kissenbildung; der Schwanz ist kurz, die Kehllappen sind bei ihr völlig zurückgebildet; charakteristisch für die Henne ist die gut ausgebildete Halskrause.

Ringgröße: Hahn I, Henne II.

Farbe und Zeichnung

Lachsfarbig

Hahn: Hals- und Sattelbehang elfenbeinfarben, rotbraune Färbung des verdeckten mittleren Teils der Behangfedern erwünscht; rotbrauner Krausenfleck beim Althahn gefordert, beim Junghahn erwünscht. Rücken und kleine Flügeldecken rotbraun, eventuell mit wenig Weißgelb durchsetzt; Flügeldecken messingfarben gesäumt, mit zunehmendem Alter heller werdend. Große Flügeldecken schwarz, eine grün oder bläulich schimmernde Binde bildend. Handschwingen schwarz mit weißgesäumter Außenfahne, Armschwingen: Innenfahne schwarz, Außenfahne weiß, das weiße Flügeldreieck bildend. Obere Schwanzdecke teilweise rotbraun; Bart, Brust, Schenkel und Schwanz schwarz; Bauch und Laufbefiederung schwarz bis schwarzgrau; Brust, Bauch und Bart haben silberweißes Untergefieder, in den übrigen Federpartien hat dieses einen blaugrauen Schein bei weißem Federschaft. **Gr. F.:** Zu wenig Rotbraun in Rücken und Schultern, anderer als weißer Federschaft, völlig fehlender Messingsaum auf Flügeldecken, stark scheckig in Bart und Brust.

Henne: Flügeldecken, Rücken und Bürzel gleichmäßig lachsrot, die einzelnen Federn mit weißlichem Schaft und möglichst weißlicher Säumung; Hals etwas intensiver rot als Rücken, jede Feder mit weißem oder elfenbeinfarbenem Saum; die Federn der Krause sind ebenso gefärbt. Außenfahnen der Schwingen und Steuerfedern lachsrot, Innenfahnen mit Grauschwarz durchsetzt. Brust, Bauch und Schenkel rahmfarbig; leichter Überlauf im Schenkelgefieder gestattet. Hinterteil mehlweiß, Bart weißlich, Lauf- und Zehenbefiederung mehlweiß bis weizenfarbig. Untergefieder weißlich, in den roten Federpartien mit einem Schein von Blaugrau bei weißem Federschaft. **Gr. F.:** Fehlende oder zu dunkle Lachsfarbe, völlig fehlende Säumung, sehr starker Überlauf der Lachsfarbe auf Brust und Schenkel, anderer als weißer Federschaft, starker Ruß.

Weiß
Reines Silberweiß ohne gelben Anflug. **Gr. F.:** Gelber Anflug.

Hell
Hahn und Henne übereinstimmend gezeichnet. Hauptfarbe silberweiß. Kopf und Bart weiß, Halsbehang mit breiten, tiefschwarzen, grünglänzenden Schaftstrichen mit silberweißem Saum. Auf Kragenschluß wird kein Wert gelegt. Schwingen innen schwarz, außen weiß, so daß der zusammengelegte Flügel weiß erscheint. Schwanz schwarz mit grünlichem Glanz. Kleine Sichelfedern des Hahnes und Schwanzdeckfedern der Henne weiß gesäumt. Weiße Säumung der Hauptsicheln bzw. der großen Schwanzdeckfedern zulässig. **Gr. F.:** Gezeichneter Bart; weiße Steuerfedern; stark gelber Anflug.

Deutsche Langschan, 0,1 weiß und 1,0 schwarz

Deutsche Langschan

Zuchtidee

Ein frühreifes, elegantes und schönes Huhn, mit guter Nutzung als Fleisch- und Legehuhn, wetterhart und robust.

Was ist zu fordern?

Ein hochgestelltes Huhn mit langem, gestrecktem Körper in etwas nach vorn geneigter Haltung und mit aufsteigender Rückenlinie. Voller, kräftiger Rumpf, von vorn bis hinten gleichbleibend breit.

Was ist abzulehnen?

Schwache Tiere mit flacher, schmaler Brust, geringer Körpertiefe und stumpfem, lockerem Gefieder.

Geschichtliches

Die Langschan kommen aus Nordchina. Die ersten Tiere wurden 1879 über England nach Deutschland eingeführt, wo sich die Rasse sehr schnell verbreitete. Die Herauszüchtung der glattbeinigen Form ist ausschließlich in Deutschland erfolgt. In anderen

Ländern gezeigte glattfüßige Langschan sind entweder aus Deutschland eingeführt worden oder sie sind Zufallserscheinungen. Die eingeführten Langschan bildeten die Grundlage für die deutsche Züchtung. Vereinzelt sind auch andere Rassen, besonders schwarze Minorka, eingekreuzt worden, doch hat das reine Blut immer überwogen. Die neue Form, die sich von der alten besonders durch nicht mehr ausgebogenen Rücken unterscheidet, wurde seit 1904 auf Beschluß des 1895 gegründeten „Clubs Deutscher Langschan-Züchter" gezüchtet.

Form und Kennzeichen

Hahn

Gewicht:	3 bis 4,5 kg.
Kopf:	Klein, ziemlich schmal, leicht gewölbt.
Schnabel:	Mäßig lang, kräftig.
Augen:	Schwarzbraun.
Kamm:	Klein, einfach, geradestehend, leicht gewölbt.
Ohrlappen:	Ziemlich lang, schmal, dünn, rot. **Gr. F.**:Weiße Ohrlappen.
Kehllappen:	Klein, länglichrund, fein im Gewebe.
Gesicht:	Leicht behaart, glatt, rot.
Hals:	Lang, leicht gebogen, mit mäßig langem Behang.
Brust:	Breit, gewölbt, ziemlich tief. **Gr. F.**: Schmale oder flache Brust.
Rumpf:	Kräftig, voll, von vorn bis hinten gleichbleibend breit. **Gr. F.**: Schwache Form.
Bauch:	Breit, tief, voll und flaumreich.
Rücken:	Lang, tiefste Stelle unmittelbar hinter dem Halsbehang, von da aus den breiten, aber nicht eckigen Schultern in gleicher Breite nach dem Schwanz zu ohne Knick oder Winkel aufsteigend. **Gr. F.**: Abfallender oder schmaler Rücken, starke Kissenbildung.
Flügel:	Fest anliegend, hoch getragen.
Schwanz:	Kurz, mit vielen weichen, aber breiten Sichel- und Deckfedern besetzt, die die Steuerfedern einhüllen. **Gr. F.**: Die Sicheln überragende Steuerfedern, Schwanzwinkel.
Schenkel:	Mittellang, gut befiedert, ohne Kissen.
Läufe:	Lang, nicht zu dick, unbefiedert.

Henne

Gewicht:	2,5 bis 3,5 kg.
	Jahres-Eierleistung: 120–160 strohgelbe bis braungelbe Eier.
	Bruteier-Mindestgewicht: 55 g.
	Bruttrieb: Zuverlässig.

Die Henne zeigt die Form des Hahnes in anmutigerer Weise mit voller Kruppe, jedoch ohne ausgesprochene Kissenbildung, und recht geräumigem Hinterteil. Der etwas locker getragene Schwanz tritt nur wenig aus dem Deckgefieder hervor. Kamm aufrechtstehend.

Ringgröße: Hahn II, Henne III.

Farbe und Zeichnung

Schwarz
Hahn und Henne grünglänzend schwarz, Schnabel und Läufe bläulichschwarz. **Gr. F.:** Stumpfe Farbe mit mattem Glanz, bei Jungtieren sehr heller Schnabel, helle Läufe, bei Alttieren bis schieferblau gestattet.

Blau-Gesäumt
Blau, möglichst der Farbe der Andalusier entsprechend, Schnabel und Läufe bläulichschwarz, beim Hahn Hals-, Sattelbehang, Sichel- und Deckfedern blauschwarz, bei der Henne Halsbehang dunkelblaugrau. **Gr. F.:** Bei Jungtieren sehr heller Schnabel, helle Läufe, bei Alttieren bis schieferblau gestattet.

Weiß
Leichter gelber Anflug im Schmuckgefieder des Hahnes zugelassen, Schnabel und Läufe gelblichweiß bis schieferblau. **Gr. F.:** Starker gelber Anflug.

Braunbrüstig
Hahn: Kopf, Hals- und Sattelbehang, Flügeldecken und Rücken dunkelrotbraun, Halsbehang mit schwarzen Schaftstrichen; übriges Gefieder schwarz mit grünem Glanz, Brustgefieder mit schmaler brauner Säumung einschließlich Kropfpartie, bei Althähnen tiefergehende Zeichnung zulässig.
Henne: Hals- und Brustzeichnung wie beim Hahn; übriges Gefieder schwarz mit grünem Glanz. Läufe schwarz.
Gr. F.: Strohige oder orangefarbige Zeichnung, Schenkelzeichnung bei Junghähnen und Hennen, sonst wie bei Schwarz.

Deutsche Reichshühner, 0,1 weiß und 1,0 hell

Deutsche Reichshühner

Zuchtidee

Ein Nutzhuhn, das sich für alle Verhältnisse unseres Vaterlandes eignet, also ein frühreifes, wetterhartes Zwiehuhn mit guter Legeleistung und zartem, weißem Fleisch. Stolze Haltung, zutraulich, schnellwüchsig und guter Futtersucher.

Was ist zu fordern?

Ein elegantes, feinknochiges Huhn mit gestreckter, abgerundeter Rechteckform, parallel verlaufender Unter- und Oberlinie ohne Kissenbildung, mit waagerechter Haltung und mittelhohem Stand.

Was ist abzulehnen?

Plumpe, starkknochige oder spindelige Tiere, die den wirtschaftlichen Anforderungen nicht entsprechen.

Geschichtliches

Das Deutsche Reichshuhn ist ein Zwiehuhn und eine urdeutsche Züchtung. Hauptmann a.D. Cremat trat nach 1900 mit der Aufforderung an die Öffentlichkeit, ein deutsches Nationalhuhn zu züchten. Diese Idee haben Wilhelm Onken und Frau Elli Schreiner, Tochter von Hauptmann Cremat, verwirklicht; die ersten Reichshühner hatten sie 1907 ausgestellt. Durch zielbewußte Züchterarbeit gelang es nun den deutschen Züchtern, sie zu einer vererbungsfähigen Rasse durchzuzüchten, die bereits 1908 in Hannover anerkannt wurde. Zu ihrer Erzüchtung sollen rosenkämmige weiße Orpington, weiße und helle Wyandotten, weiße Dorking und Minorka sowie Sussex in die gesperberten Mechelner und Dominikaner eingekreuzt worden sein. Anfänglich hatten sie mehr den Orpington- und Wyandottentyp, nahmen aber sehr bald ihre heutige Form an.

Form und Kennzeichen

Hahn

Gewicht:	2,5 bis 3,5 kg.
Kopf:	Klein; mäßig gewölbt. **Gr. F.:** Viel zu flacher Kopf.
Schnabel:	Mittellang; leicht gebogen; farblich in Anlehnung an die Lauffarbe. **Gr. F.:** Falsche Schnabelfarbe.
Augen:	Groß; rot bis orangerot, bei der birkenfarbigen Henne auch braun gestattet.
Kamm:	Mittelgroßer, feingeperlter gut gewölbter Rosenkamm, der Dorn der Nackenlinie folgend, ohne aufzuliegen. **Gr. F.:** Beuliger oder faltiger Kamm; abstehender Kammdorn.
Ohrlappen:	Rot; glatt. **Gr. F.:** Weiß in den Ohrlappen.
Kehllappen:	Mittelgroß; rund; von feinem Gewebe.
Gesicht:	Rot; glatt.
Hals:	Mittellang, leicht gebogen, mit nicht zu langem Behang.
Brust:	Breit; voll; tief; gut gerundet, etwas nach vorn getragen.
Rumpf:	Walzenförmig; im Seitenprofil gestreckte Rechteckform mit langem Brustbein. **Gr. F.:** Zu schmaler, spindeliger Körper; plumpe Form; Grobknochigkeit.
Bauch:	Breit; voll; gut entwickelt.
Rücken:	Breit; lang; gerade; waagerecht; seitlich gerundet. **Gr. F.:** Zu kurze oder hohle Rückenlinie; starke Kissenbildung.
Schultern:	Nicht hervortretend; gerundet; am Körper fest anliegend.
Flügel:	Fest anliegend; Unterkante parallel zur Oberlinie; den Körper nicht überragend. **Gr. F.:** Lose Flügelhaltung.
Sattel:	Breit; seitlich gerundet ohne Kissenbildung.
Schwanz:	Mittellang; geschlossen; mit nicht zu schmalen, mittellangen, gut gebogenen Sicheln und reichlichem Deckgefieder; breit im Ansatz; im stumpfen Winkel getragen. **Gr. F.:** Zu steile oder abfallende Schwanzhaltung; zu lange, Körperlänge vortäuschende Schwanzpartie.
Schenkel:	Mittellang, gut sichtbar. **Gr. F.:** Kissenbildung.
Läufe:	Mittellang; feinknochig; glatt; breit im Stand; fleischfarbig, rötliche Streifen an den Außenseiten gestattet, bei der schwarzen und birkenfarbigen Henne mit grauem Anflug bis grau gestattet. **Gr. F.:** Federstoppeln an den Läufen; zu tiefer oder zu enger Stand.
Zehen:	Mittellang; gut gespreizt; weißliche Sohlen.
Gefieder:	Fest anliegend; ohne Kissen und Schenkelpolster.

Henne

Gewicht: 2 bis 2,5 kg.
Jahres-Eierleistung: Im 1. Jahr 180, im 2. Jahr 140 rahmgelbschalige Eier.
Bruteier-Mindestgewicht: 55 g.
Bruttrieb: Mäßig.

Die Henne gleicht dem Hahn bis auf die geschlechtsbedingten Unterschiede.

Ringgröße: Hahn III, Henne IV.

Farbe und Zeichnung

Weiß
Reinweiß. **Gr. F.:** Starker gelber Anflug.

Hell
Hahn und Henne fast übereinstimmend gezeichnet. Kopf rein weiß; Halsbehang mit breiten, tiefschwarzen, grünglänzenden Schaftstrichen und silberweißer Säumung. Der Halsbehang bildet einen Kragenschluß, unter dem geringe schwarze Tropfenzeichnung gestattet ist. Die Federn des Oberrückens unter dem Halsbehang zeigen schwarze Tropfenzeichnung. Beim Hahn angedeutete Sattelzeichnung gestattet. Sattel der Henne rein weiß. Schwanz des Hahnes rein schwarz mit grünem Glanz, Nebensicheln schwarz mit weißem Saum. Schwanz der Henne schwarz, die beiden großen und die kleinen Schwanzdeckfedern schwarz mit weißem Saum. Armschwingen Innenfahnen schwarz, Außenfahnen weiß, das weiße Flügeldreieck bildend. Handschwingen schwarz mit weißem Außensaum. Das übrige Gefieder rein weiß. **Gr. F.:** Starker gelber Anflug; durchstoßender Schaftstrich oder Vorsaum im Halsbehang; zu viel Weiß in Schwingen und Schwanz; jegliches Schwarz an nicht vorgesehenen Stellen.

Gelb-Columbia
Hahn und Henne fast übereinstimmend gezeichnet. Kopf rein gelb. Halsbehang mit breiten, tiefschwarzen, grünglänzenden Schaftstrichen und gelber Säumung. Der Halsbehang bildet einen Kragenschluß, unter dem geringe schwarze Tropfenzeichnung gestattet ist. Die Federn des Oberrückens zeigen unter dem Halsbehang schwarze Tropfenzeichnung. Beim Hahn angedeutete Sattelzeichnung gestattet. Sattel der Henne rein gelb. Schwanz des Hahnes rein schwarz mit grünem Glanz. Nebensicheln schwarz mit gelbem Saum. Schwanz der Henne schwarz, die beiden großen und die kleinen Schwanzdeckfedern schwarz mit gelbem Saum. Armschwingen Innenfahnen schwarz, Außenfahnen gelb, das gelbe Flügeldreieck bildend. Handschwingen schwarz mit gelbem Außensaum. Das übrige Gefieder satt leuchtend gelb. Flügeldecken beim Hahn in satterem Farbton als das übrige Gefieder. Untergefieder (Flaum) hellblaugrau.
Gr. F.: Zu helle, stark fleckige oder stark rötliche Oberfarbe; zu fahle Farbe der Federkiele auf der Brust des Hahnes oder im Mantelgefieder der Henne; durchstoßende Schaftstriche oder Vorsaum im Halsbehang; zu viel Gelb in Schwingen und Schwanz; jegliches Schwarz an nicht vorgesehenen Stellen; Braun im Untergefieder.

Gestreift
Jede Feder in mehrfachem, scharf abgegrenztem Wechsel von Schwarz und Milchgrau, möglichst gradlinig quer gestreift; Federenden schwarz; die schwarzen und hellen Streifen beim Hahn in gleicher Breite; bei der Henne sind die schwarzen Streifen breiter, wodurch diese im Gesamtbild dunkler erscheint. Durchgezeichnetes Schenkelgefieder ist anzustreben.
Gr. F.: Starker gelber oder brauner Anflug; stark verschwommene und ungleichmäßige Streifung; einfarbiges Untergefieder ohne Streifung; viele Federn mit hellem Federende; viel Weiß (Schilf) in Schwingen und Schwanz.

Rot
Gleichmäßig sattes, jedoch nicht zu dunkles, glänzendes Rot. Schwarz auf den Innenfahnen der Armschwingen und Außenfahnen der Handschwingen gestattet. Schwanz schwarz, beim Hahn grün glänzend, bei der Henne die Schwanzdeckfedern mit mehr oder weniger roter Säumung. Nebensicheln beim Hahn zum Sattel hin an Rot zunehmend. Untergefieder möglichst rot, leichter grauer Anflug gestattet.
Gr. F.: Stark scheckige oder matte Oberfarbe; schwarze Halszeichnung; schwarze Einlagerungen im Mantelgefieder; Schilf.

Schwarz
Sattes Schwarz mit grünem Glanz. Untergefieder beim Hahn nach dem Grunde hin heller werdend, bei der Henne dunkler.
Gr. F.: Sehr mattes Gefieder; violetter Glanz; Rost; Schilf.

Silber-Schwarzgesäumt
Hahn: Kopf, Hals- und Sattelbehang silberweiß mit schwarzem Schaftstrich. Brust weiß, jede Feder mit ausgeprägtem, tiefschwarzem lanzettförmigem Saum, der gleichmäßig breit sein soll. Diese Zeichnung erstreckt sich von der Kehle bis auf die Schenkel. Rücken und Flügeldecken möglichst weiß mit pfeilspitzartiger schwarzer Säumung; etwas Ruß gestattet. Die größeren Flügeldeckfedern mit breitem Saum, mindestens 2 Binden bildend. Armschwingen weiß mit schwarzer Säumung. Innenfahnen der Handschwingen schwarz, Außenfahnen weiß. Schwanz grünglänzend schwarz. Bauch schwärzlich. Untergefieder dunkelgrau.
Henne: Kopf und Hals weiß, mit ziemlich breitem Schaftstrich. Schwingen und Untergefieder wie beim Hahn. Brust, Rücken, Schenkel und Flügeldecken möglichst reinweiß mit blockigem, lanzettförmigem, tiefschwarzem Saum.
Gr. F.: Rost; matter oder zu runder Saum; zu helles Bauchgefieder; ferner bei Hennen ausgeprägte Moos-, Pfeffer- oder Rußbildung, Doppel- oder Vorsaum.

Gold-Schwarzgesäumt
Hahn: Grundfarbe helles Goldbraun. Gold im Hals- und Sattelgefieder etwas heller absetzend. Kopf-, Hals- und Sattelbehang goldfarbig, mit leichtem schwarzem Schaftstrich. Zeichnung wie bei Silber.
Henne: Kopf und Hals goldfarbig mit breiten schwarzen Schaftstrichen. Grundfarbe goldbraun mit tiefschwarzer lanzettförmiger Säumung. Sonstige Zeichnung wie bei Silber. Schwanz und Bauch mattschwarz.
Gr. F.: Rost; matter oder zu runder Saum; zu helles Bauchgefieder; ferner bei Hennen ausgeprägte Moos-, Pfeffer- oder Rußbildung; Doppel- oder Vorsaum.

Birkenfarbig

H a h n : Kopf, Hals- und Sattelbehang silberweiß mit schwarzen Schaftstrichen; Rükken und Flügeldecken silberweiß; Brust schwarz mit schmaler silberweißer Säumung einschließlich der Kropfpartie, bei Alttieren tiefer gehend gestattet. Übriges Gefieder schwarz mit grünem Glanz.

H e n n e : Kopf, Hals und Brust wie beim Hahn; übriges Gefieder schwarz mit grünem Glanz.

Gr. F.: Fehlender Grünglanz; fehlende oder zu klatschige Säumung; weiße Federkielzeichnung auf der Brust; Säumung auf Schenkel und Bauch; Weiß im Flügeldreieck der Hähne; Zeichnung im Mantelgefieder der Hennen.

1,1 Deutsche Sperber

Deutsche Sperber

Zuchtidee

Ein Wirtschaftshuhn in Landhuhnform. Zutraulich, nicht scheu, kein Flieger. Ein Huhn mit weißem Fleisch und fleißiges Legehuhn, dabei kein Brüter. Die gefällige Form mit der schönen Sperberzeichnung gibt dem Tier ein gutes Aussehen. Durch die Einkreuzung formgerechter Tiere wurden die Sperber vollendeter; auch ihre Legetätigkeit erhöhte sich vielfach (auf 200–230 Eier).

Was ist zu fordern?

Eine kräftige Landhuhnform mit geräumigem Körper auf reichlich mittelhoher Stellung. Bei den Hennen ein gut ausgebildeter Bauch. Bekannt gleichmäßige Sperberzeichnung. Kein Rassekennzeichen soll auf Kosten der Leistungsfähigkeit den Vorzug erhalten.

Was ist abzulehnen?

Spitze, unentwickelte Tiere, die in der Form versagen. Tiere, die gestreift, zu hell oder zu dunkel sind oder verschwommene Zeichnung haben; Kammfehler und schwammige oder rot durchzogene Ohrscheiben.

Geschichtliches

Die Heimat des Deutschen Sperberhuhnes ist das Rheinland. Der Altmeister Otto Trieloff, Duisburg, hatte sich die Aufgabe gestellt, ein wirtschaftliches, leistungsfähiges deutsches Huhn zu schaffen. Zuerst wurden Italiener mit Plymouth Rocks gekreuzt, ein Hahn dieser Nachzucht dann mit einer gesperberten Minorkahenne gepaart. Dieser offensichtliche Fortschritt hat Otto Trieloff zu weiteren Versuchen mit geeigneten gesperberten Italienern, schwarzen Minorka, Plymouth Rocks, Bergischen Schlotterkämmen und Kreuzungshennen veranlaßt. Das Resultat war ansprechend. Da die Minorkaform sehr ausgeprägt war, nannte er sie „Gesperberte Minorka". Diese Neuzüchtung fand viel Aufmerksamkeit. Bereits im Jahre 1907 wurde der „Sonderverein der Züchter gesperberter Minorka" gegründet. Auf Antrag der Züchter beim Bund Deutscher Geflügelzüchter wurde am 22. 4. 1917 vom Bund in Eisenach die Namensänderung in „Deutsche Sperber" genehmigt.

Form und Kennzeichen

Hahn

Gewicht:	2,5 bis 3 kg.
Kopf:	Verhältnismäßig groß, lang, mit breitem, gut gewölbtem Schädel.
Schnabel:	Mittellang, kräftig, hornfarben.
Augen:	Groß, rot bis hellbraun.
Kamm:	Mittelgroßer, einfacher, nicht zu tief gezackter Kamm mit 4–6 Zacken, breit aufgesetzt, Fahne der Schädelwölbung folgend, ohne aufzuliegen.
Ohrscheiben:	Mittelgroß, glatt, länglich rund, reinweiß, fest anliegend.
Kehllappen:	Mittelgroß, gut gerundet.
Gesicht:	Glatt, mit haarigen Federchen besetzt, rot. **Gr. F.:** Viel Weiß im Gesicht.
Hals:	Mittellang, mit vollem, langem Behang.
Brust:	Breit, gewölbt, tief angesetzt, langes Brustbein.
Rumpf:	Lang und breit, leicht nach dem vollen Sattel abfallend. **Gr. F.:** Schmaler, kurzer Rumpf.
Bauch:	Breit, nach hinten ausladend.
Rücken:	Breit, langgestreckt.
Flügel:	Lang, fest anliegend.
Schwanz:	Locker in den Steuerfedern, in stumpfem Winkel ziemlich aufrecht getragen, mit gut gebogenen, langen, breiten Haupt- und vielen Nebensicheln. **Gr. F.:** Steil oder zu flach getragener Schwanz.
Schenkel:	Vollfleischig, mit festanliegendem Gefieder, nicht zu lang vortretend.
Läufe:	Mittellang, nicht zu starkknochig, fleischfarben. **Gr. F.:** Zu hohe oder zu enge Stellung, andersfarbige Läufe (jedoch blauer oder grauer Anflug bei Hennen zulässig).

Henne

Gewicht:	2 bis 2,5 kg.
	Jahres-Eierleistung: 170 weißschalige Eier.
	Bruteier-Mindestgewicht: 60 g.
	Bruttrieb: Sehr gering.

Die Henne gleicht dem Hahn, jedoch mit den geschlechtlich bedingten Unterschieden. Sie hat eine fast waagerechte, lange, breite Walzenform mit tief angesetzter Brust, gut ausgebildetem Bauch, ohne Kissenbildung. Der Schwanz wird offen getragen, darf aber nicht fächern. Der Kamm ist umliegend, ohne das Auge zu bedecken, oder es ist ein mittelgroßer Stehkamm.

Ringgröße: Hahn III, Henne IV.

Farbe und Zeichnung

H a h n und H e n n e: Es gibt nur den gesperberten Farbenschlag. Jede Feder in mehrfachem Wechsel von Schwarz mit Lichtblau leicht bogig quer gebändert. Beim Hahn in gleicher Breite; bei der Henne sind die dunklen Federteile etwas breiter als die hellen. Die Zeichnung ist nicht scharf, das Untergefieder nur schwach gezeichnet. **Gr. F.:** Völlig verschwommene Zeichnung, viel Weiß in den Sicheln, gänzliches Fehlen der Sperberzeichnung in den Steuerfedern und Sicheln.

1,1 Dominikaner, gesperbert

Dominikaner

Zuchtidee

Wetterhartes Zwiehuhn mit langem, walzenförmigem Körper und gut mittellangem Schwanz. Gute Legeleistung und gute Fleischnutzung. Mittelgroße, kräftige Landhuhnform mit lebhaftem Temperament und leichtem asiatischem Einschlag. Eifrige Futtersucher.

Was ist zu fordern?

Das Hauptaugenmerk ist auf die veredelte Landhuhnform mit mittelhoher Stellung zu richten, also auf einen Typus zwischen Asiaten und Mittelmeerrassen. Der Hahn hat eine stolze, imponierende Haltung, die Henne erscheint dagegen etwas gedrungener.

Was ist abzulehnen?

Jede Anlehnung an den Cochin- oder Plymouth-Typ, zu schmale und zu massige Tiere mit auffallenden Mängeln in der Zeichnung.

Geschichtliches

Die Dominikaner entstammen einer amerikanischen Zucht, die dort den Namen Dominique führte und deren Erzüchter unbekannt blieb. Es war ein mittelschweres bis

schweres Huhn, ca. 800 g schwerer als die daraus in Deutschland umgezüchtete neue Rasse.
Dr. med. August Lax, geboren am 14. 4. 1832, verstorben in Hildesheim am 12. 11. 1902, brachte gegen Ende der siebziger Jahre des 19. Jahrhunderts aus Amerika die Dominique als Wirtschaftshuhn mit nach Deutschland. Mit einer Züchtergruppe schuf er unter Einkreuzung etwa von grauen Schotten und Sumatra den heutigen leichten Landhuhntyp der Dominikaner.
Um das Jahr 1910 fanden diese durch ihr gefälliges Aussehen und die vorzüglichen Nutzeigenschaften ihre Liebhaber in der Züchterwelt. Stammbaumzuchten und bäuerliche Geflügelhöfe mit Dominikanern entstanden im Harzer Raum. Streifung oder Sperberung des Gefieders war anfangs noch eine Streitfrage zwischen den Züchtern. Die Sperberung blieb und führte im Jahre 1931 zur Anerkennung der Musterbeschreibung, die von einem Züchterteam erarbeitet wurde. Kunstmaler Max Loose, Leipzig, der Fertiger des ersten Schwarzweißbildes von 1911, und Bruno Ebert, Augustusburg, beide Preisrichter, u.a. waren daran beteiligt und Mitbegründer des Sondervereins. Die Blütezeit begann: Ausstellungen, besonders zu nennen Bielefeld mit über 100, Leipzig mit ca. 60, Hamburg und Stuttgart mit nicht viel weniger Nummern, glänzten mit besten Bewertungen. Der Zweite Weltkrieg hatte den Niedergang der Zucht zur Folge. Aus den wenigen verbliebenen Stämmen erstand die Rasse neu. Durch Austausch von Zuchttieren und Erfahrungen konnte ab 1946 aus dem Raum Münster an ca. 500 Adressen Zuchttiere gegeben werden. Einbegriffen war die Ostzone. Bei den Großschauen und der Nationalen waren späterhin bis zu 30 Dominikaner zu finden.

Form und Kennzeichen

Hahn

Gewicht:	2 bis 2,5 kg.
Kopf:	Klein, mit flacher Stirn.
Schnabel:	Mittellang, gelb bis hornfarbig. **Gr. F.:** Andere Schnabelfarbe.
Augen:	Orangerot.
Kamm:	Schmaler, niedriger, möglichst gleich breiter Rosenkamm mit feiner Perlung und in einen kurzen, geraden Dorn auslaufend. **Gr. F.:** Zu großer Kamm, anderer als Rosenkamm.
Ohrlappen:	Klein, rot. **Gr. F.:** Weiß in den Ohrlappen.
Kehllappen:	Klein, gut abgerundet.
Gesicht:	Unbefiedert. **Gr. F.:** Gesichtsschimmel.
Hals:	Möglichst schlank, mit vollem, aber nicht sehr langem Behang.
Brust:	Voll, hoch getragen, gut vorgestreckt.
Rumpf:	Lang, walzenförmig, kräftig, etwas abfallend. **Gr. F.:** Kleiner, schwacher oder zu großer, massiger Körper.
Bauch:	Gut ausgebildet.
Rücken:	Mittellang, breit, mit vollem, aber nicht langem Sattelbehang. **Gr. F.:** Aufsteigender Rücken.
Flügel:	Mittellang, fest anliegend.
Schwanz:	Ziemlich flach und breit getragen, mit möglichst langen, breiten und gleichmäßig verteilten Sicheln. **Gr. F.:** Buschschwanz.
Schenkel:	Kräftig, anliegend befiedert.
Läufe:	Mittellang, unbefiedert, gelb. **Gr. F.:** Federfüße, andere Lauffarbe.

Henne

Gewicht: 1,75 bis 2,25 kg.
Jahres-Eierleistung: 160 bis 170 Eier mit bräunlicher Schale, Spitzenleistung 220 bis 230.
Bruteier-Mindestgewicht: 53 g.
Bruttrieb: Sorgsam, aber unbedeutend.

Die Henne erscheint voller und gedrungener in der Walzenform als der Hahn, mit breitem, langem Rücken, tiefer Brust und vollentwickeltem Bauch. Der Übergang zum flach und locker getragenen Schwanz ist gut ausgefüllt, aber ohne jegliche Kissenbildung.

Ringgröße: Hahn III, Henne IV.

Die gesperberten Dominikaner gehören zu den Kennrassen. Zu der immer wieder gestellten Frage des Geschlechtsunterschiedes beim geschlüpften bis zu drei Wochen alten Küken folgendes: Allgemein beim männlichen wie weiblichen Küken ist die Farbe des Bäuchleins hell oder dunkel.
Das männliche Küken ist im Flaum hell und zeigt auf dem Köpfchen einen bis über die Ohren hinabreichenden unzusammenhängenden hellen Fleck. Beinchen und Schnabel gelb oder hell.
Das weibliche Küken hat bedeutend dunkleren Flaum, auf dem Köpfchen einen begrenzten, in der Mitte hellen, zum Rande dunkler verlaufenden Fleck. Beinchen und Schnabel haben wenig dunklen Anflug (Hornfarbe).
Die zunächst verwaschene Sperberung beider Geschlechter wird mit zunehmendem Alter klarer.

Farbe und Zeichnung

Grundsatz: Je gleichmäßiger die schwarze Zeichnung über den ganzen Körper verteilt ist, desto wertvoller ist das betreffende Tier.
Hahn und Henne: Jede Feder in mehrfachem Wechsel von Schwanz mit Blaugrau leicht bogig quer gebändert. Beim Hahn in gleicher Breite; bei der Henne sind die dunklen Federteile etwas breiter als die hellen. Die Zeichnung ist klar, aber nicht scharf abgesetzt. Das Untergefieder nur schwach gezeichnet. **Gr. F.:** Rote und gelbe Töne im Gefieder, Streifung statt Sperberung.

1,1 Dorking, silbergrau

Dorking

Zuchtidee

Ein großes, sehr schweres, langes, breites und tief gebautes Huhn, in dem die Langfiedrigkeit der Mittelmeerrassen mit der Körperfülle und Mastfähigkeit der asiatischen Rassen verbunden ist. Ohne besondere Berücksichtigung der Farbe gilt es, diese eigenartige und einmalige Mischform im Charakter des schwersten Landhuhnschlages zu erhalten.

Was ist zu fordern?

Besonderer Wert ist auf die langgestreckte Form mit vollem, tiefem Bauch und die Erhaltung der vorzüglichen Mastfähigkeit, der zarten Struktur des weißen Fleisches und der weißen Haut zu legen. Eine frühe Reife ist anzustreben.

Was ist abzulehnen?

Schmaler, kurzer Körper, hohe oder enge Stellung, weiches Gefieder, kurze Schwingen und Steuerfedern, geringe Größe, flach getragener Schwanz oder Eichhornschwanz, weniger als 5 Zehen, weiße Ohrscheiben, gelbe Beinfarbe.

Geschichtliches

Die Entstehung der Rasse liegt so weit zurück, daß sie nicht mehr vollständig aufgeklärt werden kann. Zweifellos kommt ihr ein besonderes kulturgeschichtliches Interesse zu. Denn es handelt sich vermutlich bei ihrer Entstehung um die erstmalige Einkreuzung von Rassen asiatischen Ursprungs in italienische Landhühner zur Zeit der Entstehung des Römischen Reiches. Vermutlich haben römische Truppen dieses Huhn nach England gebracht. Die Dorking können als eine der ältesten englischen Hühnerrassen bezeichnet werden, sie sind bis 55 v. Chr. dort nachweisbar und sind die Ahnen mehrerer bedeutender Rassen geworden wie z. B. der Sussex, der Lachshühner, u. a. m. Um 1860 wurden sie nach Deutschland eingeführt.

Form und Kennzeichen

Hahn

Gewicht:	3,5 bis 4,5 kg.
Kopf:	Groß, doch nicht grob.
Schnabel:	Kräftig, fleischfarben.
Augen:	Orangerot.
Kamm:	Alle Farbenschläge sind mit Einfach- oder Rosenkamm zugelassen. Der Einfachkamm ist groß und aufrecht. Der Rosenkamm ist schön geperlt und vorne breit, der Dorn ist aufgerichtet.
Ohrlappen:	Mäßig entwickelt, rot. **Gr. F.:** Viel Weiß in den Ohrlappen.
Kehllappen:	Groß, von feinem Gewebe.
Gesicht:	Rot, schwach befiedert.
Hals:	Kurz und kräftig, mit langem, vollem Behang.
Brust:	Sehr tief, voll und breit. **Gr. F.:** Flache Brust.
Rumpf:	Lang, tief und eckig, von der Seite gesehen fast ein Rechteck bildend, waagerecht getragen. **Gr. F.:** Geringe Größe, schwacher, schmaler oder kurzer Rumpf.
Bauch:	Weit nach hinten ausladend.
Rücken:	Lang, breit, wenig abfallend, Sattel mit langem, reichem Behang.
Flügel:	Lang, angezogen.
Schwanz:	Voll und breit, ziemlich hoch getragen, mit sehr langen und breiten Sicheln. **Gr. F.:** Kurzfiedriger oder Eichhornschwanz.
Schenkel:	Kurz und vollfleischig, im Gefieder verborgen.
Läufe:	Kurz, kräftig, hellfleischfarben.
Zehen:	Groß, gut gespreizt, mit doppelter Hinterzehe. Die 5. Zehe lang, gut geformt, aufwärts gerichtet, deutlich von der vierten getrennt. **Gr. F.:** Fehlende 5. Zehe.

Henne

Gewicht:	2,5 bis 3,5 kg.
	Jahres-Eierleistung: 140 weißschalige Eier im 1. Jahr, 110 Eier im 2. Jahr.
	Bruteier-Mindestgewicht: 55 g.
	Bruttrieb: Stark entwickelt, zuverlässig.

Die Henne wirkt noch kastenförmiger als der Hahn, insbesondere durch den längeren, waagerechten Rücken, die sehr tiefe Brust, das voll entwickelte Hinterteil bei etwas tieferer Stellung und den sehr kurzen Hals. Der gut entwickelte Schwanz wird mehr geschlossen getragen, bei einfachkämmigen Hennen liegt der Kamm etwas um.

Ringgröße: Hahn II, Henne III.

Farbe und Zeichnung

Die Gefiederfarbe ist von untergeordneter Bedeutung.

Silbergrau
Hahn: Kopf, Hals, Rücken und Sattelbehang weiß; schwarzer Schaftstrich ist gestattet; weiße Flügeldecken; Handschwingen schwarz mit schmalen weißen Außensäumen, Armschwingen Außenfahne weiß mit schwarzer Spitze, Innenfahne schwarz; grünschwarze Flügelbinden; Brust, Bauch und Schenkel schwarz; Schwanz schwarz, Sichelfedern grünschillernd, weißgerandete Bürzelfedern gestattet.
Henne: Weißer Kopf; der Halsbehang weiß mit schwarzem Schaftstrich; Rücken, Sattel und Flügel klar silbergrau, ohne Rost oder Braun, jede Feder schwarzgerieselt, leichter Silberflitter zulässig; hellachsrote Brust, Schwanz dunkelgrau.

Dunkel
Hahn: Die Farbe und Zeichnung stimmen mit den Silbergrauen überein, nur tritt im Behang die Zeichnung stärker hervor, der untere Teil des Halsbehangs erscheint durch den durchstoßenden Schaftstrich ziemlich schwarz, an Stelle von Silberweiß liegt aber Strohgelb oder Grauweiß.
Henne: Halsbehang dunkelgrau, fast schwärzlich; Rücken, Flügel und Sattel sehr dunkelbraun, fast schwarz, Federschaft hell; Schwingen braun. Brust dunkellachsrot, am Ende jeder Feder ein dunkelgrauer bis schwarzer Halbmondfleck. Schwanz dunkelbraun mit schwacher grauer Zeichnung. Außerdem ist eine weitere Hennenfärbung zugelassen, bei der das Körpergefieder braungrau ist, jede Feder mit schwarzem Saum. Brustzeichnung wie bei der silbergrauen Henne.

Weiß
Reinweiß im Ober- und Untergefieder, frei von farbigem Anflug.

Gesperbert
Jede Feder in mehrfachem Wechsel von Schwarz mit Lichtblau leicht bogig quer gebändert. Beim Hahn in gleicher Breite; bei der Henne sind die dunklen Federteile etwas breiter als die hellen. Die Zeichnung ist nicht scharf, das Untergefieder nur schwach gezeichnet.

Rotbraun
Hahn: Hals- und Sattelbehang glänzend rot mit schwarzem Schaftstrich; Rücken und Schultern dunkelrot; Handschwingen schwarz mit braunem Rand; Armschwingen außen braun, innen schwarz; größere Flügeldeckfedern (Binden) grünglänzend

schwarz; Schwanz grünglänzend schwarz: Brust und Bauch schwarz; Untergefieder grau.

Henne: Halsbehang goldbraun mit kräftigem, schwarzem Schaftstrich. Schwanz und Schwingen schwarz oder sehr dunkelbraun. Das übrige Gefieder rotbraun, jede Feder mit halbmondförmiger schwarzer Säumung. Heller Schaftstrich gestattet.

1,1 Dresdner, goldbraun

Dresdner

Zuchtidee

Ein wetterhartes, winterfestes, schnellwachsendes Wirtschaftshuhn mit früher Vollreife. Legeleistung mindestens 180 Eier im ersten, 160 im zweiten Jahr.

Was ist zu fordern?

Ein mittelschweres, kräftiges Huhn mit ausgesprochenem Leistungstyp. Mit der stattlichen und gefälligen Form in knapp mittelhoher Stellung ist trotz der Geräumigkeit des Körpers viel Temperament verbunden.

Was ist abzulehnen?

Schmalrückige, zu leichte, tiefgestellte sowie grobknochige Tiere mit langem Gesicht. Ebenso flache Schwanzhaltung, langer und gerader Rücken sowie enge Beinstellung.

Geschichtliches

In den Jahren 1948–1953 in Dresden aus Wyandotten, Rhodeländern und New Hampshire herausgezüchtet. Die Goldbraunen wurden in Ostdeutschland 1955, in Westdeutschland 1958 anerkannt, die Weißen 1961 bzw. 1964.

Form und Kennzeichen

Hahn

Gewicht:	2,75 bis 3 kg.
Kopf:	Klein.
Schnabel:	Mäßig stark, gelb bis hornfarbig.
Augen:	Orangefarbig bis rot.
Kamm:	Ziemlich breit angesetzter Rosenkamm, Dorn dem Nacken folgend. **Gr. F.:** Sehr grober Kamm, aufwärts gerichteter Dorn.
Ohrlappen:	Mittelgroß, rot. **Gr. F.:** Weiß in den Ohrlappen.
Kehllappen:	Mittellang.
Gesicht:	Mit feinen Federchen besetzt, rot.
Hals:	Mittellang, mit reichem Behang.
Brust:	Breit und voll.
Rumpf:	Volle, tiefe, abgerundete Form. **Gr. F.:** Dreieckform, grobknochiger Bau.
Bauch:	Ziemlich breit und voll.
Rücken:	Mäßig lang, breit, leicht ansteigend. **Gr. F.:** Abfallender oder Fischrücken.
Flügel:	Straff anliegend getragen.
Schwanz:	Mittellang, mit nicht zu langen Sicheln, mittelhoch und geöffnet getragen.
Schenkel:	Stark, wenig hervortretend.
Läufe:	Mittellang, gelb. **Gr. F.:** Zu hohe Stellung.
Gefieder:	Breit, flaumig, doch gut anliegend.

Henne

Gewicht:	2 bis 2,25 kg. Bruteier-Mindestgewicht 55 g, kunstbrutfest. Schalenfarbe: Gelbbraun. Bruttrieb: Sehr gering.

Sie entspricht dem Hahn bis auf die geschlechtsbedingten Unterschiede. Der Rükken ist mittellang mit breitem, vollem Sattel; Schwanz wird etwas flacher als beim Hahn getragen. **Gr. F.:** Hohler Rücken.

Ringgröße: Hahn III, Henne IV.

Farbe und Zeichnung

Goldbraun

H a h n : Kopf goldbraun. Hals- und Sattelbehang goldbraun, nach unten etwas heller werdend; im unteren Teil des Halsbehangs schwarze Schaftstrichzeichnung. Rücken, Schultern und Flügeldecken satt kastanienbraun. Handschwingen braun mit schwarzem Längsstrich entlang des Federkiels auf der Außenfahne. Armschwingen goldbraun mit schwarzem Längsstrich auf der Innenfahne. Brust, Schenkel und Bauch ein mittleres Braun, das möglichst bis in das Aftergefieder gehen soll. Schwanz schwarz mit Grünglanz, brauner Rand in den Nebensicheln gestattet. Untergefieder lachsfarbig, etwas Grau gestattet.

H e n n e : Mantelgefieder rötlichgoldbraun, etwa der Brustfarbe des Hahnes gleichend. Kopf goldbraun. Halsbehang etwas heller goldbraun mit breiten, schwarzen

Schaftstrichen, die etwas höher hinaufreichen als beim Hahn. Schwingen wie beim Hahn. Schwanz schwarz, die großen Deckfedern mit brauner Säumung gestattet. Untergefieder wie beim Hahn.
Gr. F.: Sichtbares Weiß oder Schwarz im Rumpfgefieder; Schilf in Schwingen und Schwanz; rußiger Halsbehang; fehlende Halszeichnung; Schaftstrichzeichnung im Sattelbehang; stark rußiges oder weißes Untergefieder; stark fleckige Mantelfarbe bei der Henne.

Weiß
Reinweiß, grauer Saum. **Gr. F.:** Stärkerer Gelbton.

Schwarz
Sattes Schwarz mit grünem Glanz. Untergefieder beim Hahn nach dem Grunde zu heller werdend, bei der Henne dunkel. Läufe und Schnabel gelb, dunkler Schnabelfirst zulässig. **Gr. F.:** Glanzloses Gefieder, bronzefarbiger Glanz, andersfarbige Federn, starker Schilf in den Schwingen, dunkel angelaufene Läufe.

Rost-Rebhuhnfarbig
Hahn: Kopf und Halsbehang goldbraun mit leicht angedeuteter schwarzer Schaftstrichzeichnung. Flügeldecken und Rücken rotbraun. Sattelbehang rot- bis goldbraun mit wenig oder ohne Schaftstrichzeichnung. Brust- und Schenkelzeichnung mit farblich dreigeteilten Federn, die am Grunde grauschwarz, in der Mitte mattbraun sind und mit einem schwarzen Tupfen enden. Brust und Schenkel erscheinen daher von außen schwarz mit mehr oder weniger braunen Flecken. Armschwingen Außenfahnen tiefbraun, Innenfahnen mattschwarz mit brauner Pfefferung an den Enden. Bindenfedern farblich dreigeteilt, ähnlich den Brustfedern. Handschwingen mattschwarz mit braunem Rand an der Außenfahne und brauner Pfefferung am Rand der Innenfahne. Steuerfedern satt schwarz. Die großen Sichelfedern schwarz mit Grünglanz, die Nebensicheln schwarz mit braunem Saum. Bauch mattbraun mit schwarzen Spritzern. Untergefieder bräunlichgrau.
Henne: Kopf und Halsbehang rotbraun, nach unten in Goldbraun übergehend mit schwarzer Schaftstrichzeichnung. Rücken, Sattel, Schultern und Flügel rostbraun mit schwarzer Pfefferung und goldfarbiger Nervzeichnung. Armschwingen braun mit schwarzer Pfefferung. Handschwingen mattschwarz mit braunem Außenrand und brauner Sprenkelung am Ende der Innenfahne. Schwanz schwarz, Deckfedern mit braungerieseltem Rand. Brust dunkellachsfarbig ohne Pfefferung, seitlich geringe schwarze Spritzer gestattet.
Schenkel und Bauch vorherrschend bräunlich, nach hinten grauer werdend, ohne rußig zu wirken.
Gr. F.: Beim Hahn Fehlen der dreigeteilten Zeichnung; Säumung an den Brustfederenden. Bei der Henne gepfefferte oder schwarzgetupfte Brust; starker Flitter, Bänderungsanlage im Mantelgefieder; Fehlen der Nervzeichnung; viel zu dunkelrotbraune Flügeldecken; starker Ruß; Schilf.

Eulenbärte, 1,0 goldlack und 0,1 blau

Eulenbärte

Zuchtidee

Trotz der volleren Größe und des nur mittelhohen Standes ein den Brabantern recht ähnliches Landhuhn mit guter Legeleistung. Typische Rassekennzeichen sind der ungeteilte Kinn- und Backenbart sowie der V-förmige Hörnerkamm.

Was ist zu fordern?

Kräftig gebauter Landhuhntyp mit abgerundeter Form, mittelhoher Stellung, ungeteiltem Kinn- und Backenbart; Henne niedriger gestellt und gedrungener als der Hahn; Oberkopf mit V-förmigem Hörnerkamm.

Was ist abzulehnen?

Zu leichte oder zu hochgestellte Tiere und solche, die in den charakteristischen Rassemerkmalen dem Standard nicht entsprechen.

Geschichtliches

Die „Uilenbaarden" sind eine alte, bereits im 17. Jahrhundert bekannte niederländische Rasse und sind aus Kreuzungen von Landhühnern und Haubenhühnern entstanden. Zunächst galten sie als Paduaner mit ungenügender Haubenbildung. Später wurde die Haubenbildung weitgehend zurückgedrängt, so daß der genetisch vielen Haubenhühnern eigentümliche Hörnerkamm neben dem Kinn- und Backenbart zum entscheidenden Rassemerkmal avancierte. Die Rasse wurde 1979 zugelassen; ihre Verbreitung beschränkte sich vorerst auf wenige Zuchten.

Form und Kennzeichen

Hahn

Gewicht:	2,2 bis 2,5 kg. **Gr. F.:** Zu leichte Tiere.
Kopf:	Mittelgroß, breit, zwischen Augen und Nasenlöchern eine rosafarbige Wölbung, die mit kleinen Federchen besetzt ist.
Schnabel:	Mittellang, kräftig, an der Spitze gebogen, die Nasenlöcher aufgeworfen.
Augen:	Groß, lebhaft, braunrot.
Kamm:	Aus zwei V-förmig aufgerichteten, runden Hörnchen bestehend. **Gr. F.:** Mißbildung der Kammhörner.
Bart:	Voll, federreich; Kinn- und Backenbart ungeteilt, bedeckt die Kehle vollständig und reicht bis in Augenhöhe. **Gr. F.:** Zu wenig Bartbildung, geteilter Bart.
Ohrscheiben:	Klein, weiß, vom Bart verdeckt. **Gr. F.:** Sichtbare Ohrscheiben.
Kehllappen:	Vom Bart verdeckt. **Gr. F.:** Sichtbare Kehllappen.
Gesicht:	Rot, vom Bart verdeckt.
Hals:	Mittellang, leicht gebogen, aufrecht.
Brust:	Breit, abgerundet, etwas nach vorne getragen.
Rumpf:	Breit über den Schultern, nach hinten schmäler werdend.
Bauch:	Mäßig entwickelt.
Rücken:	Gerade, wenig abfallend, im möglichst breiten Sattel zum Schwanz hin leicht ausgerundet.
Flügel:	Kräftig entwickelt, Schwingen anliegend.
Schwanz:	Vollfedrig, Sicheln und Nebensicheln gut entwickelt; ziemlich hoch, jedoch nicht rechtwinklig getragen.
Schenkel:	Mäßig lang, straff befiedert.
Läufe:	Mittellang, breitgestellt, unbefiedert, Farbe siehe Farbe und Zeichnung.

Henne

Gewicht: 1,6 bis 1,8 kg.
Bruteier-Mindestgewicht: 55 g.
Schalenfarbe: Reinweiß.
Jahres-Eierleistung: 180 Eier im ersten Jahr.

Die Henne entspricht dem Hahn bis auf die geschlechtsbedingten Unterschiede, doch ist sie im Körperbau sehr gedrungen und niedriger gestellt.

Ringgröße: Hahn IV, Henne V.

Farbe und Zeichnung

Schwarz
Tiefes Schwarz mit grünem Glanz, Läufe blaugrau.

Weiß
Reinweiß; Läufe hell-graublau bis fleischfarbig.

Blau-Gesäumt
Grundfarbe taubenblau, jede Feder schwarzgesäumt. Hals- und Sattelbehang des Hahnes in Blauschwarz übergehend, Läufe blaugrau.

Gesperbert
Grobe, graublaue Sperberung am ganzen Körper. Läufe fleischfarbig mit oder ohne dunkle Flecken.

Goldlack
Hauptfarbe goldbraun. Die gleiche Zeichnung wie bei den Hamburgern, Tupfen jedoch kleiner und teils mehr halbmondförmig oder breiter Halbsaum, Läufe blaugrau.

Silberlack
Hauptfarbe silberweiß. Zeichnung wie bei Goldlack. Schwarze Sicheln beim Hahn gelten als fehlerhaft, Läufe blaugrau.

Chamois
Hauptfarbe ledergelb, mit weißen Tupfen versehen; Zeichnungsform wie bei Silberlack, Läufe blaugrau.

Goldsprenkel
Gleiche Farbe und Zeichnung wie bei Hamburger Goldsprenkel, Läufe blaugrau.

Silbersprenkel
Hauptfarbe silberweiß, Zeichnung wie bei Goldsprenkel, Läufe blaugrau.

Mohrenkopf
Grundfarbe weiß, goldgelb, goldbraun oder blau. Kopf, Bart und Oberhals schwarz, Läufe blaugrau.

1,1 Friesenhühner, gelb-weißgeflockt

Friesenhühner

Zuchtidee

Erhaltung der Eigenschaften und Merkmale dieses uralten, den nordwesteuropäischen Sprenkelrassen angehörenden leichten und sehr beweglichen Landhuhnes Nordhollands. Es zeichnet sich aus durch große Wetterfestigkeit, Genügsamkeit und fleißige Legetätigkeit. Eigentümlich ist dieser Rasse die völlig unterschiedliche Gefiederzeichnung bei Hahn und Henne.

Was ist zu fordern?

Leichter Landhuhnschlag mit fast waagerecht getragener, abgerundeter Walzenform, zarter Knochenbau, Beweglichkeit, zufriedenstellende Legeleistung; ziemlich hoch getragener Schwanz und volle, fest anliegende Befiederung. Bedarf wie alle alten Landhuhnschläge eines unbeschränkten Auslaufes.

Was ist abzulehnen?

Alle Merkmale und Eigenschaften, die der geforderten Gesamterscheinung des Friesenhuhnes nicht entsprechen.

Geschichtliches

Einer der ältesten Landhuhnschläge Nordhollands und Westfrieslands, im 19. Jahrhundert als Legehuhn auf den Höfen der Moorbauern verbreitet. Es gehört den nordwesteuropäischen Sprenkelrassen an.

Rassemerkmale

Hahn

Gewicht: 1,5 bis 1,6 kg.

Kopf: Mittelgroß, länglich, nicht breit.

Schnabel: Mittellang, etwas gebogen, hellhornfarbig bis blau mit heller Spitze.

Augen: Groß, dunkelorangerot.

Kamm: Einfach, gerade, aufrecht, fein im Gewebe, ziemlich klein, mit leicht ansteigender Fahne; 5 bis 6 nicht zu tief geschnittene Zacken. **Gr. F.:** Grober Kamm.

Ohrscheiben: Klein, flach, glatt, länglich-rund, reinweiß. **Gr. F.:** Nicht reinweiße Ohrscheiben.

Kehllappen: Ziemlich kurz, dünn, gut gerundet.

Gesicht: Rot, leichte Befiederung zulässig.

Hals: Ziemlich lang, schön geschwungen, aufrecht getragen, mit stark entwickeltem Behang, der Schultern und Rücken teilweise und die Vorderseite des Halses weitgehend bedeckt. **Gr. F.:** Zu kurzer Behang.

Brust: Hoch und vorgewölbt, rund.

Rumpf: Fein abgerundete, leichte Walzenform, fast waagerecht getragen, zarter Knochenbau.

Bauch: Mäßig entwickelt.

Rücken: Zwischen den Schultern breit, nach hinten schmäler werdend und leicht abfallend, mittellang, durch die hohe Schwanzhaltung kurz wirkend; reicher Sattelbehang. **Gr. F.:** Zu kurzer Behang.

Flügel: Lang, kräftig, gut am Körper anliegend, jedoch häufig leicht gesenkt, die Enden auf den Flankenfedern ruhend.

Schwanz: Sehr reich befiedert, mit langen, breiten, stark gebogenen Sicheln, sehr hoch getragen. Steuerfedern breit, gefächert getragen.

Schenkel: Knapp mittellang, kräftig.

Läufe: Mittellang, glatt, blaugrau.

Henne

Gewicht: 1,2 bis 1,3 kg.
Bruteier-Mindestgewicht: 52 g.
Schalenfarbe: Weiß.

Sie entspricht bis auf die geschlechtsbedingten Unterschiede dem Hahn. Die Schwanzdeckfedern sind reichlich entwickelt und fest anliegend, der Bauch ist voll, etwas hervortretend; eine leicht umliegende Kammfahne ist zulässig. **Gr. F.:** Ganz umliegender Kamm.

Ringgröße: Hahn V, Henne VI.

Farbe und Zeichnung

Gelb-Weißgeflockt
H a h n: Kopf, Halsbehang, Schultern, Rücken und Sattelbehang satt rötlichgelb bis goldbraun. Handschwingen mit weißer Innen- und rötlichgelber Außenfahne. Armschwingen rötlichgelb, an der Innenfahne angedeutete weiße Flockenzeichnung. Vorderseite des Halses, Brust, Bauch und Schenkel tiefgelb, matte, weiße Flockenzeichnung zulässig. Schwanz rahmweiß, Sicheln mit schmaler, möglichst scharfer, rötlichgelber Säumung.
H e n n e: Die Hauptfarbe ist ein warmes rötliches Goldgelb, etwas heller als beim Hahn. Kopf, Halsbehang, Vorderseite des Halses und obere Brustseite ohne weiße Zeichnung. Flügeldecken, Rücken und Schwanzdecken leuchtend rötlichgelb mit gleichmäßiger, ziemlich enger weißer Flockung. An jeder Seite des Federkiels liegen sich je zwei bis drei reinweiße ovale Flocken frei gegenüber, ohne den Kiel oder den Federrand zu berühren. Enge, bänderungsartige Zeichnung gilt als fehlerhaft. Handschwingen: Innenfahne weiß mit zarter, rötlichgelber Randsäumung; Außenfahne rötlichgelb mit wenig weißer Zeichnung an der Spitze. Armschwingen rötlichgelb mit Flockenzeichnung, die an der Innenfahne mehr oder weniger in eine querlaufende Bänderung übergeht. Schwanz rahmweiß, einzelne Spritzer sind kein Fehler; große Schwanzdeckfedern durchgezeichnet.

1,1 Hamburger Silberlack

Hamburger

Zuchtidee

Ein äußerst lebhaftes, mittelhoch gestelltes, mittelschweres bis leichtes Huhn von eleganter, fasanenschlanker Walzenform mit langer, sehr reicher Befiederung, die besonders prächtigen Glanz zeigt; Rosenkamm, runde, weiße Ohrscheiben, blaue Läufe bei den Lack-, Sprenkelschlägen und Weißen, dunkle beim schwarzen Farbenschlag. Nichtbrüter, ein fleißiges Legehuhn. Besonders bei freiem Auslauf ein Nutzhuhn ersten Ranges. Mit seiner eleganten Form, der vollen Befiederung und herrlichen Farbe bietet es auch dem reinen Schauzüchter viele Reize und Feinheiten.

Was ist zu fordern?

Die geforderte Feinheit des Auftretens der Hamburger verlangt einen zarten Knochenbau, der äußerlich sichtbar in den Läufen sowie in dem zierlichen Bau des Kopfes und der schlanken Form sich ausdrücken muß. Das Hamburger Huhn muß das Huhn der zierlichen Eleganz sein und bleiben, dessen Sinn und Zweck und die züchterische Idee sich in den 4 F erschöpfen; in Form, Figur, Feder und Farbe. Aber immer erst Form, dann Farbe. Der Legefleiß muß erhalten bleiben.

Was ist abzulehnen?

In Form versagende, plumpe, zu spitze, schwache, grobknochige, steil- oder schleppschwänzige Tiere, wie auch solche mit stumpfer, glanzloser Feder, mangelhafter Grundfarbe und unkorrekter Kammbildung.

Geschichtliches

Die Hamburger sind trotz ihres deutschen Namens eine englische Züchtung. Sie wurden aus den Sprenkelhühnern der Nordseeküste, den sogenannten Alltagslegern, erzüchtet. Möglich ist, daß deutsche Landhuhnschläge zur Zucht mit herangezogen worden sind. Aber in England wurde zunächst das meiste für die Hamburger getan. So ist die bis heute geltende Einteilung der Hauptfarbenschläge englischen Ursprungs. Dixon, Preisrichter und einer der hervorragendsten Kenner jener Zeit, erreichte im Jahre 1850, daß die bis dahin verschiedenartig benannten Hühner unter dem Namen „Hamburger" zusammengefaßt wurden. Weshalb gerade der Name „Hamburger" gewählt wurde, ist schwer zu ergründen. Man hat es vielfach als eine Freundlichkeit gegenüber der großen Handelsstadt bezeichnet. Wahrscheinlich ist, daß Dixon wußte, daß man für die Lackhühner den Namen Hamburger schon länger kannte. Es besteht nämlich eine Abbildung des Engländers Albin von 1740, die einen im Hauptgefieder weißen Hahn mit schwarzen Schaftstrichen des Halses, schwarzen, runden Flecken auf der Brust, schwarzen Schenkeln und schwarz-weiß-gestreiften Sicheln darstellt und bereits mit „Hamburger" unterschrieben ist. Um diese Zeit finden wir auch eine Beschreibung der Goldlack unter dem Namen der Samthosenhühner. Diese Mitteilungen sind auch in alte deutsche Schriften übergegangen, denn schon Bechstein beschrieb 1793 den Hamburgischen Hahn und setzte hinzu: „Er hat einen stolzen, majestätischen Gang und ist in Deutschland in allen Städten bekannt, obgleich nirgends so schön als in Niedersachsen."

Man muß die Sprenkel- und Lackhühner scharf auseinanderhalten. Bei beiden finden sich die gleichen Eigentümlichkeiten, nämlich die einfarbigen weißen und braunroten Hähne mit schwarzen Schwänzen und die über den ganzen Körper mit schwarzen Sprenkeln gezeichneten Hennen wieder. Anzunehmen ist, daß die Sprenkel von den Möwen, Westfälischen Totlegern oder noch wahrscheinlicher von den Campinern abstammen. In letzter Zeit wurden, um kräftigere Formen zu bekommen, Brakel eingekreuzt, was eine breitere Wellenbänderung mit sich brachte. Die Lackhühner sind dagegen besonders im mittleren England gezüchtet worden, wo aus ihnen sich die Schläge der Mondhühner von Lancaster und die Goldfasanen von York herausbildeten. Aus diesen sind dann später durch Scheidung der Züchter die Redcaps hervorgegangen, die erheblich schwerer und plumper in der Form und meist steilschwänzig waren. Gewisse Eigentümlichkeiten dieser Hühner, wie die fast schwarze Brust der Hähne und die gern zu klein werdenden Tupfen der Hennen, treten auch heute noch bei den Goldlack zutage.

Die Lackhühner führen ihre Zeichnung im wesentlichen auf die Paduaner zurück, die in der älteren Rassezucht eine große Rolle spielten, doch waren sie nicht reingetupft, sondern tupfenartig gesäumt, so daß auch der seitliche Rand der Feder von der schwarzen Farbe besetzt war. Als Grundsatz für die Hamburger aber wurde aufgestellt, eine große runde Tupfe zu erzüchten, die das ganze untere Ende der Feder einnehmen soll. Zunächst waren die Silberlack erheblich kleiner getupft als heute, wodurch sie nur wenig Zeichnung aufwiesen, oft sogar ganz weiß waren. Die Herauszüchtung der großen Tupfen ist das Verdienst englischer Züchter, und zwar durch Zucht mit getrennten Stämmen, zu der sie hennenfiedrige Hähne benutzten, die in Deutschland nur sehr selten waren. Die schwarzen Hamburger, zunächst wenig schaugemäß, verdanken wir der Einkreuzung von Spaniern und Minorka, wodurch sie eine größere Ohrscheibe als die anderen Farbenschläge erhielten. Sie waren

1,1 Hamburger Goldsprenkel

auch immer größer als die anderen Farbenschläge, aber noch plump. Wahrscheinlich hat eine spätere Einkreuzung von schon mehr fortgeschrittenen Goldlack und Sumatras den Schwarzen die bessere Form, die volle Schwanzpartie und die übrigen Merkmale der Hamburger gegeben. Sie brachte ihnen jedenfalls auch den satten, grünen Glanz, der sie heute noch auszeichnet.
Außer den Engländern haben auch die Holländer schon seit alter Zeit die Zucht der getupften Schläge, die sie als holländische Hühner bezeichnen, aufgenommen, wobei sie sich in der Zeichnung eng an das englische Vorbild anschlossen, aber die Form etwas derber, mehr landhuhnartig hielten.
In Deutschland wurde der erste Sonderverein für alle Farbenschläge, der „Verein der Hamburger-Züchter Deutschlands“, 1908 gegründet.

Form und Kennzeichen

Hahn

Gewicht: Für Schwarz, Weiß, Blau und Silberlack 2 bis 2,5 kg, für die übrigen Farbenschläge 1,5 bis 2 kg.

Kopf: Zierlich, mäßig lang, leicht gewölbt.

Schnabel: Ziemlich kurz, dunkelhornfarbig. Bei Silberlack und Weiß möglichst graublau.

Augen: Dunkelrot bis braunrot. Bei Silberlack dunkelbraun.

Kamm: Rosenkamm, fest und gerade aufsitzend, vorn mäßig breit, nach hinten allmählich schmaler werdend und in einem in gerader Linie auslaufenden, langen, runden Dorn endend. Die Oberseite des Kammes bis zum Dornansatz mit gleichmäßig verteilten, kleinen, tropfenartigen Fleischperlen besetzt. **Gr. F.:** Anderer als Rosenkamm, nach unten gebogener Dorn, ausgeprägter Schwertdorn.

Ohrscheiben:	Möglichst kreisrund, anliegend, ca. 40 mm ∅ bei den Schwarzen, etwas kleiner bei den anderen Farbenschlägen, glatt, reinweiß mit Emailleglanz. **Gr. F.:** Rote, blaue oder zu dünne Ohrscheiben.
Kehllappen:	Dünn, rund, fein im Gewebe.
Gesicht:	Glatt, rot.
Hals:	Schlank, mittellang, etwas zurückgedrückt, mit reichem, langem, über die Schultern fließendem Behang.
Brust:	Schön gerundet und hochgetragen.
Rumpf:	Schlank, gestreckt, nach hinten wenig abfallend. **Gr. F.:** Plumpe Figur.
Bauch:	Mäßig entwickelt, nach hinten etwas schmaler werdend.
Rücken:	Lang, mit breitem, reichem Sattelbehang. **Gr. F.:** Zu kurzer Rücken.
Flügel:	Lang und fest anliegend.
Schwanz:	Lang, reich und voll befiedert mit breiten Steuerfedern und zahlreichen, langen, breiten und gut gebogenen und abgerundeten Sicheln, in stumpfem Winkel, aber fließendem Übergang zum Rücken getragen. **Gr. F.:** Steil- oder Fächerschwanz.
Schenkel:	Schlank, mit knapp anliegendem Gefieder.
Läufe:	Mittellang, feinknochig, schieferblau, bei den Schwarzen und den Blauen möglichst dunkel. **Gr. F.:** Zu hohe oder zu niedrige Stellung.
Gefieder:	Langes und reiches Gefieder, straff anliegend. **Gr. F.:** Kurze Feder.

Henne

Gewicht:	Für Schwarz, Weiß, Blau und Silberlack 1,5 bis 2 kg, für die übrigen Farben 1 bis 2 kg. Jahres-Eierleistung: Mindestens 180 Eier, reinweiße Schale. Bruteier-Mindestgewicht: Bei Schwarz, Weiß, Blau und Silberlack 50 g, bei den anderen Farbenschlägen 48 g. Schalenfarbe der Eier: Weiß. Kein Bruttrieb.

Fast waagerechte, lange und fasanenhafte Walzenform mit etwas hervortretendem Bauch und fast geschlossenem Schwanz, der aber nur so zusammengelegt sein darf, daß bei den Lack- und Sprenkelfarben die Zeichnung zur Geltung kommen kann. Obere Steuerfedern und die kleinen Schwanzdeckfedern möglichst leicht gebogen. Kamm und Ohrscheiben sind entsprechend kleiner als beim Hahn.

Ringgröße: Hahn V, Henne VI.

Farbe und Zeichnung

Schwarz

H a h n und H e n n e: Tiefschwarzes Gefieder mit sattem, leuchtend käfergrünem Glanz. **Gr. F.:** Stark violetter oder Bronzeglanz, Rot im Sattel- und Halsbehang, helles Untergefieder, zu helle Schnabel- und Lauffarbe bei Jungtieren. Längliche, dünne Ohrscheiben.

Weiß

Reines Silberweiß. **Gr. F.:** Stark gelber Anflug.

Silberlack

Hahn: Rein silberweiße Hauptfarbe, Hals- und Sattelbehang mit feiner, schwarzer Spitze versehen. After schwarzgrau. Rumpf und Schenkel gleichmäßig mit runden, tiefschwarzen, käfergrün glänzenden Tupfen am Ende jeder Feder besetzt, die so groß sein sollen, daß die rein silberweiße Grundfarbe noch sichtbar bleibt, aber die Tupfen doch beiderseits die Federränder erreichen. Die großen Flügeldeckfedern bilden durch ihre großgetupften Enden zwei perlige Binden. Sicheln und Steuerfedern von außen silberweiß. Erstere mit runden, letztere mit halbmondförmigen schwarzen Tupfen. Die halbmondförmige Zeichnung der Armschwingen bildet eine Stufenzeichnung. Untergefieder schwarzgrau bis weiß.

Henne: Der Halsbehang vom Kopf an auf silberweißer Grundfarbe mit schwarzen Spitzen gezeichnet, die nach dem Rumpf entsprechend größer werden. Das übrige Rumpfgefieder ist rein silberweiß mit schwarzen, käfergrün glänzenden Tupfen an jedem Federende, die möglichst groß und rund, aber nie so groß sein sollen, daß sie ineinanderlaufen. Über die Flügel laufen scharf begrenzte, getupfte Binden. Steuerfedern von außen silberweiß, jede mit einem halbmondförmigen Tupfen am Ende. Die Schwanzdeckfedern am Ende mit großen, runden Tupfen, in halber Länge des Schwanzes eine Art Binde bildend. Die halbmondförmige Zeichnung der Armschwingen bildet eine Stufenzeichnung. Untergefieder schwarzgrau.

Gr. F.: Zu wenig oder ungleichmäßig gezeichneter Hals- oder Sattelbehang, fehlender Lack, Braun an der Kehle bzw. moosige Grundfarbe der Steuerfedern, die von außen sichtbar sind. Hals- und Brustvorsaum. Schwarzer Rücken der Henne, sehr unregelmäßige Zeichnung oder mangelhafte Tupfenform, weiße Schaftstriche durch die Tupfen, gelbliche, moosige Grundfarbe, schlecht ausgeprägte Flügelbinden, mit Weiß durchstoßene Stufenzeichnung.

Goldlack

Hahn und Henne: Die gleiche Zeichnung wie bei Silberlack, nur mit dem Unterschied, daß die Hauptfarbe goldrotbraun ist. Die Schwanzfedern sind einfarbig schwarz mit käfergrünem Lack. Beim Hahn ist bei ordentlicher Sattelzeichnung am Halsbehang ein kleiner, schwarzer Kranz zugelassen. **Gr. F.:** Außer den Angaben bei Silberlack noch fahle oder gepfefferte graue Grundfarbe, kleine, zerrissene, halbmondförmige Tupfenzeichnung oder gar nur Säumung, Hahn mit einfarbig rotem Hals und Sattel, schwarze Brust, absetzende Hals- und Sattelfarbe.

Goldsprenkel

Hahn: Am ganzen Körper goldbraun, Steuerfedern schwarz. Sicheln schwarz mit schmaler goldbrauner Säumung. Flügelbug, Bindenfedern, Schenkel- und Bauchgefieder mit angedeuteter, grünglänzender Bänderung. Untergefieder aschgrau. Das Ende der Armschwingen und das Oberrückengefieder darf, soweit es vom Sattel- bzw. Halsgefieder verdeckt ist, Schwarzeinlagerungen in Form von Flockung (Schwingen) und erkennbarer Sprenkelanlage im Oberrücken haben.

Henne: Ebenfalls am ganzen Körper goldbraun. Jede Feder, mit Ausnahme des Halses, ist mit schmalen, schwarzen, grünglänzenden Wellenbändern, möglichst im Verhältnis 1:1, im Schwanz etwas breiter, versehen. Bei kräftiger Figur und besonderer Größe Idee gröbere Bänderung erlaubt. Die Bänder sollen sich von Feder zu Feder fortsetzen und bandartig über den ganzen Körper ziehen. Federkiele goldbraun. Bei geschlossener Brustzeichnung bis hoch zur Kehle ist eine Idee Halszeichnung im

Übergang zulässig. **Gr. F.:** Weiß in Schwanz und Schwingen. Hellgelbe oder zu fuchsigrote Farbe. Stark verschwommene sowie Brakelzeichnung oder hochreichende Zeichnung am Halsbehang bei den Hennen.

Silbersprenkel
Rein silberweiße Hauptfarbe und weiße Federkiele, sonst trifft die Beschreibung der Goldsprenkel zu. Hahn auch hennenfiedrig. **Gr. F.:** Unreines Silberweiß, sonst Beschreibung wie Goldsprenkel.

Blau
Gleichmäßiges mittleres Blau, leichte Säumung zulässig. Hals- und Sattelbehang und Flügeldecken des Hahnes samtschwarz. Bei der Henne ist der Halsbehang dunkler als das Mantelgefieder. Helleres Untergefieder bei beiden Geschlechtern erlaubt. Schwanz im Farbton der Brustfarbe. **Gr. F.:** Fleckiges oder rußiges Blau, starker brauner Anflug, Weiß im Schwanz der Junghähne.

Holländer Weißhauben, 1,0 schwarz und 0,1 blau

Holländer Weißhauben

Zuchtidee

Es soll ein elegantes, mittelgroßes, gefälliges Haubenhuhn sein, das recht zutraulich ist. Durch seine eigenartige Haubenform und deren weiße Farbe soll es seinen Züchtern gefallen. Es ist nicht zu den Nutz-, sondern zu den Zierhühnern zu zählen, obwohl es bei guter Pflege eine recht ansehnliche Zahl weißschaliger Eier legt. Es erfordert zu seinem Gedeihen besondere Aufmerksamkeit, vor allem als Küken. Dafür ist es aber für den Liebhaber als eine der schönsten Rassen um so dankbarer zu züchten.

Was ist zu fordern?

Hauptaugenmerk ist auf die Form, eine vorschriftsmäßige Haubenbildung mit Sichtfreiheit und auf eine glänzende, saftige Farbe bei den Schwarzen zu legen, bei den anderen Farben der Musterbeschreibung entsprechend. Bei der Aufzucht ist auf eine gute und normale Entwicklung der Jungtiere zu achten.

Was ist abzulehnen?

Von schwachen Tieren mit schmalem Körper und zu enger Stellung soll man nicht züchten, ebensowenig von zu steiltragenden und solchen, die stumpfe Federfarbe haben. Eine schlechte, ungleichmäßige Haube, die die Augen verdeckt, wird abgelehnt.

Geschichtliches

Über die Abstammung der Holländer Weißhauben ist Näheres nicht bekannt, doch werden sie im 15. und 16. Jahrhundert bereits erwähnt. Auf den Bildern vieler großer niederländischer Maler dieser Zeit sehen wir Haubenhühner, auch solche mit weißlichen Hauben, dargestellt; demnach müssen sie dort also schon gezüchtet worden sein. In Deutschland wurden sie im 19. Jahrhundert von England aus eingeführt und von interessierten Züchtern mit Begeisterung gezüchtet.

Form und Kennzeichen

Hahn

Gewicht: 2 bis 2,5 kg.

Kopf: Mittelgroß, mit hoher und starker Schädelerhöhung, auf der die weiße, langfiedrige, gut strahlenförmig nach hinten und beiden Seiten getragene Vollhaube ruht, dabei ohne Scheitelbildung und Drehfedern, das Auge freilassend; die unteren Federn stützen die Haube, ebenfalls die Federn der kleinen Schnippe bzw. des Schmetterlings. Die Farbe der Schnippe bzw. des Schmetterlings entspricht der Gefiederfarbe. Putzen zur Verbesserung der Sichtfreiheit ist zulässig. **Gr. F.:** Zu kleine, schiefe oder nach vorn überhängende Haube, farbige Federpartien in der Haube, eingeschränkte Sichtfreiheit.

Schnabel: Nicht zu lang, mit aufgetriebenen Nasenlöchern.

Augen: Rot bis braun.

Kamm: Gänzlich fehlend. **Gr. F.:** Starke Kammbildung.

Ohrscheiben: Klein, Farbe belanglos.

Kehllappen: Mittellang, glatt. **Gr. F.:** Bartbildung.

Gesicht: Möglichst federfrei.

Hals: Mittellang, mit langem Behang.

Brust: Rund, vorgewölbt.

Rumpf: Leicht und gestreckt gebaut, über den Schultern breit, nach hinten schmaler werdend und leicht abfallend. **Gr. F.:** Plumpe Form.

Bauch: Gut ausgebildet.

Rücken: Gut mittellang, mit vollem Sattelbehang.

Flügel: Hoch getragen und mäßig lang.

Schwanz: Gut geschlossen, mit langen, schön gebogenen und breiten Sicheln und reichlich Deckfedern; hoch, jedoch nicht zu steil getragen.

Schenkel: Glatt, fein geformt.

Läufe: Mittellang, unbefiedert.

Henne

Gewicht: 1,5 bis 2 kg.

Jahres-Eierleistung: Erstes Jahr etwa 120 reinweiße Eier.

Bruteier-Mindestgewicht: 45 g.

Bruttrieb: Nicht vorhanden.

Die Henne besitzt eine gestreckte, etwas tiefer gestellte Walzenform als der Hahn. Ihre dichte, kugelförmige Vollhaube besteht aus runden, nicht zugespitzten Federn, die Augen freilassend.

Ringgröße: Hahn IV, Henne V.

Farbe und Zeichnung

Gr. F.: Bei allen Farbenschlägen: Starke Farb- und Zeichnungsfehler.

Schwarz
Reinschwarzes Gefieder mit grünem Glanz. Die Haube ist reinweiß, mit Ausnahme der farbigen Schnippe. Der Schnabel ist dunkelhornfarbig, die Läufe sind schwarz bis dunkelschieferblau.

Weiß
Reinweiß, ohne gelben Anflug, Lauf- und Schnabelfarbe sind hellschieferblau, fleischfarbig zugelassen.

Blau-Gesäumt
Bei Blau wird ein gleichmäßiges Stahl- oder Schieferblau mit dunkler Säumung gewünscht. Die Haube ist weiß. Hals- und Sattelbehang des Hahnes sind blauschwarz. Schnabel dunkelhornfarbig, Läufe dunkelschieferblau.

Gesperbert
Verlangt wird eine schwarze Grundfarbe mit möglichst durchgehender graublauer Sperberzeichnung und weißer Haube. Lauf- und Schnabelfarbe weiß oder leicht perlgrau, mit oder ohne dunkle Flecken.

Schwarz-Weißgescheckt (Schwarz mit weißen Tupfen)
Hauptfarbe grünglänzend schwarz, die Federenden mit weißer Spitze. Bei der Henne möglichst gleichmäßig verteilte Zeichnung. Beim Hahn und bei den Jungtieren ist Schwarz vorherrschend. Mit dem Alter wird die weiße Zeichnung stärker. Haube weiß, Schnabel dunkelhornfarbig; Läufe fleischfarbig mit teilweise dunklen Schuppen.

1,1 Houdan, schwarz-weißgescheckt

Houdan

Zuchtidee

Ein knapp mittelhoch gestelltes, kräftiges und massiges, aber doch elegantes und bewegliches Haubenhuhn mit guter Kugelhaube, vollem Schleierbart und Schmetterlingskamm. Die Hennen sind fleißige Leger, jedoch keine Winterleger und gelten als vorzügliche Masthühner mit weißem Fleisch. Schnellwüchsig, für rauhe Gegenden aber empfindlich. Nichtbrüter.

Was ist zu fordern?

Verlangt wird ein massiger Körper, der Rumpf soll einem gestreckten Rechteck gleichen mit breitem Rücken und reichem Behang. Die Haube mittelgroß, dicht und gut zurückgeworfen, so daß die Sichtfreiheit gewährleistet ist, der Vollbart groß und massig, schleierartig herabfallend.

Was ist abzulehnen?

Tiere mit schwachem und schmalem Körper, zu dünner, kleiner Haube und lückenhaftem Bart.

Geschichtliches

Der Name stammt von dem Städtchen Houdan in der Nähe von Paris, wo die Rasse angeblich zuerst zu Mastzwecken für die Pariser Bevölkerung gezüchtet wurde. Zur Vergrößerung der Tiere kreuzte man Dorking ein, daher die fünfte Zehe. Körperform und Hauben sind zuerst in England verbessert worden, namentlich aber sind sie noch schwerer geworden als die französischen Tiere.

Form und Kennzeichen

Hahn

Gewicht:	2,5 bis 3,5 kg.
Kopf:	Breit, stark gewölbt. Auf dem Schädel eine nahezu halbkugelförmige Erhöhung.
Haube:	Groß, dicht, gut zurückgeworfen, so daß der Kamm und die Augen freiliegen. Die Haube soll nicht zu flach auf dem Kopf liegen und aus ziemlich breiten, dabei langen und kräftigen Federn bestehen. **Gr. F.:** Schiefe Haube, eingeschränkte Sichtfreiheit.
Bart:	Groß, vollfedrig, schleierförmig herabfallend. **Gr. F.:** Fehlender Bart.
Schnabel:	Kurz, kräftig, gebogen, Nasenlöcher etwas aufgeworfen. Farbe hellhornbraun oder fleischfarben mit dunklen Flecken, über dem Oberschnabel ein hufeisenförmiger Quersattel.
Augen:	Rotgelb.
Kamm:	Aus zwei nebeneinanderliegenden, gutgeformten Blättern mit mäßig großen Einzackungen bestehend, von mittlerer Größe und flach ausgehöhlt. **Gr. F.:** Anderer als Blätterkamm.
Ohrscheiben:	Klein, Farbe belanglos.
Kehllappen:	Klein, durch den Bart nahezu verdeckt.
Hals:	Gedrungen, mit vollem Behang.
Brust:	Sehr voll und breit, tiefreichend. **Gr. F.:** Flache Brust.
Rumpf:	Gestreckt walzenförmig, dabei breit und tief, fast waagerecht getragen. **Gr. F.:** Schwacher oder zu schmaler Körper.
Bauch:	Breit und voll.
Rücken:	Breit, mäßig lang, flach im Bürzel, mit reichem Sattelbehang.
Flügel:	Anliegend.
Schwanz:	Sehr voll, mit breiten, gut gebogenen Sicheln, hoch, aber nicht steil getragen.
Schenkel:	Kurz, stämmig, breit gestellt, zum größten Teil im Seitengefieder versteckt.
Läufe:	Ziemlich kurz und kräftig, unbefiedert, fleischfarbig bis bleigrau mit dunklen Flecken.
Zehen:	Fünf, gerade und gut gespreizt. Die fünfte Zehe soll, von der vierten getrennt, an der inneren Seite des Laufes stehen. Sie ist lang und leicht aufwärts gebogen. **Gr. F.:** Sehr mangelhafte Hinterzehenbildung.

Henne

Gewicht:	2 bis 3 kg. Jahres-Eierleistung: Etwa 150 weißschalige Eier. Bruteier-Mindestgewicht: 53 g. Bruttrieb nicht vorhanden.

Mit dem waagerecht getragenen Rumpf erscheint die Henne gedrungener und massiger als der Hahn, mit sehr voller, breiter und tiefer Brust, breiten und tiefem Hinterteil, nur mäßig langem, breitem waagerechtem Rücken; der mittelgroße, geschlossene, mäßig breit angesetzte Schwanz wird etwas flacher getragen als beim Hahn. Die Haube soll dicht, hoch, gerade aufgesetzt und kugelförmig sein, und den Blick der Augen gut freilassen. Ein gut entwickelter Backenbart und ein sehr voller Kinnbart verdecken die nur schwach entwickelten Kehllappen völlig.

Ringgröße: Hahn III, Henne IV.

Farbe und Zeichnung

Schwarz-Weißgescheckt
Charakteristische Zeichnung der Rasse, die sogar einmal den heutigen schwarzscheckigen Italienern die Bezeichnung „houdanfarbig" gab. Hauptfarbe grünglänzend schwarz, die Federenden mit weißen Flecken, an manchen Körperteilen auch als halbmondförmige Säumung. Die Hinterseite der Haube ist überwiegend weiß. – Beim Hahn und bei Jungtieren beider Geschlechter muß Schwarz vorherrschen. Ältere Hennen zeigen stärkere weiße Zeichnung.

Perlgrau
Silberblaugrau, je heller, desto besser, ohne weiße Abzeichen, jedoch sind weiße Federn in der Haube erlaubt. Der Hahn ist etwas dunkler als die Henne.

Weiß
H a h n : Im Schmuckgefieder leicht cremefarbig zulässig.

Gesperbert
Bei beiden Geschlechtern jede Feder im mehrfachen Wechsel von Schwarz und Blaugrau leicht bogig (nicht scharf) quergebändert. Durch die geschlechtsbedingte engere Zeichnung beim Hahn wirkt dieser etwas heller als die Henne. Einige weiße Federn in der Haube vorerst zulässig. **Gr. F.:** Viel Weiß in Haube, Schwingen oder Schwanz.

1,1 Indische Kämpfer, fasanenbraun

Indische Kämpfer

Zuchtidee

Das Ziel dieser Liebhaberzucht ist, das Erscheinungsbild des Indischen Kämpfers auf die englische Bulldogge abzustimmen, wobei die Erhaltung der edlen Blutströme oberstes Gesetz ist. Ein in seinen äußeren Erscheinungsformen in Übereinstimmung gebrachter Inder ohne das erforderliche innere Erbbild der Asil/Malaienschlagzucht ist kein Indischer Kämpfer. Bei ungemein breiter, möglichst niedriger, nach vorne anhebender Stellung sollen die Schenkel so weit auseinander stehen, wie der Körper breit ist (bulldoggartig). Vorzügliches Tafelhuhn.

Was ist zu fordern?

Ein sehr schweres, breites, muskelbepacktes Huhn, dessen breiter, massiger Körper sich nach hinten eiförmig verjüngt, von knapp mittelhoher, sehr breiter Stellung, jedoch nicht zu tiefer Brust, auf kurzen, sehr starken Läufen, in etwas aufgerichteter Haltung. Das Gefieder ist sehr hart und glanzreich.

Was ist abzulehnen?

Alle Formfehler, insbesondere zu geringe Größe und Schwere, schmale Stellung, glanzloses Gefieder, lange und weiche Federn.

Geschichtliches

Die Indischen Kämpfer sind in Ostindien beheimatet und stellen eine natürliche Schlagzucht aus der Begegnung von Malaien und Asil, diesen ältesten Urhühnern

vom Kämpfertyp, dar. Sie schwanken im Typ und neigen bei den halbhoch gestellten Varianten mehr zu den Malaien und in den breiten, niedrig gestellten Typen mehr zum Asil hin.
Der von der MB her bekannte Typ des Indischen Kämpfers kam zuerst nach England in die Grafschaft Cornwall und wurde dort in immer ausladenderen Formen weitergezüchtet. Vermutlich dienten hierzu das Cochinhuhn und Shamo-Kämpfer. Indische Kämpfer dienten bis in die jüngste Zeit zur Hervorbringung neuer, regenerierter Schläge. Im Barnevelder Huhn hat die Zuführung ihres Blutes sichtbar ihren Niederschlag in der Doppelsäumung der Feder gefunden. In den New Hampshire fließt das Blut der gelben Indischen Kämpfer, die in Amerika sehr verbreitet waren. Alle Kämpfer fördern den Schnellwuchs und erhöhen die Lebenskraft eines durch sie regenerierten Schlages.

Form und Kennzeichen

Hahn

Gewicht:	3,5 bis 4,5 kg.
Kopf:	Nicht zu groß, aber auch nicht auffallend klein, kurz, breit, stark gewölbt, mit etwas hervortretenden Augenbrauen.
Schnabel:	Stark und breit, kräftig gebogen, verhältnismäßig kurz, gelb, mit leicht angelaufenem Schnabelfirst.
Augen:	Perlfarbig bis hellgelb; orangegelb bei Jungtieren zulässig; vorspringende Augenwülste.
Kamm:	Kleiner, breiter und niedriger dreireihiger Erbsenkamm. **Gr. F.:** Sehr starke Kämme oder andere Kammformen.
Ohrlappen:	Klein, rot.
Kehllappen:	Klein.
Gesicht:	Unbefiedert, manchmal mit feinen, haarartigen Federn besetzt.
Hals:	Mäßig lang, kräftig, mit kurzem Behang, der nicht auf die Schultern herabreicht.
Brust:	Sehr breit, tief, seitlich abgerundet.
Rumpf:	Sehr massig und breit, nicht zu stark aufgerichtet, sondern mehr flach getragen, sich nach hinten eiförmig verjüngend, mit sehr breiten, hervortretenden Schultern. **Gr. F.:** Alle Formfehler, insbesondere zu geringe Größe und Schwere, schmale Schultern.
Bauch:	Eiförmig, hochgezogen.
Rücken:	Nicht zu lang, breit und flach, am breitesten in den Schultern, nach hinten schmäler werdend, mit sehr knappem Sattelbehang. **Gr. F.:** Langer Rücken.
Flügel:	Kurz, hochgetragen, oft unbefiedernde Stellen zeigend, Flügelfedern breit und hart, nicht spitz zulaufend.
Schwanz:	Ziemlich kurz, gut zusammengelegt, fast hängend getragen, mit kurzen Sicheln und Nebensicheln eingedeckt (Peitschenschwanz).
Schenkel:	Mittellang, rund, kräftig, etwas hervortretend, von vorn gesehen so weit auseinanderstehend wie der Körper breit ist (bulldoggartig). **Gr. F.:** Enge Stellung, nach außen gerichtete Fersengelenke.
Läufe:	Eher kurz als mittellang, sehr dick und rund, gelb. Die hintere Zehe ist tief angesetzt und steht auf dem Boden; kräftige, starke Zehennägel;

bei Weißen und Gelben ist eine etwas höhere und engere Stellung zulässig. **Gr. F.:** Dünne oder hohe Läufe.

Gefieder: Sehr hart und glanzreich, ohne viel Flaumbildung; an Brust und Schultern sowie am After zeigen sich oft unbefiederte Stellen. **Gr. F.:** Lange und weiche Federn.

Henne

Gewicht: 2 bis 3 kg.
Jahres-Eierleistung: 80 bräunliche Eier.
Bruteier-Mindestgewicht: 50 g.
Bruttrieb: Gut.

Die Henne gleicht dem Hahn bis auf die durch das Geschlecht bedingten Unterschiede, sie ist nur entsprechend kleiner und hat einen sehr schmalen Schwanz.

Ringgröße: Hahn 0, Henne II.

Farbe und Zeichnung

Fasanenbraun

Hahn: Grünglänzend schwarz. Hals- und Sattelbehang, Schultern und Flügelbug mit wenig Kastanienbraun in der Federmitte. Rücken mit leichter brauner Zeichnung am Federende. Handschwingen schwarz mit schmalem, braunem Außenrand. Armschwingen Innenfahne schwarz, Außenfahne braun mit schmalem, schwarzem Rand, das braune Flügeldreieck bildend.

Henne: Kopf, Hals, Kehle und Schwanz schwarz. Halsbehang mit leichtem braunem, meist verdecktem Schaftstrich. Das Körpergefieder gleichmäßig kastanien- bis mahagonibraun, jede Feder mit zweifacher, der Federform folgender, schwarzer, glanzreicher Bänderung. Handschwingen schwarz mit schmaler brauner, unregelmäßiger Zeichnung an der Außenkante. Armschwingen Innenfahne schwarz, Außenfahne tiefbraun, gleichmäßig schwarz umsäumt.

Gr. F.: Lehmige Farbe und wenig Glanz, besonders bei Hennen, stark abweichende Zeichnung.

Rot-Weiß (Jubilee)

Hahn: Kopf, Halsbehang, Brust, Untergefieder (Flaum), Schenkel, Bauch und Schwanz weiß. Geringe rötlichbraune Zeichnung im Halsbehang gestattet. Reine Brustfarbe ist anzustreben. Schwarze Spritzer im Hals, Sattelbehang und Schwanz sind ohne Bedeutung. Schultern und Flügelbug weiß, mit leichten mahagonifarbigen Einlagerungen in der Mitte der Federn, d. h. längs des Federkiels. Flügelbinden weiß. Rücken weiß, jedoch die Federenden mit Zeichnung in rötlichbrauner bis mahagonibrauner Farbe. Sattelfedern mit mahagonibrauner Zeichnung. Arm- und Handschwingen außen braun, innen weiß, so daß der geschlossene Flügel ein sauberes, mahagonifarbenes Flügeldreieck zeigt.

Henne: Kopf, Halsbehang, Kehle und Schwanz weiß. Schwarze Spritzer im Schwanz sind ohne Bedeutung. Rumpfgefieder nußbraun bis mahagonifarbig, jede Feder mit zwei weißen, lanzettförmigen Zeichnungsbändern; der Außensaum ist

weiß. Klare Rückenzeichnung erwünscht. An der Unterbrust und an den Schenkeln tritt die Zeichnung weniger hervor. Handschwingen weiß, an der Innenfahne leichte mahagonifarbige Einlagerungen. Armschwingen weiß. Außenfahne rotbraun bis mahagonifarbig mit einem sauberen weißen Saum.
Gr. F.: Bläulicher Farbton, andere als weiße Doppelsäumung bei Hennen.

Weiß
Reinweiß. Gelber Anflug ist zulässig.

Gelb (sandfarben)
Verwaschenes Gelb.

1,1 Italiener, rebhuhnfarbig

Italiener

Zuchtidee

Ein mittelgroßes, kräftiges, sehr bewegliches, frühreifes, mit $5^1/_2$ bis 6 Monaten legendes Leistungshuhn großer und zahlreicher Eier (Eier kunstbrutfest). Küken frohwüchsig und widerstandsfähig, daher lohnende Aufzucht. Bestechend durch seine stolze Haltung; lebhaft und gewandt. Recht flugfähig und bei freiem Auslauf auf gutem Boden ein emsiger Futtersucher und daher sehr sparsam im Futterzusatz. Ein für heutige Verhältnisse geeignetes Wirtschafts- und Ausstellungshuhn, kein Zwiehuhn. Guter Winterleger! Nichtbrüter.

Was ist zu fordern?

Vor allem Gesundheit, Lebenskraft, schnelle Entwicklung und Befiederung bei kurzer, später Mauser. Ein mittelgroßes, kräftiges Huhn mit gestreckter, ausladender Form, voller, breiter Brust und gut ausgeprägtem Bauch auf mittelhoher, breiter Stellung, sehr rotdurchblutete Nacktteile mit feurig blickenden Augen sowie ein starker Gefiederglanz als Kennzeichen für Lebensfrische. Also eine Italienerform, die eine hohe Wirtschaftlichkeit der Rasse erkennen läßt und zugleich durch eine harmonische Linienführung mit voller Schwanzbefiederung, breiter Besichelung und gut durchgezüchteten Kopfpunkten rassig und formschön wirkt und ihr auch weiterhin ihre Vorrangstellung sichert.

Was ist abzulehnen?

Mangelnde Gesundheit und Lebenskraft, langsame Entwicklung und Befiederung, früheinsetzende Mauser als Zeichen schlechten Legens, offensichtlich zurückgebliebene, kleine Tiere (auch Spätbruten!), schmale spindelige Figur, enger Stand der Beine, flache und fleischlose Brust, ledrig zähe Hinterpartie, besonders bei der Henne, duffes, weil mattes und glanzloses Gefieder, blasse Nacktteile und helle Augen. Auch übermäßig klobig und klotzig und zu schwer erscheinende Tiere mit zu schweren Läufen, also alle Körperformen, die dem Typ der Italienerform allgemein entgegenstehen.

Geschichtliches

Das Italienerhuhn allgemein ist aus italienischen Landhühnern entstanden und wurde im vorigen Jahrhundert eingeführt. Seine Heimat war vor allen Dingen die Lombardei. Man kann annehmen, daß es direkt auf eine schon im Altertum sehr geschätzte Hühnerrasse zurückgeht. Die Farbenschläge Rebhuhnfarbig, Goldfarbig und Silberfarbig sind am meisten verbreitet.

Form und Kennzeichen

Hahn

Gewicht: 2,25 bis 3 kg, gold- und kennfarbig: 2,5 bis 3 kg.

Kopf: Länglich, jedoch nicht schmal, in genügender Größe eine harmonische Grundlage für den verhältnismäßig großen Kamm bildend.

Schnabel: Mittellang, kräftig, leicht gebogen, gelb bis hornfarben, je nach Farbenschlag. **Gr. F.:** Starker sog. Krähenschnabel.

Augen: Groß, lebhaft, rot, mit scharf abgesetzter Iris.

Kamm: Fest aufgesetzter, nierenförmiger Stehkamm ohne Beulen, Falten oder Auswüchse, Kammfahne ohne aufzuliegen der Nackenlinie folgend. Die 4 bis 5 Zacken sind an ihrem Grunde breit und reichen bis zur Mitte des Blattes. Die Mittellinien der einzelnen Zacken treffen sich im Auge. Bei Rosenkämmigen Kamm fest aufgesetzt und fein geperlt, sich nach hinten verjüngend, Dorn mittellang, der Halsbiegung ohne aufzuliegen folgend.

Ohrscheiben: Mittelgroß, oval, glatt anliegend, weiß bis cremefarbig.

Kehllappen: Mittellang, gut gerundet und dünn.

Gesicht: Feinhäutig, federfrei, rot.

Hals: Edel getragen, mit vollem Behang.

Brust: Breit und voll. **Gr. F.:** Flache Brust.

Rumpf: Kräftig, breit in den Schultern, lang und waagerecht getragen, bei Rosenkämmigen geringere Fülle zulässig. **Gr. F.:** Mangelhafter, kurzer, klobiger oder schmaler, dünner Körper, vor allem beim Hahn.

Bauch: Gut entwickelt und ausladend.

Rücken: Lang, leicht nach hinten ausgebogen, ohne merkbaren Absatz in die leicht ansteigende Schwanzlinie übergehend. Reicher Sattelbehang.

Flügel: Lang, fest geschlossen und angezogen getragen.

Schwanz: Lang, breit, fest angesetzt, leicht ansteigend und voll befiedert mit langen, schön gebogenen, breiten Haupt- und Nebensicheln. **Gr. F.:** Steile oder zu flache Haltung, beim Hahn auch schwache Schwanzbildung oder schmale Sicheln.

Schenkel: Kräftig, hervortretend, fest befiedert.
Läufe: Mittellang, feinknochig, gelb. **Gr. F.:** Enger, zu hoher oder zu tiefer Stand.

Henne
Gewicht: 1,75 bis 2,5 kg, gold- und kennfarbig: 2 bis 2,5 kg.
Jahres-Eierleistung: Im 1. Jahr 200, im 2. Jahr 180 Eier;
Schwarzfarbige und seltene Farbenschläge der Italiener: Im 1. Jahr 180 und mehr, im 2. Jahr 140–150, alle mit weißer, glatter Schale.
Bruteier-Mindestgewicht: 55 g, gold- und kennfarbig 56 g.
Nichtbrüter.

Geräumiger, vollkräftiger Rumpf mit breiter Brust und gut entwickeltem, vollem, weichem Bauch und mittelhoher, breiter Stellung. Der Schwanz ist breit angesetzt und wird ziemlich geschlossen, in leicht aufwärts steigender Linie getragen. Der Kamm gleicht im Schnitt dem des Hahnes und steht vorn aufrecht. Der hintere Teil legt sich auf die Seite, ohne das Auge zu verdecken. Die Federn sollen mittellang, breit und gut gerundet sein. Rosenkämmige dürfen geringere Rumpffülle zeigen.
Gr. F.: Wenig entwickelter Bauch, stehender oder Wickelkamm, grober oder schiefer Rosenkamm, stark aufgerichteter Dorn.

Ringgröße: Hahn IV, Henne V.

Farbe und Zeichnung

Rebhuhnfarbig
Die heutigen rebhuhnfarbigen Italiener waren bis 1936 unter dem Namen braune Italiener oder braune Leghorn bekannt. Bis dahin waren die heutigen goldfarbigen Italiener als rebhuhnfarbig anerkannt.
Hahn: Kopf dunkelgoldfarbig, Halsbehang dunkelgoldfarbig mit schwarzem Schaftstrich, der den Saum nicht durchbrechen darf, Schulterdecken und Rücken rotgoldig, Sattelgefieder rotgoldfarbig, möglichst mit Schaftstrich. Binden schwarzgrün glänzend. Handschwingen schwarz mit schmalen, braunen Außensäumen, Armschwingen schwarze Innenfahne und Spitze, außen braun, das Flügeldreieck bildend. Brust, Schenkel und Schwanz schwarz mit grünlichem Glanz. **Gr. F.:** Zu braune oder strohige Behänge, dunkle Decken, Brust- oder Schenkelzeichnung, stark schilfige Schwingen.
Henne: Kopf und Halsbehang sollen beide die gleiche Färbung und Schaftstrichzeichnung wie beim Hahn aufweisen. Das Mantelgefieder – Rücken, Schultern und Flügeldecken – weist eine graubraune Färbung auf mit einer möglichst gleichmäßigen schwarzen Rieselung und dem scharf hervortretenden hellen Federkiel; Brust rostrot, zum Bauch grauer werdend, Schwingen und Schwanz schwarzbraun. **Gr. F.:** Heller Halsbehang, breit durchstoßender Schaftstrich (Rußkragen), bandartige oder nur schwach angedeutete Rieselung, zu helle Grundfarbe, Flitterzeichnung, fehlende Kielzeichnung, stark schilfige Schwingen.

Goldfarbig
Die goldfarbigen Italiener wurden aus italienischen Landhühnern herausgezüchtet.

1,1 Italiener, goldfarbig

Diese kamen in den Jahren 1871–1875 über Amerika nach England und von dort nach Deutschland. Deutsche Züchter formten in jahrzehntelanger Arbeit die heutigen goldfarbigen Italiener.

Hahn: Halsbehang goldig mit schwarzem Schaftstrich, der den Saum nicht durchbrechen darf. Schulterdecken und Rücken goldrot. Sattelbehang satt goldig ohne Schaftzeichnung. Über den Behängen und Decken liegt eine saftige Goldtönung; Binden metallisch-schwarzgrün glänzend. Handschwingen schwarz mit schmalem braunem Außensaum. Armschwingen mit schwarzer Innenfahne und Spitze, sowie braunen Außenfahnen, die das braune Flügeldreieck bilden. Brust und Schenkel schwarz mit zarter brauner Säumung oder Spritzer. Schwanz schwarz mit Grünglanz in den Sicheln. Schenkel schwarz, gesäumt zulässig; das übrige Gefieder schwarz. **Gr. F.:** Zu braune oder strohige Behänge, dunkle Decken, völliges Fehlen von Brust- und Schenkelzeichnung, grob buntgescheckte Brust, stark schilfige Schwingen.

Henne: Kopf und Hals goldig, jede Feder mit schwarzem Schaftstrich, der den Saum nicht durchbrechen darf. Rücken, Schultern und Flügel haben bräunliche Grundfarbe von gleichartiger Tönung. Jede Feder zeigt schwarze Rieselung, scharf hervortretenden, weißgelben Kiel und einen sich scharf absetzenden, gleichmäßigen goldigen Flitter. Flitter und Kielzeichnung erstrecken sich bis auf die Schenkel. Das gesamte Mantelgefieder soll farbstoff- und kontrastreich sein, Brust lachsfarbig bis braunrot. Handschwingen schwarz mit schmalem, hellbraunem Außenrand, Armschwingen mit schwarzer Innenfahne und Spitze, Außenfahne gerieselt. Schwanz schwarz mit brauner Zeichnung, entsprechend der Grundfarbe. **Gr. F.:** Heller Halsbehang, breit durchstoßender Schaftstrich (Rußkragen), offensichtlicher, den Gesamteindruck störender Ruß oder Rost, bandartige Rieselung, auffallend ungleiche und sehr düstere oder zu helle Grundfarbe, Silberflitter, auffallender Mangel an Flitter und Kiel.

Silberfarbig

Ebenfalls aus dem italienischen Landhuhn hervorgegangen, kamen die früheren silberhalsigen Italiener über England zu uns. Zur Reinzüchtung der Farbe ist Englisches-Kämpfer- und Dorkingblut verwendet worden. Gleich nach der Einführung gingen die deutschen Züchter bewußt eigene Wege, so daß die silberfarbigen Italiener in ihrer heutigen Gestaltung ein rein deutsches Zuchtprodukt darstellen.

Hahn: Kopf weiß, Halsbehang silberweiß mit schwarzen Schaftstrichen, die nicht bis zur Spitze auslaufen dürfen, und weißlichem Federkiel. Rücken silberweiß, frei von jeder andersfarbigen Beimischung. Schultern silberweiß, Flügelbinden schwarz mit grünem Glanz, ein breites Band über die Flügel bildend. Handschwingen schwarz mit schmalen, weißen Außensäumen, Armschwingen Außenfahne weiß, Innenfahne und Spitze schwarz, Sattelbehang silberweiß ohne Schaftstrich. Brust schwarz mit leichter weißer Säumung, Schenkel schwarz mit weißem Saum. Das übrige Gefieder schwarz, nur zeigen sich am Steiß weißgesäumte Federn. Schwanz schwarz, Sicheln grünglänzend. **Gr. F.:** Sehr offene oder durchbrochene Halszeichnung, Rost, gelbe Rückenfarbe, Schilf in Schwingen und Sicheln.

Henne: Kopf silbergrau, Halsbehang silberweiß mit schwarzen Schaftstrichen, die nicht bis zur Spitze auslaufen dürfen, und weißlichem Federkiel. Rücken, Schultern und Flügel silbergrau mit gleichmäßiger Rieselung und weißlichem Federkiel. Vom Halsbehang bis zum Schwanz muß jede Feder eine schmale, hellsilbergraue Säumung (Flitter) zeigen. Rücken und Flügel frei von rostiger oder fahler Färbung, Brust lachsfarbig, Bauch und Hinterteil aschgrau, Schwanz schwarzgrau; auf den großen Schwanzdeckfedern muß die Zeichnung bis zum Ende gehen. **Gr. F.:** Breit durchbrochene oder offene Halszeichnung, den Gesamteindruck störender Ruß oder Rost, bandartige Rieselung, auffällig ungleiche oder dunkle Grundfarbe, keine Flitterzeichnung.

Orangefarbig

In England in zwei Farbenschlägen – gelbe und silberfarbige Entenflügel-Italiener – herausgezüchtet. Nach letzten Erkenntnissen aus der Zucht steht fest, daß dieser Farbenschlag nur unter Verwendung von silberfarbigen mit rebhuhnfarbigen Italienern entstehen kann. Zur Verbesserung der Form oder der Farbe eignen sich nur rebhuhnfarbige oder silberfarbige Italiener mit möglichst wenig Flitterzeichnung und wenig Brustzeichnung, da sonst die schwarze Brustfarbe der Hähne verlorengeht.

Hahn: Das farbliche Bild des Hahnes ist am treffendsten mit dem der orangehalsigen Deutschen Zwerghühner zu vergleichen. Kopf strohgelb, Halsbehang ebenfalls strohgelb mit schwarzen Schaftstrichen, die nicht durchstoßen dürfen. Rücken mittelkastanienbraun, intensiv glänzend. Schultern gleichmäßig goldrot bis goldorange. Flügelbinden metallisch bläulichgrünglänzend, ein breites Band über die Flügel bildend. Handschwingen schwarz mit gelblichweißer Außenfahne; Innenfahne und Spitze der Armschwingen schwarz, Außenfahne gelblichweiß, so daß bei geschlossenem Flügel ein schwarz umrahmtes gelblichweißes Dreieck erscheint. Sattelbehang orangegelb mit leichtem, kaum sichtbarem, schwarzem Schaftstrich. Bauch und Schwanz schwarz mit starkem Grünglanz in den Sichelfedern. Brust und Schenkel schwarz, schmale orangefarbige Säumung auf der Oberbrust zulässig. **Gr. F.:** Sehr offene oder durchbrochene Halszeichnung, grobe Zeichnung der Brust und Schenkel, sehr fleckige, uneinheitliche oder zu helle Rückenfarbe, fehlender Grünglanz, stark schilfige Schwingen und Sicheln.

Henne: Kopf grau mit gelblichem Anflug, Halsbehang strohgelb mit schwarzen

1,1 Italiener, silberfarbig

Schaftstrichen, die nicht durchstoßen dürfen; jede Feder mit wachsgelbem Kiel. Rükken, Schultern und Flügel graubräunlich mit strohgelbem Anflug, feiner Rieselung, kräftig wachsgelben Kielen. Schmale strohgelbe Säumung, je schmaler desto besser. Brust lachsfarbig, Bauch und Hinterteil aschgrau mit gelblichem Anflug. Steuerfedern schwarzbraun mit leichtem Grünglanz. Große Schwanzdeckfedern fast bis zum Ende gerieselt. Je weniger Säumung, desto wertvoller ist das Tier.
Gr. F.: Breit durchbrechende Halszeichnung, viel Rost in Flügeldecken, fehlende Kielzeichnung, verwaschene Rieselung, stark schilfige Schwingen.
Zuchtziel allgemein: Verbesserung der Zeichnung und der Orangefarbe, besonders bei den Hähnen, sowie einwandfreie Farbe an Brust, Bauch, Schenkeln und Schwanz. Im allgemeinen können jedoch bei diesem Farbenschlag noch nicht die sehr hohen Anforderungen gestellt werden wie bei den stark und gut durchgezüchteten Farbenschlägen der Italiener.

Schwarz
Aus dem von englischen Züchtern veredelten italienischen Landhuhn seit etwa 1870 hauptsächlich mit Hilfe von schwarzen Minorka erzüchtet.
Hahn und Henne: Tiefschwarz mit starkem Grünglanz, dunklem Untergefieder und gelber Lauffarbe; die Schnabelfarbe dunkelhornfarbig bis gelb. **Gr. F.:** Andersfarbige Federn, besonders Rot im Behang und rote Spitzen auf den Flügeln der Hähne, Schilf im Schwanz, stumpfe Gefiederfarbe, stark weißes Untergefieder, grünliche oder schwärzliche Lauffarbe.

Schwarz-Weißgescheckt (Schwarz mit weißen Tupfen)
Eine planmäßige Neuzüchtung. Ihre Ahnen sind die Ankonas, ein niedrig gestelltes, grob schwarz-weißgetupftes Landhuhn mit mehr fächerartig als flach getragenem, breitem Schwanzansatz. Dieses Landhuhn wird auch heute noch als Farmhuhn infolge seiner Wirtschaftlichkeit besonders in den USA gezüchtet und in stärkerem Umfang gehalten. In Deutschland wurden die Ankonas vor etwa 50 Jahren auf den modernen Italienertyp umgezüchtet, weil sie figürlich dem Geschmack nicht mehr entsprachen.
Hahn: Grundfarbe schwarz mit grünem Käferglanz, Untergefieder schwarzgrau. Die Zeichnung der einzelnen Feder besteht aus einem V-förmigen, reinweißen Fleck (Tupfen) an der Spitze und soll an Brust, Flügeldecken und Schenkeln möglichst gleichmäßig auftreten. Hals- und Sattelbehangfedern ebenfalls weißgespitzt. Sicheln und Steuerfedern möglichst schwarz mit weißer Spitze. **Gr. F.:** Rostiges oder mattes Schwarz, stark weiße Schwingen, Steuerfedern und Sicheln.
Henne: Über den ganzen Körper so gleichmäßig wie möglich gezeichnet, indem möglichst viele Federn die V-förmige weiße Spitze zeigen. Bei Jungtieren ist die Zeichnung schwächer als bei Alttieren. **Gr. F.:** Rostiges oder mattes Schwarz, sehr grobe oder zu wenig Zeichnung.

Weiß
Die im Jahre 1871 von H. Marten, Lehrte, eingeführten weißen Italiener waren aus italienischen Landhühnern herausgezüchtet und in der Figur den Leghorn ähnlich. Durch Einkreuzung von Minorka und Spaniern wurden sie in der Figur, in den Kopfpunkten und der Farbe sowie in ihren Nutzeigenschaften verbessert.
Hahn und Henne: Reinweiß mit silberschimmerndem Glanz auf dem Rücken. **Gr. F.:** Starker gelber Anflug, fleischfarbige Läufe.

Gelb
Die in Deutschland vorhandenen gelben Italiener führen ihren Ursprung auf englische Einführungen um 1890 zurück. Es waren gelbe Landhühner, denen man ihre Ahnen, die Cochin, auf den ersten Blick ansehen konnte.
Hahn und Henne gleichmäßig goldgelb im Ober- und Untergefieder mit gelben Federschäften. Leichte Sprenkel im Schwanz gestattet, jedoch kein Weiß bzw. Schilf. Die Hand- und Armschwingen müssen sattgelb sein und einen dunkelgelben Federschaft aufweisen. **L. F.:** Wenig Bronzeton im Schwanz der Hähne (schließt die Note „sehr gut“ nicht aus). **Gr. F.:** Rotes, strohiges oder sehr scheckiges Gefieder, Schwarz in Schwingen, Schilf, Halszeichnung, viel Ruß im Schwanz.

Blau
In Deutschland erzüchtet um 1880 von Ernst Schneider (Niederoderwitz/Sa). 1905 bis 1910 erzüchteten erfahrene sächsische und thüringische Züchter ein dunkelblaues Federkleid mit schöner dunkelblauer Säumung, ähnlich dem der Andalusier. Heute werden zur Verbesserung der Form und der Kopfpunkte sowie der Beinfarbe oft schwarze Italiener eingekreuzt.
Hahn: Die Grundfarbe ist ein gleichmäßiges mittleres Taubenblau mit oder ohne Saum (etwas hellere oder dunklere Grundfarbe vorläufig noch gestattet), Kopf-, Hals- und Sattelbehang tiefdunkelblau bis samtschwarz, Haupt- und Nebensicheln tiefdunkelblau. Untergefieder hellblau. **Gr. F.:** Sehr blasse, fast schwarze oder fleckige

1,1 Italiener, gestreift

Grundfarbe, bräunlicher Halsbehang, Halbmondsäumung, Schilf in den Sichelfedern, zu grüne oder dunkle Lauffarbe.

Henne: Grundfarbe ist ein gleichmäßiges mittleres Taubenblau (etwas hellere oder dunklere Grundfarbe vorläufig noch gestattet), mit oder ohne Saum, Halsbehang tiefdunkelblau, Untergefieder hellblau. Läufe gelb, leicht grünlicher Anflug gestattet.

Rot

Rote Italiener wurden nach dem ersten Weltkrieg von einem Züchter in Zeitz zuerst gezeigt. Sehr wahrscheinlich sind sie eine Kreuzung von gelben Italienern mit Rhodeländern.

Nicht das dunkle Rhodeländer-Rot, sondern mehr ein reines Rot mit weniger Glanz ist zu fordern. In der Farbe ähnelt dieser Farbenschlag den roten Deutschen Reichshühnern. Die Schwanzfarbe beim Hahn ist purpurrot und darf keinen Grünlack haben.

Hahn: Gleichmäßiges, glänzendes sattes Rot, jedoch kein Rhodeländerrot. Untergefieder rot. Schwanz schwarz erlaubt, jedoch nicht mit grünem Glanz, sondern purpurfarbig. **Gr. F.:** Glanzlose Farbe, besonders gelber Hals mit dunkelroten Schultern vereint. Lehmige Grundfarbe, weißes oder rußiges Untergefieder, haarige Federbildung, Schilf in Schwingen, viel Rot in den Ohrscheiben.

Henne: Ein möglichst gleichmäßiges, sattes, glanzreiches Rot, jedoch kein Rhodeländerrot. **Gr. F.:** Gelbliche, mehlige oder schaftstrichartige Zeichnung, lehmige Grundfarbe, weißes oder rußiges Untergefieder, haarige Federbildung, Schilf in Schwingen, viel Rot in den Ohrscheiben.

Rotgesattelt

In England erzüchtet, wahrscheinlich aus rebhuhnfarbigen und weißen Italienern. Vervollkommnet und eingeführt gegen Ende des 19. Jahrhunderts durch den bekannten Züchter Findeisen (Lindennaundorf/Sa). Zur Verbesserung der Form und auch der Farbe greife man immer auf rebhuhnfarbige Italiener zurück. Wer goldfarbige Italiener kreuzt, wird stark gezeichnete Hahnenbrust und Flitterzeichnung bei den Hennen erhalten.

Hahn: Hauptfarbe rahmweiß, Kopf orangerot, Halsfedern hellgoldgelb, gegen Ende etwas satter werdend, mit rahmweißem Schaftstrich, der nicht durchstoßen darf. Schulter- und Rückenfarbe tief blutrot (karminrot). Die Rückenfarbe hellt nach dem Sattel zu etwas auf. Sattelbehang rotgoldgelb gesäumt, mit feinen, kaum sichtbaren, rahmweißen Schaftstrichen, nicht durchstoßend. Die Flügeldecken sind blutrot und werden abgeschlossen durch eine breite, rahmweiße Binde. Handschwingen rahmweiß, Armschwingen weiße Innenfahne und Spitze, rotbraune Außenfahne, bei geschlossenem Flügel ein weiß eingefaßtes, rotbraunes Dreieck bildend. Brust, Bauch, Schenkel und Schwanz rahmweiß, wobei bei besonders farbstarken Tieren oft leicht schwarze Spritzer an diesen Stellen auftreten, die erlaubt sind. Bei Althähnen leichte hellrote Ränder an Brust und Schwanzdeckfedern gestattet. **Gr. F.:** Weißdurchsetzte Flügeldecken bei Althähnen, weißgespitzter Hals- und Sattelbehang, viel Schwarz im Schwanz, mit hellroten Rändern gezeichnete Brust bei Junghähnen.

Henne: Kopf hellgoldgelb, Halsfedern hellgoldgelb mit rahmweißem Schaftstrich, der nicht durchstoßen darf. Brust und Vorderhals kräftig lachsfarbig. Das übrige Gefieder rahmweiß. Einzelne Federn am Flügelbug mit schwacher rotfahler Randzeichnung (Flügelrose genannt), die jedoch von den Brustfedern verdeckt sein soll. **Gr. F.:** Bräunliche Federn im Mantelgefieder und in den Schwingen, stark durchbrochene und zu hellgelbe Halszeichnung, stark rote oder zu helle bzw. weißgesäumte Brustfedern.

Aufspaltung: Rebhuhnfarbig $^1/_4$, Rotgesattelt $^1/_2$, Gelbgesattelt $^1/_4$ bei größerer Mengenaufzucht. Frische Blutzuführung und Auffrischung des Farbstoffes mit sehr gut gefärbten rebhuhnfarbigen Italienern, keinesfalls mit goldfarbigen Italienern.

Gestreift

Die Ahnen der gestreiften Italiener sind die italienischen Landhühner. Sie kamen um das Jahr 1870 von Italien nach Deutschland. Zur Reinzüchtung der damals gesperberten Italiener benutzte man Graue Schotten, Dominikaner, schwarze Italiener und Minorka. Kreuzungen gesperberter Italiener mit Plymouth Rocks wurden erstmalig um das Jahr 1905 zum Zwecke der farblichen Verbesserung der Sperberzeichnung vorgenommen. Im Jahre 1926 wurde der seit 1894 bestehende Sonderverein in „SV gestreifte Italiener" umbenannt, die Zucht auf gestreifte Italiener umgestellt. Die Einkreuzungen von Plymouth Rocks veränderten infolge des Asiatenschlages den Typ derart, daß die Züchter noch in den 60er Jahren Schwierigkeiten bei der Erreichung der gewünschten Italiener-Form hatten. Heute dürfte diese Wandlung endgültig vollzogen sein; man sollte daher an Typ, Form und Figur dieselben Anforderungen stellen wie bei den übrigen Farbenschlägen. – Gestreifte Italiener kennt man neben Holland nur im Ursprungsland Deutschland.

Hahn und Henne: Jede Feder in möglichst gleichmäßigem Wechsel mehrfach schwarz und scharf abgesetzt zart milchblau quer gestreift, bei möglichst enger Folge. Die Streifen verlaufen geradlinig und beim Hahn in gleicher Breite; die Henne hat breitere schwarze Streifen und wirkt daher dunkler als der Hahn. Das Federende mit schwarzem Streifen. Untergefieder durchgezeichnet. **Gr. F.:** Beim Hahn: Gelb oder Grau in der Zeichnung, Braun in den schwarzen Federpartien, verwaschenes Schwarz, Rost in den Flügeln und im Rücken, Weiß in den Sicheln und Flügeldekken; bei der Henne: Pfeffer im Hals, weiße Flanken, rußige Zeichnung. Bei beiden Geschlechtern grobe, breite Zeichnung.

Hell

Diesen Farbenschlag – gezeichnet wie die hellen Wyandotten – gab es bereits früher, er war dann aber wieder verschwunden. Nach dem zweiten Weltkrieg sind die hellen Italiener von Richard Knieper (Wilhelmshaven) wieder in erstklassiger Qualität in Figur und Zeichnung neu gezüchtet worden.

Hier ist die Farbe entsprechend allen sonstigen hellen Farbenschlägen zu bewerten. Auf gute Tropfenzeichnung ist besonders zu achten sowie auf gutes Untergefieder bei den Hennen.

Hahn: Kopf weiß; Halsbehang silberweiß mit schwarzen, grünglänzenden Schaftstrichen, die nicht bis zur Spitze auslaufen dürfen. Zeichnung fast bis zum Kopf hinaufreichend und vorn geschlossen (Kragenschluß). Unter dem Halsbehang auf dem Oberrücken schwarze Tropfenzeichnung. Schwanz reinschwarz mit grünlichem Glanz, Deckfedern und kleine Sicheln weißgesäumt. Sattel möglichst ohne Schaftstrichzeichnung. Handschwingen schwarz mit weißgesäumter Außenfahne. Armschwingen: Innenfahne schwarz, Außenfahne weiß, das weiße Flügeldreieck bildend. Das übrige Gefieder rein silberweiß, Untergefieder graublau.

Henne: Zeichnung wie beim Hahn; Schaftstriche entsprechend der andersgeformten Feder breiter; Rücken reinweiß; Schwanzdeckfedern schwarz mit scharfer weißer Säumung. **Gr. F.:** Stark durchstoßender Schaftstrich in den Halsbehangfedern (schwarzer Kragen), starker Doppelsaum bei den Hähnen, bräunliche Sprenkelung und schwarze Federn im Rücken. Stark bräunliche Tönung der Schaftstriche und Schwanzdecken, desgleichen im Untergefieder; fast weiße Schwingen, viel Weiß in den Hauptsicheln, besonders bei Junghähnen. Fehlende Zeichnung der Schwanzdeckfedern der Hennen, stark gelber Anflug im Deckgefieder, gänzliches Fehlen des Farbstoffes im Untergefieder.

Blau-Rebhuhnfarbig

Ein uralter Farbenschlag. Mitglieder des SV, insbesondere Zuchtfreund Karl Strauch, Homberg (Hessen), haben diesen Farbenschlag nach dem 2. Weltkrieg wieder erzüchtet. Die blau-rebhuhnfarbigen Italiener sind die Vorfahren unserer blauen Italiener. Zur Form- und Farbverbesserung eignen sich nur rebhuhnfarbige Italiener. Werden goldfarbige zur Einkreuzung verwendet, wird man bei den Hähnen Brust- und Schenkelzeichnung und bei den Hennen Flitterzeichnung (Säumung) in der Nachzucht finden.

Hahn: Zeichnung wie beim rebhuhnfarbigen Hahn, doch Blau anstelle von Schwarz. Kopf orangerot, Halsbehang goldig, die Spitzen etwas dunkler, mit reinblauem Schaftstrich, der den Saum leicht durchstoßen darf. Schulterdecken und Rücken goldrot. Sattelbehang goldig mit blauem Schaftstrich. Über den Behängen und Decken liegt eine feine Goldtönung, Flügeldecken mit reinblauer Binde. Handschwingen blau mit schmalen braunen Außensäumen, Armschwingen blaue Innenfahne und Spitze, die bei geschlossenem Flügel allein sichtbare Außenfahne ist braun und bildet das Flügeldreieck. Brust, Schwanz und Schenkel reinblau.

Gr. F.: Goldgesäumte Brust, Bauch und Schenkel, rußiges Blau, grob durchstoßender Schaftstrich mit starkem blauem Außensaum am Federende (Rußkragen), nicht reingelbe Lauffarbe.
H e n n e : Kopf und Halsbehang goldig, letzterer mit reinblauem Schaftstrich, der den Saum leicht durchbrechen darf. Das übrige Gefieder ist möglichst reinblau, Brust lachsfarbig. **Gr. F.:** Grob durchstoßender Schaftstrich mit starkem blauem Außensaum am Federende (Rußkragen), unreines, rußiges oder stark rostiges Blau, nicht rein gelbe Lauffarbe.
Es ist auf reinblaues Mantelgefieder zu achten. Tiere, die Goldflitter zeigen, oder Hähne mit Brust-, After- bzw. Schenkelzeichnung sind Kreuzungstiere aus Goldfarbig × Blau und sind zurückzusetzen. Auch reichlich Rost im Mantelgefieder stört das gute Bild und läßt keine Bewertung über „g" zu. Laut einer Änderung der MB durch den Zuchtausschuß darf der Schaftstrich bei Hahn und Henne den Saum leicht durchstoßen – anders als bei allen entsprechenden Farbenschlägen, denn bei den Blau-Rebhuhnfarbigen ist dies anders nicht möglich.

Porzellanfarbig
Von sächsischen Züchtern 1919 erstmals bei einer Sonderschau in Leipzig ausgestellt. Aus zwei verschiedenen Stämmen erzüchtet: 1. Verpaarung: bunter Sussexhahn mit rebhuhnfarbiger Italienerhenne, 2. Verpaarung: Hamburger Goldlackhahn mit schwarzscheckiger Italienerhenne. Die Nachzucht aus beiden Stämmen ergab die Ausgangsbasis zur Weiterzucht. Schwierigkeiten bereitete die Erzüchtung der richtigen Grundfarbe. Es wird ein reines Goldbraun ohne Moos und Pfeffer wie bei den porzellanfarbigen Federfüßigen Zwerghühnern verlangt. Auf keinen Fall darf die Grundfarbe so dunkel sein wie die Mahagonifarbe.
H a h n : Grundfarbe ein lichtes, reines Goldbraun ohne Moos oder Pfeffer. Jede Feder hat am Ende einen runden schwarzen Tupfen und darin an der Federspitze einen kleinen weißen Punkt (Perle). (Bei mehrjährigen Tieren ist der weiße Punkt etwas größer, und der schwarze Tupfen erscheint dann als halbmondförmige Umrahmung.) Hals- und Sattelbehang dunkelgoldig, nicht rot. Halsbehang mit schwarzen Schaftstrichen. Althähne müssen in den Behängen weiße Punktzeichnung haben. Junghähne haben dort weniger weiße Perlen. Schultern und Rücken rotbraun, also etwas dunkler als die sonstige Grundfarbe; Schwingen Innenfahne schwarz, Außenfahne goldbraun, so daß der geschlossene Flügel ein Dreieck in sauberer Grundfarbe zeigt. Jede Schwingenfeder möglichst mit weißer Endtupfe. Die Flügeldeckfedern zeigen zwei schwarz-weiße Flügelbinden. Schwanzfedern schwarz mit weißen Endtupfen.
H e n n e : Bei gleicher Zeichnung ist die Grundfarbe etwas heller im Ton als beim Hahn. Die Farbe muß gleichmäßig über den ganzen Körper verteilt sein. Auch Flügeldecken und Rücken sind nicht dunkler. Schwanzfedern goldbraun mit schwarzen Endtupfen und weißen Perlen.
Gr. F.: Ganz weißer Kopf, viel Moos oder Pfeffer, reinweiße Federn im Schwanz oder in den Armschwingen (bis zu zwei weiße Handschwingen auf beiden Seiten zugelassen), fehlende Brustzeichnung.

Blau-Weißgescheckt (Blau mit weißen Tupfen)
H a h n : Grundfarbe blaugrau, Untergefieder hellblau. Die Zeichnung der einzelnen Federn wird mit einem reinweißen Fleck (Tupfen) an der Spitze angestrebt und soll an der Brust, Flügeldecken und Schenkel möglichst gleichmäßig auftreten. Eine Bin-

denzeichnung wird angestrebt. Hals- und Sattelbehang dunkelblau mit weißen Spitzen oder weißgeperlt, Sicheln und Steuerfedern möglichst mit weißer Spitze. Lauffarbe gelb.
Henne: Grundfarbe blaugrau über das ganze Körpergefieder möglichst gleichmäßig gezeichnet. Kopf- und Halsfarbe sind etwas dunkler blau. Untergefieder hellblau. Zeichnung in Schwanz und Schwingen wird angestrebt. Läufe gelb, leicht grünlicher Anflug gestattet.
Gr. F.: Blasse, fast schwarze oder fleckige Grundfarbe, bräunlicher Halsbehang, unsaubere oder verwaschene Grundfarbe und zuviel Weiß, zu grünliche Lauffarbe, andere als hellblaue Farbe des Untergefieders.

Perlgrau-Orange
Hahn: Die Grundfarbe ist Perlgrau; Kopf-, Hals- und Sattelbehang sind strohgelb mit leichtem perlgrauem Schaftstrich; der Rücken und die Flügeldecken sind strohgelb; Brust, Bauch, Schenkel, Schwingen, Steuerfedern und Sicheln sind perlgrau ohne weißen Anflug; auf der Brust ist eine schwache Säumung gestattet.
Henne: Am ganzen Körper eine perlgraue Grundfarbe; der Halsbehang ist strohgelb mit perlgrauem Schaftstrich; die Brust ist leicht lachsfarbig; am Flügelbug ist leichter Lachsanflug gestattet.
Gr. F.: Stark gesäumte Brust; durchstoßender Schaftstrich; stark rußiges Perlgrau; jegliches Schilf oder Schilfansatz.

Gold-Blaugesäumt
Gold-Blaugesäumt, Gold-Weißgesäumt und Gold-Schwarzgesäumt haben noch mit dem zur Erzüchtung notwendigen Asiatenblut (Wyandotten) zu kämpfen. Sie sind bei der Bewertung entsprechend zu behandeln. Stehkamm bei den Hennen sollte nicht sehr hart bestraft werden, wenn er nicht zu klein, die Zeichnung sonst in Ordnung ist und die übrigen Italiener-Merkmale vorhanden sind.
Herausgezüchtet nach dem Ersten Weltkrieg von Wolfram (Bad Brambach) aus einer Kreuzung von blauen und goldfarbigen Italienern. Bei der Zucht der Farbenschläge Gold-Blaugesäumt und Gold-Weißgesäumt ist zu bedenken, daß diese aufspalten. Selbst durch jahrelange Züchtung in reiner Linie läßt sich die Natur nicht bezwingen. Bei der Bewertung sollten die wenigen Exemplare, die bei den Schauen zu finden sind, anerkannt werden, auch wenn sie noch farbliche Mängel zeigen. Im Typ jedoch sollte der Italiener-Typ bzw. die Italiener-Form klar erkennbar sein.
Hahn: Kopf goldfarbig, Halsbehang gold bis rotgold mit blauen Schaftstrichen wird angestrebt. Schulterdecken und Rücken glänzend kastanienbraun. Sattelbehang satte Goldfarbe mit blauen Schaftstrichen. An Brust, Bauch und Schenkeln ist jede Feder schmal blaugesäumt mit goldrotem Mittelfeld. Außenfahne der großen Schwingen goldrot, die verdeckte Innenfahne hellblau. Die Flügeldeckfedern sollen blaugesäumte Binden bilden. Schwarz glänzend blauviolett, Untergefieder blaugrau.
Henne: Kopf goldfarbig, Halsbehang goldig mit blauen Schaftstrichen, Brust, Schenkeln, Flügel und Rücken jede Feder mit schmalem, blauem Saum und goldrotem Mittelfeld, Untergefieder und Bauch blaugrau. Schwanzdeckfedern bei goldrotem Mittelfeld blaugesäumt. Steuerfedern blau.
Gr. F.: Fehlende Säumung der Brust, starke Rieselung im Mittelfeld der Federn, weißes Untergefieder.

Gold-Weißgesäumt

Hahn: Kopf goldfarbig, Halsbehang goldfarbig mit rahmweißen Schaftstrichen, Schultern und Rücken kräftig goldrot. Sattelbehang goldfarbig mit zarten weißen Schaftstrichen. Jede Feder an Brust und Schenkel rahmweiß gesäumt, mit goldrotem Mittelfeld. Bauch- und Untergefieder weiß; Flügeldeckfedern sollen weißgesäumte Binden haben. Schwanz weiß.

Henne: Kopf goldfarbig, Halsbehang goldfarbig mit weißem Schaftstrich. An Brust, Schenkeln, Flügeln und Rücken jede Feder mit schmalem, weißem Saum und goldrotem Mittelfeld. Bauch, Schwanz und Untergefieder sollen rahmweiß, Schwanzdeckfedern bei goldrotem Mittelfeld weiß gesäumt sein.

Gr. F.: Mangelhafte Säumung, hauptsächlich in der Brust. Bläulicher oder weißer Halsbehang. Blaue oder schwarze Federn im Schwanz (kleinere Spritzer erlaubt), blauer Ton in der gesamten Säumung.

Gold-Schwarzgesäumt

Ein in den letzten Jahren selten gezeigter und fast verschwundener, sehr schöner Farbenschlag.

Hahn: Kopf goldfarbig. Halsbehang satte Goldfarbe mit feinem schwarzem Schaftstrich, der nicht durchstoßen darf. Schulterdecken und Rücken kräftig glänzende, satte Goldfarbe bis Kastanienbraun, ohne Ruß oder andersfarbige Beimischung. Sattelbehang wie Halsbehang, Brust, Bauch und Schenkel jede Feder mit goldrotem Mittelfeld und schmal schwarzgesäumt mit gutem Grünglanz. Außenfahne der Handschwingen goldrot, Innenfahne schwarz. Armschwingen sattgoldrot mit schwarzer Säumung, beim zusammengelegten Flügel ein goldrotes Flügeldreieck mit zwei feingesäumten, grünglänzenden Binden bildend. Untergefieder schwarz. Schwanz schwarz mit üppigem Grünglanz.

Gr. F.: Zu matte oder fahle Farbe, stark rußiger Hals- und Sattelbehang, unreine Farbe in Schulter, Flügeldecken und Rücken, Weiß im Gefieder, besonders im Schwanz, fehlender Grünglanz im Saum.

Henne: Kopf goldfarbig. Halsbehang goldfarbig mit schwarzem grünglänzendem Schaftstrich, der nicht durchstoßen darf. Das gesamte Mantelgefieder möglichst jede Feder mit schmalem, grünglänzendem, schwarzem Saum und goldrotem bis satt ockerbraunem Mittelfeld, letzteres ohne Moos oder Pfeffer. Bauch, Untergefieder und Steuerfedern schwarz.

Gr. F.: Zu matte oder fahle Farbe, viel Moos in Brust, Rücken und Flügeldeckfedern, zu breiter oder fehlender Saum, fehlender Grünglanz im Saum.

Kennfarbig

Ein Farbenschlag, bei dem als wichtigstes Zuchtziel die auch für den Laien hundertprozentig sichere Unterscheidungsmöglichkeit von Hahnen- und Henneneintagsküken gewährleistet ist. Die Hahnenküken sind mausgrau bis silbergrau mit kräftigem rötlichem Rückenflaum, der in Bronze übergehen kann, und tragen einen hellen, verwaschenen Kopffleck. Die Hennenküken sind braun und unterscheiden sich kaum von denen der rebhuhnfarbigen Italiener.

1942 erzüchteten die rheinischen Züchter Jobs und Regenstein das „Deutsche Kennhuhn" aus den Rassen Deutsche Sperber, gestreifte und rebhuhnfarbige Italiener unter Auswertung der Kenntnisse der geschlechtsgebundenen Vererbung des Sperberfaktors. Es gelang hier erstmalig, eine Rasse zu züchten, die Kennküken lie-

fert, ohne daß – wie bisher – zu diesem Zweck reine Rassen gekreuzt werden mußten.
Unter der Bezeichnung „Deutsches Kennhuhn“ wurde die Rasse vom BDRG 1948 anerkannt, nachdem man sich darüber einig geworden war, daß die in Süddeutschland vertretenen „Legbars“ und die meist in Nordwestdeutschland vorkommenden „Kennhühner“ rassisch gleich sind. 1955 schwenkte der Sonderverein ganz auf die Italiener-Form um und nannte die Rasse „kennfarbige Italiener“. Somit war die Rasse ein eigener Farbenschlag der großen Italiener-Familie geworden.
Hahn: Brust, Bauch, Handschwingen, Schwanz und Untergefieder grau gesperbert; Halsbehang rötlichgelb, Sattelbehang goldfarbig, beide mit grauem Schaftstrich und weißer Querstreifung. Rücken und Schulter rot mit angedeuteter Sperberung; Armschwingen an der Innenfahne grau, Außenfahne grau-weiß-gelb gewellt, geschlossen ein dreifarbiges Flügeldreieck bildend.
Gr. F.: Gelbdurchsetzte Brustfarbe, nicht durchgefärbtes Flügeldreieck.
Henne: Auf rebhuhnfarbiger Grundfarbe matt schiefergrau gesperbert. Rost und leichter Flitter zulässig. Brust lachsfarbig bis rostrot. Handschwingen und Schwanz dunkelgrau-braun mit schwarzer Rieselung. Halsbehang goldfarbig mit grauem Schaftstrich und grauweißer Querstreifung. Läufe gelb. **Gr. F.:** Fehlen des braunen Farbtones im Mantelgefieder, gelbe Brustfarbe.

Rosenkämmig
Sie sind um die Jahrhundertwende in Deutschland erzüchtet worden, da Rosenkämmige besonders winterhart sind. Anerkannt sind alle Farbenschläge, die bei den einfachkämmigen Italienern zugelassen sind. Bei der Bewertung sind an die Form und an die Körperhaltung (Stand) die gleichen Anforderungen zu stellen wie bei den entsprechenden Farbenschlägen mit Einfachkamm; dagegen ist bei der Bewertung der Rumpffülle vorläufig noch Nachsicht zu üben. Unterscheidungsmerkmal ist die Kammform, ein Rosenkamm, der fest aufgesetzt und fein geperlt ist, vorn der Kopfbreite entsprechend, nach hinten sich verjüngt und der Halsbiegung folgt, ohne aufzuliegen. Mittellanger Dorn.
Gr. F.: Wie bei den Einfachkämmigen, außerdem sehr grober oder schiefer Kamm, stark aufwärts gerichteter Dorn.

1,1 Jersey Giants, schwarz

Jersey Giants

Zuchtidee

Ein Fleischhuhn, was sich auch in der Größe, Fülle, Tiefe und Breite des Körpers ausdrücken muß.

Was ist zu fordern?

Ungewöhnlich großes, schweres Huhn in waagerechter Haltung und mit breitem und mittelhohem Stand.

Was ist abzulehnen?

Zu geringer Fleischansatz, leichte und kleine Tiere.

Geschichtliches

Die Jersey Giants stammen, wie ihr Name schon andeutet, aus den USA. Sie wurden gegen Ende des vorigen Jahrhunderts im Staat New Jersey aus schwarzen Java

Croad, dunklen Brahma und schwarzen Langschan erzüchtet. Seit 1922 sind sie im amerikanischen Standard aufgenommen, 1985 wurden sie dann auch in Deutschland zugelassen.

Form und Kennzeichen

Hahn:

Gewicht:	4,5 bis 5,5 kg.
Kopf:	Ziemlich groß und breit.
Schnabel:	Mittellang, kräftig, leicht gebogen.
Augen:	Groß, wenig hervortretend, dunkelbraun.
Kamm:	Einfach, ziemlich groß, gerade und aufrecht mit meist 6 Zacken, Fahne der Nackenlinie folgend, ohne aufzuliegen.
Ohrlappen:	Mittelgroß, zart, rot. **Gr. F.:** Viel Weiß in den Ohrlappen.
Kehllappen:	Mittelgroß, gut gerundet, fein im Gewebe, möglichst glatt, rot.
Gesicht:	Glatt, fein im Gewebe, leuchtend rot.
Hals:	Mittellang, leicht gebogen, voll befiedert.
Brust:	Breit, tief und voll, wenig vorgewölbt, langes Brustbein.
Rumpf:	Breit und lang, tief, waagerecht getragen. **Gr. F.:** Zu geringe Größe, kurze, dreieckige Form.
Bauch:	Breit und voll entwickelt, mit zartem Flaum besetzt.
Rücken:	Ziemlich lang, breit. **Gr. F.:** Stark ansteigender oder abfallender Rükken.
Sattel:	Breit, voll, in kurzer Rundung zum Schwanz ansteigend.
Flügel:	Mittelgroß, breit, gut geschlossen und horizontal getragen.
Schwanz:	Ziemlich groß, voll, mittelhoch getragen. Die Haupt- und Nebensicheln decken die breiten Steuerfedern voll ab, ohne diese in der Länge wesentlich zu überragen.
Schenkel:	Kräftig, mittellang, anliegend befiedert, sichtbar aus dem Bauchgefieder hervortretend, breiter Stand.
Läufe:	Glatt, mittellang, kräftig. **Gr. F.:** Zu hohe oder zu tiefe und enge Stellung, andere als gelbe Farbe der Fußsohlen.
Gefieder:	Voll, anliegend getragen.

Henne:

Gewicht:	3,6 bis 4,5 kg. Bruteier-Mindestgewicht: 60 g. Schalenfarbe der Eier: Braun.

Die Henne gleicht dem Hahn bis auf die geschlechtsbedingten Unterschiede. Sie trägt den Schwanz knapp mittelhoch, der Bauch ist gut entwickelt.

Ringgröße: Hahn I, Henne II.

Farbe und Zeichnung

Schwarz

Hahn und Henne: Sattes Schwarz mit grünem Glanz, Untergefieder dunkelgrau. Schnabel schwarz mit gelblichem Anflug an der Spitze. Läufe schwarz mit gelben

Sohlen, schwarz mit weidengrünem Anflug gestattet. **Gr. F.:** Mattes Schwarz ohne Grünglanz, andersfarbige Federn im Gefieder, starker Schilf.

Blau-Gesäumt

Hahn: Die Grundfarbe ist ein mittleres Blau. An Brust und Schenkeln ist jede Feder leicht gesäumt. Hals, Decken und Sattelbehang sind samtschwarz. Der Hahn ist im Gesamtton etwas dunkler als die Henne.
Henne: Die Grundfarbe ist ein mittleres Blau, wobei jede Feder leicht gesäumt ist. Läufe und Zehen sind schwarz mit gelben Sohlen, schwarz mit weidengrünem Anflug ist gestattet. **Gr. F.:** Rost im Hals und Sattelbehang, fehlende Säumung, weiße, schwarze oder gefleckte Federn im Mantelgefieder.

Weiß

Hahn und Henne: Rahmweiß, beim Hahn etwas Gelb im Schmuckgefieder gestattet. Läufe dunkel-weidengrün, Fußsohlen gelb. **Gr. F.:** Stark gelber Anflug, andersfarbige Federn.

1,1 Kastilianer

Kastilianer

Zuchtidee

Ein mittelgroßes, hoch aufgerichtetes Huhn im Landhuhntyp mit fast im rechten Winkel getragenem Schwanz, von stolzer und eleganter Haltung, lebhaft. Sehr zutraulich trotz des Temperamentes; frühreif, mit guter Legeleistung und Eigröße.

Was ist zu fordern?

Dem Landhuhntyp entsprechend, ein walzenförmiger, langer Rumpf mit leicht abfallendem, geradem Rücken. Eier müssen nach $^1/_4$jähriger Legetätigkeit mindestens 60 g wiegen. Unbedingte Beibehaltung der Steilschwänzigkeit (fast im rechten Winkel getragen).

Was ist abzulehnen?

Tiere mit dürftigem, spindeligem Körper, hohlem oder rundem Rücken und zu flach getragenem Schwanz, andere als schwarze Gefieder- und Beinfarbe, übergroße Kopfpunkte, Gesichtsschimmel, zu tiefer Stand, Dachschwanz.

Geschichtliches

Der lateinische Schriftsteller Lucius Iunius Moderatio Columella, der im 1. Jahrhundert nach Chr. in der spanischen Stadt Cadiz lebte, schrieb in seinem zweibändigen Werk „De re rustica“, daß es in Spanien „einfarbige schwarze Hühner mit weißen Ohrlappen gibt“, und rühmte sie als Leger großer, weißschaliger Eier. Es spricht eigentlich alles dafür, daß es sich dabei um die „Raza Castellana negra“ (= Rasse Kastilianer schwarz) handelt, denn alle späteren Beschreibungen und Zeichnungen zeigen den etwaigen Typ unserer Rasse, niemals den der Spanier oder Minorka, was eigentlich beweist, daß diese wie die Andalusier aus den Kastilianern entstanden sind. Dies wird in den Standards der vorgenannten Rassen auch angenommen.
In Spanien wurden die Kastilianer schon von den Mauren im Süden des Landes vor ca. 800 Jahren als Rassehuhn gezüchtet; sie heißen daher in einzelnen spanischen Landbezirken noch heute „Muros“ oder „Moruna“. In Deutschland 1955 durch den Chirurgen Dr. Zielke, Ahrensburg (1970 verstorben), eingeführt. Eine Musterbeschreibung wurde 1952 neu festgelegt; sie entspricht der nachfolgend wiedergegebenen Beschreibung.

Form und Kennzeichen

Hahn

Gewicht:	2 bis 2,5 kg.
Kopf:	Breit, etwas lang.
Schnabel:	Von mittlerer Länge und Stärke, schwarz bis dunkelhornfarbig.
Augen:	Groß, rehbraun.
Kamm:	Von mittlerer Größe, aufrechtstehend, mit 5–7 nicht zu tief geschnittenen Zacken, Fahne etwas vom Nacken abstehend.
Ohrscheiben:	Weiß, oval, von mittlerer Größe.
Kehllappen:	Mittellang, fein im Gewebe.
Hals:	Mäßig lang, aber proportioniert zum Körper, leicht gebogen.
Brust:	Breit, voll und tief.
Rumpf:	Lang, walzenförmig, aufgerichtet, daher leicht nach hinten abfallend. **Gr. F.:** Dürftiger, spindelförmiger Rumpf.
Bauch:	Gut entwickelt, ausladend.
Rücken:	Breit, lang, leicht abfallend.
Flügel:	Lang und dicht anliegend.
Schwanz:	Nicht zu groß, fast im rechten Winkel getragen, voll besichelt. **Gr. F.:** Zu flach getragener Schwanz.
Schenkel:	Sehr gut sichtbar.
Läufe:	Mittellang, unbefiedert, dunkelschieferfarben. Nägel hornfarbig. **Gr. F.:** Zu helle Lauf- und Zehenfarbe.

Henne

Gewicht:	1,75 bis 2 kg. Schalenfarbe der Eier: Weiß. Bruteier-Mindestgewicht: 60 g. Bruttrieb: Gering.

Im allgemeinen der Form des Hahnes entsprechend mit geschlechtsbedingtem Unterschied, dabei vollschlanke Walzenform mit langem Rücken und breitem, tiefem Bauch, gut gewölbter Brust, der Kamm vorne aufrechtstehend, im hinteren Teil faltenlos sich nach einer Seite neigend, ohne das Auge zu verdecken. **Gr. F.:** Steh- oder Wickelkamm.
Ringgröße: Hahn IV, Henne V.

Farbe und Zeichnung

Hahn und Henne: Schwarz mit grünem Glanz. **Gr. F.:** Andere als reinschwarze Gefiederfarbe.

Katalanier

Zuchtidee

Ein schweres, frohwüchsiges Zwiehuhn im Landhuhntyp, dabei aber elegant und reich befiedert.

Was ist zu fordern?

Die Erhaltung der urwüchsigen Form und der beachtlichen Legeleistung.

Was ist abzulehnen?

Schwache, spindelige Form, Schleppschwanz beim Hahn, Steh- oder Wickelkamm bei der Henne, befiederte Läufe.

Geschichtliches

Die Rasse wurde aus Landhühnern spanischen Ursprungs herausgezüchtet und ist seit dem Jahr 1990 in Deutschland anerkannt, jedoch nur im hell-goldbraunen Farbenschlag.

Form und Kennzeichen

Hahn

Gewicht:	3,5 kg.
Kopf:	Mittelgroß, länglich und breit.
Kamm:	Einfacher, relativ großer und gut gezackter Stehkamm mit 4 bis 6 Zacken; fleischig, aber zart im Gewebe. Die Kammfahne folgt dem Nacken, ohne aufzuliegen.
Schnabel:	Ziemlich groß und kräftig, gut gebogen, dunkelhornfarbig.
Augen:	Dunkelbraun, rötlichbraun zugelassen.
Hals:	Verhältnismäßig lang, aufrecht getragen mit guter Bogenlinie, mit vollem, sich nach vorn öffnendem Behang, um die Brust sichtbar zu machen, dabei die Halsseiten und die Schultern gut abdeckend.
Ohrscheiben:	Länglich, groß, gut anliegend und nicht sehr dick, ohne Beulen und Falten, reinweiß.
Kehllappen:	Groß, glatt und gut gerundet.
Rücken:	Ziemlich breit und lang, flach, nach hinten abfallend.
Rumpf:	Lang, breit und gut ausgerundet: **Gr. F.:** Schwacher, spindelförmiger Rumpf.
Bauch:	Gut ausgerundet und nicht schleppend.
Brust:	Voll, tief, aber dabei gut gerundet und hervorstehend.
Flügel:	Groß, geschlossen getragen und gut angezogen.
Schwanz:	Voll und lang, mit gut gerundeten Sicheln, im Winkel von 40 bis 45^0 zur Rückenlinie getragen. **Gr. F.:** Sehr flache Schwanzhaltung.
Schenkel:	Kräftig, lang und fleischig, gut sichtbar.
Läufe:	Mittellang, glatt, unbefiedert, schieferblau oder blaugrau.
Gefieder:	Straff anliegend, mit gut abgerundeten Federn, vor allem in der Hinterpartie, Untergefieder dicht.

Henne

Dem Hahn bis auf die geschlechtsbedingten Unterschiede entsprechend. Ihr Hals ist aber kürzer und wird gerade getragen. Die Brust ist gut gewölbt und breit, der Schwanz lang und wenig angehoben. Der vorn aufrechtstehende Kamm neigt sich hinten zur Seite, ohne jedoch aufzuliegen. Die Kehllappen sind kurz und rund, der Schnabel ist leicht gebogen. **Gr. F.:** Steh- oder Wickelkamm, Federn an den Läufen.

Gewicht:	2,5 kg.
	Bruteier-Mindestgewicht: 55 g.
	Schalenfarbe der Eier: Weiß bis rötlichgelb.

Ringgröße: Hahn III, Henne IV.

Farbe und Zeichnung

Hell-Goldbraun

H a h n: Kopf und Halsbehang intensiv hell-goldbraun. Rücken und Sattelbehang sind intensiv goldbraun. Die Brust und die übrigen Körperteile sind hell-goldbraun.

Die Flügel sind hell-goldbraun, die Handschwingen schwärzlichgrau, fast schwarz, mit hellgoldfarbiger Säumung, die Armschwingen rein hellgoldfarbig. Der Schwanz ist metallisch grünglänzend. Die Schenkel sind hellgoldfarbig. Das Untergefieder ist hellbraun, bedeutend heller als das Mantelgefieder.

Gr. F.: Weiß im Gefieder, zu viele gelbe oder schwarze Federn im Halsbehang, rötlicher Anflug.

Henne: Die Henne ist im gesamten Körpergefieder hell-goldbraun, aber deutlich heller als der Hahn, doch gleichmäßg gefärbt. Vereinzelte dunkle Federn sind zugelassen. Die Handschwingen sind schwärzlichgrau mit hellgoldfarbiger Säumung, die Steuerfedern schwarz. Das Untergefieder ist gelbbraun.

Gr. F.: Fahle Färbung, graues oder stark aufgehelltes Untergefieder.

Kaulhühner, 1,0 silberhalsig und 0,1 wildfarbig

Kaulhühner

Zuchtidee

Aus unseren alten deutschen Landhuhnschlägen entstandenes, schwanzloses Huhn, daher rassische und wirtschaftliche Eigenheiten unserer Landhühner: lebhaft, edel, farbschön; mittelgroße Eier, frohwüchsige Küken. Die Schwanzlosigkeit entsteht durch das Fehlen von Schwanzwirbel und Schwanzwurzel. Sie vererbt sich dominant.

Was ist zu fordern?

Genügsames, wetterfestes, ausdauerndes, munteres Huhn, fleißiger Futtersucher, mittelgroß, keinesfalls plump, aufrecht getragener Körper, kühne Haltung.

Was ist abzulehnen?

Schwächliche, schmale, zu hohe oder zu niedrige Tiere, übermäßig große oder schlecht geformte Kämme, falsche Kammform, wulstartige Ohrscheiben, graue Augen.

Geschichtliches

Durch Mutation aus Landhühnern entstanden. Seit Jahrhunderten bekannt. Man kennt das Kaulhuhn in Deutschland, England, Dänemark, in den Niederlanden und

Frankreich, ferner als persisches oder virginisches Huhn; ja man legte seine Herkunft bis nach Ceylon oder gar China, weil man dort gleichfalls schwanzlose Hühner entdeckt hatte. Um das Jahr 1600 wurde es von dem italienischen Gelehrten Aldrovandi erstmals erwähnt.

Form und Kennzeichen

Hahn

Gewicht:	2 bis 2,5 kg.
Kopf:	Mittelgroß, länglich, mäßig breit. Auch mit Schopf zugelassen.
Kamm:	Mittelgroßer Stehkamm, gleichmäßig gezackt. **Gr. F.:** Übermäßig große oder schlecht geformte Kämme, falsche Kammform.
Schnabel:	Mäßig stark, je nach Gefiederfarbe schwärzlich, blau oder hornfarbig in hellerem oder dunklerem Ton.
Augen:	Je nach Gefiederfarbe dunkelrot bis dunkelbraun, fast schwarz.
Ohrscheiben:	Mittelgroß, möglichst rund, fest anliegend, weiß. **Gr. F.:** Rote Ohrscheiben.
Kehllappen:	Mittellang, abgerundet, dünn.
Hals:	Mittellang, mit vollem, reichlichem Behang.
Rücken:	Mäßig lang, wenig abfallend, zwischen den Schultern breit, nach hinten sich verschmälernd, mit sehr vollem und dichtem Sattelbehang.
Rumpf:	Walzenförmig, voll, tief, mit abgerundeten Formen, fast waagerecht getragen. **Gr. F.:** Schmaler oder schwächlicher Körper.
Bauch:	Voll, breit.
Brust:	Breit, tief und voll.
Flügel:	Fest anliegend, den Rumpf kaum überragend, gut geschlossen.
Schwanz:	Fehlt. **Gr. F.:** Schwanzansatz.
Schenkel:	Kurz, fest befiedert.
Läufe:	Mittelhoch, glatt, feinknochig, je nach Gefiederfarbe schieferblau bis schwarz, auch fleischfarbig. **Gr. F.:** Zu hohe oder zu niedrige Stellung, gelbe oder grüne Läufe.

Henne

Gewicht:	1,5 bis 2 kg. Bruteier-Mindestgewicht: 53 g, reinweiße Eier. Bruttrieb: Kaum vorhanden.

Gleicht in allem bis auf die Geschlechtsmerkmale dem Hahn, nur ist der Kamm leicht nach hinten geneigt; der Rücken wird fast waagerecht getragen, doch sind auch die Bürzelfedern reichlich entwickelt. **Gr. F.:** Schmales Hinterteil.

Ringgröße: Hahn V, Henne VI.

Farbe und Zeichnung

Anerkannt sind folgende Landhuhnfarbenschläge: Gold-, Silber- und Orangehalsig (die Hennen dieser Farbenschläge auch mit Mehrfachsäumung), Wildfarbig, Weizenfarbig, Schwarz, Weiß, Blau, Perlgrau, Gesperbert, Schwarz-Weißgescheckt, Rotgesattelt, Blau-Goldhalsig, Blau-Silberhalsig, Porzellanfarbig sowie Getupfte und Sprenkel in Silber und Gold, ferner Geflockte in Silber, Gold und Gelb-Weiß bzw. Chamois. Farbreinheit und Zeichnung sind von untergeordneter Bedeutung.

1,1 Kraienköppe, silberhalsig

Kraienköppe

Zuchtidee

Ein schnittiges, kräftiges Huhn mit hoher Legeleistung (besonders im Winter) und gutem Fleischansatz, leicht aufzuziehen und frühreif. Erinnern einerseits an Kämpfer, andererseits gleichen sie einem schnittigen, kräftigen Landhuhn. Zutraulich und zahm, aber lebhaft; stolze, aufrechte Haltung.

Was ist zu fordern?

Gute Schulterung, genügend Größe. Straff anliegendes Gefieder, Schutz gegen Kälte und Nässe bietend. Es ist zu beachten, daß der Kämpfertyp nicht verlorengeht.

Was ist abzulehnen?

Kurzer oder schmaler Körper, Malaienrücken, niedrige Stellung, Hängeflügel, steiler oder federarmer Schwanz. Flaumreiches Gefieder, schmale Sicheln, jede andere Kammform.

Geschichtliches

Die Kraienköppe sind eine Schöpfung der Holländer Brüder Lazonder aus Enschede, die als Ausgangstiere für ihre Rasse Belgische Kämpfer, Malaien und dort heimische Landhühner verwendeten. Die Rasse wurde erstmals 1885 bei einer holländischen Geflügelausstellung gezeigt und fand ob ihrer stolzen Haltung und ansprechenden Farben allgemeine Anerkennung.

Bei deutschen Schauen wurden die Kraienköppe 1925 erstmals von Zfr. Wieking gezeigt. Zuchtfreund Peil zeigte 1926 bei der Nationalen in Köln Kraienköppe. Zusammen mit ihren holländischen Zuchtfreunden haben unsere deutschen Züchter, besonders in der Gegend von Bentheim, aus den Ausgangstieren ein wetterfestes, formschönes Rassehuhn geschaffen.

Form und Kennzeichen

Hahn

Schnittige, kräftige Form, aufrechte, elegante Haltung.

Gewicht: 2,5 bis 3 kg.

Kopf: Kurz, breit, gewölbt, sichtbar abgesetztes Genick. **Gr. F.:** Plumper oder spitzer, schmaler Kopf.

Schnabel: Kurz, stark, Spitze nach unten gebogen, gelb mit dunklem Horn.

Augen: Feurig, lebhaft, etwas unter den überstehenden Augenbrauen liegend, gelbrot bis rot.

Kamm: Schmaler Wulstkamm in Form einer kleinen, länglichen Erdbeere. **Gr. F.:** Jede andere Kammform.

Ohrlappen: Klein, rot.

Kehllappen: Kurz.

Gesicht: Federfrei, rot.

Hals: Kräftig, breit zwischen den Schultern, gut mittellang, mit reichlichem, auf Schultern und Rücken fallendem Behang. **Gr. F.:** Dünner Hals.

Brust: Breit und voll, leicht gewölbt.

Rumpf: Gestreckt, kräftig, nach hinten zu voller werdend. **Gr. F.:** Kurzer oder schmaler Körper.

Bauch: Ziemlich breit und voll.

Rücken: Ziemlich lang, gerade, seitlich abgerundet, nach hinten schwach abfallend, mit ziemlich breiten Schultern und breitem und reichem Sattelbehang. **Gr. F.:** Malaienrücken.

Flügel: Lang und kräftig, fest geschlossen, anliegend getragen. **Gr. F.:** Hängeflügel.

Schwanz: Ziemlich lang und im stumpfen Winkel getragen, reichlich und voll besichelt; Enden der Hauptsicheln zum Körper neigend. **Gr. F.:** Steiler oder federarmer Schwanz, schmale Sicheln.

Schenkel: Kräftig, vortretend, mit glatter Befiederung.

Läufe: Schlank, glatt, unbefiedert, gelb. **Gr. F.:** Niedrige Stellung.

Zehen: Ziemlich lang, breit gespreizt.

Gefieder: Straff anliegend. **Gr. F.:** Flaumreiches Gefieder.

Henne

Gewicht: 1,75 bis 2,5 kg.
Bruteier-Mindestgewicht: 55 g.
Bruttrieb: Gering.
Schalenfarbe der Eier: Weiß bis hellgelb.

Bis auf die geschlechtsbedingten Unterschiede dem Hahn entsprechend. Der Kamm ist erbsengroß und meist plattgedrückt, die Kehllappen sehr klein, fast unsichtbar.

Rücken reichlich befiedert, fast waagerecht. Das Hinterteil ist ziemlich breit, der Schwanz wird geschlossen, aber nicht spitz getragen.

Ringgröße: Hahn III, Henne IV.

Farbe und Zeichnung

Silberhalsig
Grundsatz: Der zarte, aschgraue Grundton des Mantelgefieders ist bei der Henne erstes Erfordernis, ebenso reine Farben im Gefieder des Hahnes.
Hahn: Kopf weiß, Schulterdecken und Rücken reinsilberweiß. Hals silberweiß mit schwarzen bis graumelierten Schaftstrichen. Sattelbehang silberweiß mit mehr oder weniger ausgeprägten Schaftstrichen. Die Flügeldecken sind silberweiß und haben breite, schwarze, grünglänzende Flügelbinden; Handschwingen schwarz mit schmalen, weißen Außensäumen; die Außenfahne der Armschwingen weiß, Innenfahne und Spitze schwarz, so daß das Flügeldreieck reinweiß erscheint. Brust, Bauch, Schenkel und Hinterteil schwarz, Schwanz tiefschwarz mit grünglänzenden Sicheln.
Henne: Kopf silbergrau, Halsbehang silberweiß mit schwarzen bis graumelierten Schaftstrichen. Rücken, Schultern und Flügel aschgrau mit feiner, dunkler Rieselung und weißlichem Federkiel. Vom Halsbehang bis zum Schwanz soll jede Feder eine schmale, hellsilbergraue Säumung zeigen. Brust lachsfarbig bis lachsrot, Bauch und Hinterteil aschgrau, Schwanz schwarz oder schwarzgrau meliert. **Gr. F.:** Durchstoßender Schaftstrich, rote, gelbe oder braune Töne im Silberweiß, zeichnungsloser Hals der Henne, fahle Färbung und Rost im Mantelgefieder.

Goldhalsig
Hahn: Kopf orangerot, Halsbehang goldgelb mit schmalem, schwarzem bis graumeliertem Schaftstrich. Sattelbehang goldgelb mit schwachem oder fehlendem Schaftstrich. Schulterdecken und Rücken sind goldrot. Die Flügeldecken sind goldrot und haben schwarze, breite, metallisch-schwarzgrün glänzende Flügelbinden; Handschwingen schwarz mit schmalen, braunen Außensäumen; Außenfahne der Armschwingen braun, Innenfahne und Spitze schwarz, im zusammengelegten Flügel das braune Flügeldreieck bildend. Brust schwarz, leichte braune Zeichnung zulässig. Schenkel und übriges Gefieder schwarz, die Sicheln mit grünem Glanz. **Gr. F.:** Einfarbiger, dunkler oder strohfarbiger Halsbehang, unreine, scheckige Zeichnung, sichtbarer weißer Flaum am Bauchgefieder, Weiß in den Sichelfedern, viel Weiß in den Schwingen.
Henne: Kopf goldgelb, Halsbehang goldgelb mit schwarzen oder graumelierten Schaftstrichen. Rücken, Schultern und Flügel haben eine lichtbraune Grundfarbe von gleichmäßiger Tönung mit feiner, schwarzer Rieselung und gelbem Kiel. Vom Halsbehang bis zum Schwanz soll jede Feder eine schmale, goldige, gleich breite Säumung zeigen. Brust lachsfarbig bis lachsrot, Bauch und Hinterteil bräunlich aschgrau, Schwanz schwarz mit brauner Zeichnung. **Gr. F.:** Auffallender Rost, Ruß im Gefieder, Weiß in den Schwingen.

1,1 Krüper, schwarz

Krüper

Zuchtidee

Ein stattliches Huhn mit kurzen Läufen und ausgesprochenem Legetyp. Ein Nutzhuhn ersten Ranges mit sehr guter Legeleistung und zutraulichem Wesen. Besonders geeignet für Betriebe mit beschränktem Auslauf.

Was ist zu fordern?

Die Landhuhnform mit kurzen, aber sichtbaren Läufen.

Was ist abzulehnen?

Im Ausstellungskäfig zu lange Läufe, doch ist im Zuchtstamm ein Hahn mit halblangen Läufen wertvoller, da die ganz kurzbeinigen Hähne in der Befruchtung zu wünschen übrig lassen. Außerdem sind Tiere mit anderem als einfachem Kamm grundsätzlich abzulehnen.

Geschichtliches

Lange bevor die Rassegeflügelzucht im heutigen Sinne betrieben wurde, gab es im Bergischen Land und auch in Westfalen zwei grundverschiedene Hühnerrassen, beide mit kurzen Läufen: Die bergischen Krüper mit einem schweren, kastenförmigen Körper und einem großen, zur Seite hängenden Schlotterkamm und die westfälischen Krüper mit einem zierlichen, walzenförmigen Körperbau und einem kleinen, etwas zur Seite neigenden Stehkamm.

Als in den achtziger Jahren des 19. Jahrhunderts der BDRG von jeder Rasse eine Musterbeschreibung anforderte, hatten es die bergischen Krüperzüchter versäumt, eine Musterbeschreibung einzureichen. Für die Folgezeit gab es viel Streitigkeiten: denn stellte ein bergischer Züchter seine Krüper aus, dann fielen diese in der Regel glatt durch. „Minorkakreuzung" lautete gewöhnlich das Urteil der Preisrichter. Nach Gründung der „Vereinigung der Züchter bergischer Hühnerrassen" im Jahre 1916 sollte das Versäumte nachgeholt werden. Der Antrag wurde aber vom Zuchtausschuß abgelehnt. In den nun entbrannten Zeitungskampf griff auch der bekannte Preisrichter und Züchter westfälischer Krüper, Schulz (Hagen) ein. Trotzdem er selbst westfälische Krüper züchtete, trat er doch für die Anerkennung der bergischen Krüper ein, da es sich um zwei grundverschiedene Rassen handelte, die nur die kurzen Läufe als gemeinsames Merkmal hatten. Nun entschloß sich der Zuchtausschuß zu dem salomonischen Urteil: „Es gibt in Zukunft keine bergischen und keine westfälischen Krüper mehr, sondern nur noch Krüper."

Form und Kennzeichen

Hahn

Gewicht: 1,75 bis 2,25 kg.
Kopf: Mittelgroß, mäßig breit, gestreckt.
Schnabel: Kräftig, wenig gebogen.
Augen: Groß, rot bis dunkelbraun.
Kamm: Niedriger Stehkamm, 4 bis 6 regelmäßige Zacken, im Nacken nicht aufliegend, fein im Gewebe.
Ohrscheiben: Mittelgroß, mandelförmig, anliegend, weiß.
Kehllappen: Dünn, mittellang.
Gesicht: Mit haarartigen Federchen besetzt, rot.
Hals: Kurz, gedrungen, durch den vollen, langen Behang nach vorn getragen. **Gr. F.:** Dünner Hals.
Brust: Breit, tief, gut gerundet.
Rumpf: Langgestreckte, gerundete, nur wenig gehobene Walzenform. **Gr. F.:** Kurzer oder schmächtiger Körper.
Bauch: Voll und breit.
Rücken: Lang, breit, im vollbefiederten Sattel nicht schmäler werdend.
Flügel: Groß, breit, fest anliegend.
Schwanz: Groß, voll entwickelt, mäßig geschlossen, im stumpfen Winkel zum Rücken getragen, reich mit breiten Sicheln besetzt, lange Hauptsicheln. **Gr. F.:** Kurzer Schwanz, Eichhornschwanz.
Schenkel: Kurz, im Gefieder versteckt.
Läufe: Kurz. **Gr. F.:** Zu hohe Stellung.

Henne

Gewicht: 1,5 bis 2 kg.
Jahres-Eierleistung: 120–150 weißschalige Eier.
Bruteier-Mindestgewicht: 50 g.
Bruttrieb: Gering.

Lange, volle, gut gerundete Walzenform in waagerechter Haltung mit locker geschlossenem Schwanz. Läufe kurz, sichtbar, der Kamm möglichst aufrechtstehend und mäßig entwickelt, leicht umliegend ist kein Fehler.

Ringgröße: Hahn IV, Henne V.

Farbe und Zeichnung

Schwarz
Hahn und Henne sind schwarz. Das Gefieder soll einen starken, grünen Glanz zeigen, besonders bei mehrjährigen Tieren. Läufe schwarz bis bleifarben, Schnabel dunkelhornfarbig bis schwarz.

Weiß
Hahn und Henne weiß, ebenso Untergefieder, leichter gelber Anflug im Schmuckgefieder des Hahnes zulässig. Läufe und Schnabel sind bläulichweiß bis schieferblau.

Gesperbert
Läufe und Schnabel hellblau, fleischfarbig zugelassen.

Schwarz-Weißgedobbelt
Hahn: Hals- und Sattelbehang silberweiß, jede Feder mit schwarzer Spitze, rußig wirkend, ohne Schaftstrich. Schultern möglichst silberweiß. Flügeldeckfedern weiß mit groben schwarzen Endsäumen, die 2–3 Binden bilden (dreireihige Binden bevorzugt). Außenfahnen der Schwingen weiß mit leichter schwarzer Säumung, Innenfahnen grau. Brust schwarz mit seitlicher weißer Dobbelung, Bauch und Hinterpartie schwarz, Schwanz grünglänzend.
Henne: Rumpfgefieder schwarz mit unregelmäßiger weißer Dobbelung. Hals und Schwanz möglichst reinschwarz. Flügeldreieck grauweiß gesprenkelt. Läufe schieferfarbig, Schnabel entsprechend der Lauffarbe.

Schwarz-Gelbgedobbelt
Wie vorige gezeichnet, jedoch Behänge und Dobbelung goldgelb bis goldbraun. Läufe und Schnabel schieferfarbig.

La Flèche, 1,0 schwarz und 0,1 weiß

La Flèche

Zuchtidee

Mittelschweres, frühreifes Huhn. Trotzdem aber kein eigentliches Masthuhn, sondern gleichermaßen ein gutes Legehuhn.

Was ist zu fordern?

Ein ziemlich hochgestellter Körper, mit voller, fleischiger Brust, geräumiger Hinterpartie und breitem Rücken. Vitalität und Frühreife sind, neben einem außergewöhnlichen Temperament, unbedingt zu beachten. Hörnerkamm.

Was ist abzulehnen?

Ein sogenannter „Schneidertyp", zu niedrig gestellte Tiere oder kurze Stümper. Zu sportlich wirkende La Flèche mit dürftigem Schwanz. Außerdem Tiere, die in Leistung und Gesundheit nicht befriedigen. Grobknochige Tiere sind gleichfalls abzulehnen.

Geschichtliches

Als besondere Feinschmecker stellen die Franzosen schon seit eh und je ganz besonders hohe Ansprüche an das Geflügelfleisch. Die Züchter mußten sich diesen hohen Ansprüchen anpassen, und so züchteten sie ihre Hühnerrassen auf eine gute Fleischqualität. Die führende Stellung unter diesen Rassen nehmen zweifellos die La Flèche ein. Schon seit dem 17. Jahrhundert in der Gegend des Provinzstädtchens

La Flèche im Departement Sarthe systematisch gezüchtet, erhielten sie von dort auch ihren Namen. Ihre Abstammung ist heute nicht mehr genau nachzuweisen. Jedenfalls dürften aber vor allem Polveraras und auch Dorkings zu ihren Ahnen zählen. Zur Erhöhung des Gewichtes kreuzten die Franzosen später noch Kämpfer ein.
Erst um 1860 kamen die La Flèche nach Deutschland. Besonders eifrige Züchter in den rauhen Gegenden des Schwarzwaldes, des Thüringer Waldes und in Sachsen nahmen sich ihrer an, doch waren die Tiere anfangs empfindlich. Erst in den dreißiger Jahren hatten sie sich dann in allen Farbenschlägen verbreitet; in den späteren Jahren aber schrumpften die Bestände wieder rapide ein, und der Krieg gab ihnen dann vollends den Rest. 1951, als man allgemein schon an den endgültigen Untergang der Rasse dachte, konnte man die ersten schwarzen La Flèche wieder in Deutschland sehen. Von Jahr zu Jahr kamen sie dann schöner und zahlreicher zu den Ausstellungen. Von Stuttgart, wo sie zu ihrem zweiten Siegeszug ansetzten, über Frankfurt, Hannover und alle die folgenden Schauen, stehen sie heute in einer noch kaum je gekannten Qualität und Quantität in Deutschland. Die La Flèche sind nach wie vor Vitalitätsspender ersten Ranges, heute um so mehr, als ihnen eine gewisse Wetterhärte angezüchtet worden ist.

Form und Kennzeichen

Hahn

Gewicht: 2,5 bis 3,5 kg (allmählich ist das Gewicht von 3,5 bis 4 kg anzustreben, das vom Mutterland Frankreich für den Europastandard benannt wurde).

Kopf: Mittellang, ziemlich breit, mit geringer Auftreibung, auf der ein kleiner, aus wenigen, schmalen Federchen gebildeter Schopf sitzt. **Gr. F.:** Völliges Fehlen des Federschopfes.

Schnabel: Mittellang, mit aufgeweiteten Nasenlöchern; der Schnabelrücken mit hufeisenförmigem Quersattel, darin eine kleine, unscheinbare Fleischwarze.

Augen: Groß, rotgelb. **Gr. F.:** Ganz helle oder schwärzliche Augen.

Kamm: Aus zwei gleichlangen, walzenförmigen, an den Spitzen abgerundeten Hörnern von 2 bis 3 cm Länge bestehend. Die Hörner müssen senkrecht stehen. **Gr. F.:** Üppiger Kamm mit Auswüchsen oder stark entwickeltem Vorfleisch.

Ohrscheiben: Gestreckt, mandelförmig, reinweiß und von sehr feinem Gewebe. **Gr. F.:** Stark rote Ohrscheiben.

Kehllappen: Breit und lang herabhängend.

Gesicht: Spärlich behaart.

Hals: Kräftig, von reichlicher Länge mit nicht zu langem, anliegendem Behang, im oberen Viertel schön gebogen.

Brust: Breit, vorgewölbt getragen. **Gr. F.:** Flache Brust.

Rumpf: Lang, walzenförmig, breit, aufgerichtet getragen. **Gr. F.:** Schwacher Körper.

Rücken: Breit, lang, mit vollem Sattelbehang.

Bauch: Voll, breit.

Flügel: Lang, kräftig, hoch und fest anliegend getragen.

Schwanz: Langfedrig, mit großen, breiten Haupt- und wesentlich knapperen Ne-

	bensicheln; hochgetragen, bis zum rechten Winkel. **Gr. F.:** Eichhornschwanz, zu flache Schwanzhaltung.
Schenkel:	Lang, kräftig, infolge der straffen Befiederung fast ganz sichtbar.
Läufe:	Lang, kräftig, glatt. **Gr. F.:** Stelziger oder enger Stand, tiefe Stellung.

Henne

Gewicht:	2 bis 3 kg (allmählich ist das Gewicht von 3 bis 3,5 kg anzustreben, das vom Mutterland Frankreich für den Europastandard benannt wurde). Jahres-Eierleistung: Im 1. Jahr etwa 170 weiße Eier, oft auch mit einem rosa Hauch. Bruteier-Mindestgewicht: 60 g (allmählich ist das Gewicht von 65–75 g anzustreben, das vom Mutterland Frankreich für den Europastandard benannt wurde.) Bruttrieb: Selten.

Die Henne unterscheidet sich außer den geschlechtsbedingten Merkmalen vom Hahn durch den ein wenig tieferen, mehr waagerecht getragenen Rumpf mit breitgewölbter Brust, vollem, breitem Bauch und geschlossenem, ein wenig flacher getragenem Schwanz; die Schenkel treten wegen der volleren Befiederung etwas weniger hervor als beim Hahn; die Läufe sind gut mittellang und feinknochig. Die Kammhörner sind 1–2 cm lang. **Gr. F.:** Zu wenig ausgeprägte Bauchpartie.

Ringgröße: Hahn III, Henne IV.

Farbe und Zeichnung

Schwarz
Schwarz mit tiefgrünem Glanz. Schnabel grauschwarz mit etwas hellerer Spitze; Läufe in der Jugend dunkelschieferfarbig, bei mehrjährigen Tieren bleigrau. **Gr. F.:** Glanzloses Gefieder, Schilf, Rost.

Weiß
Reinweiß, Schnabel und Läufe fleischfarbig, auch schiefergrau gestattet. **Gr. F.:** Zahlreiche andersfarbige Federn.

Gesperbert
Jeder Feder in mehrfachem Wechsel von Schwarz mit Blaugrau leicht bogig quer gebändert. Beim Hahn in gleicher Breite; bei der Henne sind die dunklen Federteile etwas breiter als die hellen. Die Zeichnung ist nicht scharf, das Untergefieder nur schwach gezeichnet. Schnabel und Läufe fleischfarbig, leicht gefleckt zulässig. **Gr. F.:** Mangelhafte Sperberung, Schilf, Rost.

Blau
In Anlehnung an die Andalusierfarbe; Schnabel und Läufe blaugrau. Der Hahn ist etwas dunkler als die Henne. Schnabel dunkelhornfarbig, Läufe schieferblau. **Gr. F.:** Stark fleckige Farbe, Schilf, Rost.

Perlgrau

Bei Hahn und Henne einheitlich, sehr zarter hellgrauer Farbton. **Gr. F.:** Säumung, Ruß, Rost und Schilf.

1,1 Lakenfelder

Lakenfelder

Zuchtidee

Das Lakenfelder Huhn – dieses mittelgroße, robuste Huhn mit gestreckter Landhuhnform und reichem, weichem, doch fest anliegendem Gefieder mit seiner Kontrastwirkung, der weißen Grundfärbung, dem samtschwarzen Halsbehang und dem schwarzen, grünschillernden Schwanz – zählt unstreitig zu den farbenprächtigsten aller deutschen Rassen. Bei unbeschränktem Auslauf sind die Lakenfelder eifrige, unermüdliche Futtersucher, die auch wirtschaftlich befriedigen.

Was ist zu fordern?

Robustheit, Gesundheit, Form, Farbe, exakte Zeichnung, Anmut und Schönheit durch intensive Durchzüchtung, d. h. durch Ausmerzung aller Lebensschwachen und Leistungsuntüchtigen, Auslese der Starken, rechte Wahl der Zuchtpartner, Ausrichtung der Zucht auf wirtschaftliche Gegenwartsfragen. Die Lakenfelder sind eine anmutige Erscheinung mit lebhaftem Temperament.

Was ist abzulehnen?

Tiere mit kleiner Figur, knappem Gefieder und Sprenkelzeichnung. Hoher Kamm bei Hahn und Henne.

Geschichtliches

Die Lakenfelder existieren als Rasse schon mehr als 150 Jahre. Ihre Heimat ist Westfalen. Um 1840 wurden sie in Westfalen und Hannover viel gezüchtet und sind auch

seit langer Zeit in Holland vorhanden. Ursprünglich verpaarte man Tiere einer Sprenkelrasse, der sogenannten Sottegams oder Sotteghams, die viel Schwarz im Hals und wenig Sprenkel im Rumpfgefieder zeigten, miteinander und verdrängte mit der Zeit alles sichtbare Schwarze möglichst rein nach den Enden zu und schuf ein weißes Mittelfeld. Die heute mitunter bei Hennen wieder zum Vorschein kommende unerwünschte Sprenkelzeichnung ist das sichtbare Ahnenerbe der Sottegams.
Der Name Lakenfelder läßt sich aus der Färbung erklären: Man leitet im allgemeinen die Beziehung davon ab, daß das Huhn aussehe, als ob ein weißes „Laken" über ein schwarzes „Feld" gelegt wäre. So jedenfalls deutete es auch Rektor Bockelmann aus Melle (1860), der sich um die Zucht und Verbreitung der Lakenfelder besonders verdient gemacht hat. Nach den Jahren großer Ausbreitung folgte auch bei den Lakenfeldern ein Rückgang, der allerdings weniger auf Fehlschläge in wirtschaftlicher Hinsicht als vielmehr auf die große Anzahl der neu auftretenden ausländischen Rassen zurückzuführen ist. Nur wenigen unentwegten Idealisten, wie Hunkenschröder, Siegel, Böckmann, Bauernfeind u. a., ist es zu verdanken, daß diese Rasse erhalten blieb. Erfreulicherweise finden in der letzten Zeit immer mehr Liebhaber an dieser alten deutschen Landhuhnrasse Gefallen.

Form und Kennzeichen

Hahn

Gewicht:	1,75 bis 2,25 kg.
Kopf:	Mittelgroß, mäßig breit, etwas länglich.
Schnabel:	Mäßig stark, blaugrau.
Augen:	Groß, braunrot.
Kamm:	Mittelhoher Stehkamm, gleichmäßig und nicht zu tief gezackt, fein im Gewebe, Fahne freistehend.
Ohrscheiben:	Klein, oval. weiß, roter Rand, besonders bei Alttieren, zulässig. **Gr. F.:** Rote Ohrscheiben.
Kehllappen:	Mittellang, gut gerundet, fein im Gewebe.
Gesicht:	Rot, unbefiedert.
Hals:	Mittellang, mit vollem, weit herabreichendem Behang.
Brust:	Voll, gut gerundet.
Rumpf:	Gestreckte, gut entwickelte, gerundete Rechteckform. **Gr. F.:** Zu kleiner Körper.
Bauch:	Voll, breit, gut entwickelt.
Rücken:	Mittellang, gleichbleibend breit, voller Sattel, kaum abfallend getragen.
Flügel:	Lang, kräftig, fest anliegend.
Schwanz:	Lang, breit im Ansatz; breite Steuer- und Sichelfedern; hoch, jedoch nicht steil getragen. **Gr. F.:** Eichhornschwanz.
Schenkel:	Wenig sichtbar, straff befiedert.
Läufe:	Mittellang, glatt, schieferblau.
Gefieder:	Straff anliegend, dennoch weich in der Struktur, ohne Kissenbildung.

Henne

Gewicht:	1,5 bis 2 kg.
	Jahres-Eierleistung: zirka 200 weißschalige Eier.

Bruteier-Mindestgewicht: 50 g.
Bruttrieb: Kaum vorhanden.

Die Henne entspricht dem Hahn bis auf die geschlechtlich bedingten Unterschiede: Fast waagerechte Haltung; volle Brust und gut entwickelter Bauch; breit im Schwanzansatz; im Stand etwas tiefer und in der Schwanzhaltung etwas flacher als der Hahn; kleiner Stehkamm, zur Seite neigende Fahne zulässig.

Ringgröße: Hahn V, Henne VI.

Farbe und Zeichnung

Grundsatz: Gleich saubere Zeichnung beider Geschlechter, aber kontrastreiche Farbgebung.
Hahn: Rumpfgefieder weiß. Kopf, Halsbehang und Schwanz tiefsamtschwarz, in den unteren Nebensicheln weiße Säumung gestattet. Sattelbehang weiß mit feinen, schwarzen Schaftstrichen. Schwingen mit weißen Außen- und schwarzen bis schwarzgrauen Innenfahnen. Leichte Bindenzeichnung gestattet. Untergefieder grau.
Henne: Rumpfgefieder weiß. Halsbehang schwarz, nach dem Kopf zu leichte, weiße Säumung zulässig. Außenfahnen der Schwingen weiß, Innenfahnen schwarz bis schwarzgrau. Steuerfedern schwarz. Schwanzdeckfedern schwarz mit weißem Saum. Untergefieder grau. **Gr. F.:** Schmaler, kleiner Körper; Dreieckform; grobknochig; Eichhornschwanz; dürftiger, schmalfedriger Schwanz; knappes Gefieder; stark rot durchsetzte Ohrscheiben; starke schwarze Sprenkelung im Mantelgefieder; stark gelber Anflug; weiße oder braune Federn in den Behängen; zu geringe schwarze Halszeichnung; starker Rost im Sattel; rein weißer oder viel zu schwarzer Sattelbehang der Hähne; viel Weiß im Schwanz.

1,1 Leghorn

Leghorn

Zuchtidee

Ein mittelgroßes, frühreifes, ausgesprochenes Wirtschaftshuhn. In allen Teilen gut ausgerundeter Körper – nicht zu leicht und nicht zu schwer –, der hohe Legeleistungen gewährleistet; gute Verwertbarkeit des Fleisches. Lebhaftes Temperament, frühreif und leicht aufziehbar. Gute Futterverwerter. Nichtbrüter, Eier kunstbrutfest, hohe mehrjährige Legeleistung.

Was ist zu fordern?

Volle, typische Form des mittelhoch und breitgestellten Huhnes. Feiner, edler Kopf mit lebhaften, intensiv rot leuchtenden Augen; waagerechte Körperhaltung, gut proportioniert, tief angesetzte, breite, gut hervortretende volle Brust, kräftige Schulterpartie, feinknochig, dabei aber kräftig. Schenkel mittellang, kräftig und gut sichtbar.

Was ist abzulehnen?

Eckige, kurze, klobige oder schmale, dünne Tiere mit wenig entwickeltem oder zähem Legebauch, grobe Kopfpunkte und dürftige Schwänze. Alle in der Körperachse abfallenden Tiere mit schmalem, spitzem Schwanz und Hinterteil sowie zu schmale und weiche Feder.

Geschichtliches

Die weißen Leghorn sind eine amerikanische Züchtung. Als Ausgangstiere wurden weiße italienische Landhühner benutzt. Das einzige Zuchtziel war höchste Legeleistung. 1853 kann als Geburtsjahr der Leghorn angesehen werden. 1870 gelangten die ersten Tiere nach England, wo sie, mit Minorka gekreuzt, zu verhältnismäßig schweren Tieren gezüchtet wurden. Schon vor dem ersten Weltkrieg kamen die ersten amerikanischen Tiere nach Deutschland, aber erst nach 1918 vollzog sich die ungeahnte Verbreitung dieser Rasse. 1947 wurde in Deutschland unter dem Vorsitz von Emil Hesse der Sonderverein für die Westzone gegründet, 1955 dank seiner Initiative der internationale Standard – für die deutschen Züchter schon vorher maßgebend – anerkannt. Heute wird in engster Anlehnung an den amerikanischen standard of perfection gezüchtet und gerichtet.

Form und Kennzeichen

Hahn

Gewicht: 2 bis 2,7 kg.

Kopf: Länglich, ziemlich klein, schnittig. **Gr. F.:** Grober Kopf.

Schnabel: Kurz, kräftig, fein gebogen, rein gelb. **Gr. F.:** Weißer Schnabel.

Augen: Groß, lebhaft, hervortretend, rot.

Kamm: Einfacher, mittelgroßer, gleichmäßig gezackter Stehkamm, 5 Zacken, Kammfahne nicht der Nackenlinie folgend, feines Gewebe, ohne Falten und Runzeln. **Gr. F.:** Großer, hinten aufliegender Kamm, über die Schnabelspitze hinausragender Kamm.

Ohrscheiben: Rundoval, mittelgroß, glatt anliegend, emailleweiß bis cremefarbig.

Kehllappen: Mittellang, oval, von gleicher Länge, ohne Runzeln und Falten, feines Gewebe.

Gesicht: Rot, ohne jede Spur von Weiß oder Schimmel, feinhäutig, frei von Federn und Falten.

Hals: Mäßig lang, aufrecht, mit reichem Nackenbehang.

Brust: Tief angesetzt, gut hervortretend, voll und breit.

Rumpf: Waagerechte Körperhaltung, ziemlich tief, in allen Teilen gut ausgerundet. **Gr. F.:** Eckige, kurze, klobige oder schmale, dünne Form.

Schultern: Breit und kräftig.

Rücken: Mittellang, leicht hohl, ohne jeden Winkel in den reich befiederten Schwanz übergehend, tiefster Punkt über den Läufen. **Gr. F.:** Zu langer, stark abfallender Rücken.

Sattel: Breit, ansteigend, ausgerundet und ohne jeden Winkel.

Flügel: Groß, lang, mit breiten Schwingen, waagerecht getragen, fest am Körper anliegend.

Bauch: Voll, mit reicher Flaumbefiederung. **Gr. F.:** Wenig entwickelter Bauch.

Schwanz: Groß, breit gefächert, ziemlich hoch getragen, Steuerfedern und Hauptsicheln lang und breit, viele gut ausfüllende Nebensicheln. **Gr. F.:** Spitzer Schwanz, Steilschwanz.

Schenkel: Mittellang, kräftig, gut sichtbar.

Läufe und Zehen: Feinknochig, rund, mittellang, gerade, glatt, unbefiedert, gelb, Zehen gut gespreizt. **Gr. F.:** Federn oder Stoppeln an den Läufen und Zehen, weiße Läufe.

Gefieder: Breite Federn, glänzend, straff anliegend.

Stellung: Breit, mittelhoch. **Gr. F.:** Enge oder zu hohe Stellung.

Henne

Gewicht: 1,7 bis 2,2 kg.
Jahres-Eierleistung: Im 1. Jahr 240–260, im 2. Jahr 160-200, im 3. Jahr noch 160 weißschalige Eier.
Bruteier-Mindestgewicht: 55 g.
Nichtbrüter.

Sie gleicht dem Hahn bis auf die durch das Geschlecht bedingten Unterschiede; dabei ist sie geräumig und breit im Rumpf mit vollem, weichem Bauch und mittellangem, nahezu waagerechtem, gut ausgerundetem Rücken. Der breit angesetzte, lange, gut gefächerte Schwanz wird ziemlich hoch getragen. Der mittelgroße Kamm steht vorne einschließlich der ersten Zacke aufrecht, legt sich dann, ohne die Sicht zu behindern, nach einer Seite um; er ist fein im Gewebe, ohne Falten und Auswüchse. Bei legenden Hennen ist eine blassere Farbe des Schnabels und der Läufe zulässig. **Gr. F.:** Sporen (Ausschluß), Steh- oder Wickelkamm.

Ringgröße: Hahn IV, Henne V.

Farbe und Zeichnung

Weiß

Hahn und Henne: Rein silberweißes Gefieder. Fahne, Schaft und Flaum der Feder in allen Teilen reinweiß ohne gelben Anflug, Läufe und Schnabel gelb. **Gr. F.:** Stark gelbe Gefiederfarbe.

Lütticher Kämpfer, 1,1 birkenfarbig

Lütticher Kämpfer

Zuchtidee

Ausgesprochenes Kampfhuhn von beachtlicher Größe und Muskulatur, mit stolzer, aufgereckter Haltung, sehr breiten Schultern, starken Knochen und hartem Gefieder, finsterem Gesichtsausdruck und einem sehr streitsüchtigen Charakter.

Was ist zu fordern?

Kämpfercharakter und -eigenschaften wie Vitalität und Lebenskraft; Kampfkraft muß erhalten bleiben; kräftiges Knochengerüst mit starken Läufen und langen Zehen, harte Feder, herausfordernder Blick, Einfachkamm, schräg abfallender Rücken.

Was ist abzulehnen?

Mangel an Größe und Breite, tiefer Stand, zu wenig dunkles Pigment, hellrote Kopfteile wie denn alle Merkmale und Eigenschaften, die den Kämpfercharakter des Huhnes verfälschen.

Geschichtliches

Die Rasse war Ende des 19. Jahrhunderts in der Provinz Lüttich aus Brügger und anderen Kämpfern entstanden, mit deren Hilfe die Land- und Arbeiterbevölkerung ihrer Wettleidenschaft durch den Kampfhuhnsport frönte. Das Huhn wurde ausschließlich für diesen Sport gezüchtet. Auf Form und Farbe wird daher seit jeher kein Wert gelegt.

Form und Kennzeichen

Hahn

Gewicht:	4 bis 5 kg.
Kopf:	Kräftig, breiter, starker Schädel, stark vorgewölbte Augenbrauen. **Gr. F.:** Hellrote Kopfteile.
Schnabel:	Kräftig, gebogen, dunkelhornfarbig. **Gr. F.:** Gelbes Pigment.
Augen:	Hochsitzend, nicht hervortretend, herausfordernd blickend, dunkel. **Gr. F.:** Weiße oder hellgelbe Augen.
Kamm:	Einfach, dunkel- bis schwarzrot. **Gr. F.:** Anderer als Einfachkamm.
Ohrlappen:	Klein, purpurrot. **Gr. F.:** Weiß in den Ohrlappen.
Kehllappen:	Wenig entwickelt, purpurrot.
Hals:	Lang, stark, senkrecht getragen, mit langem, schmalfedrigem, bis auf die Schultern reichendem Behang.
Brust:	Breit, kaum vorgewölbt, Brustbein lang, stark bemuskelt.
Rumpf:	Groß, breitschultrig, gestreckt. **Gr. F.:** Mangel an Größe und Breite.
Rücken:	Lang, breit, schräg abfallend, mit langem, schmalem Sattelbehang. **Gr. F.:** Waagerecht getragener Rücken.
Bauch:	Angezogen, knapp befiedert.
Flügel:	Lang, anliegend getragen.
Schwanz:	Ziemlich lang, gut besichelt, etwas offen und zum schräg abfallenden Rücken winklig getragen. **Gr. F.:** Flach getragener Schwanz.
Schenkel:	Lang, hervortretend, kräftig. **Gr. F.:** Tiefer Stand.
Läufe:	Lang, starkknochig, gerade nebeneinanderstehend, blau (möglichst dunkles Blau); gut entwickelte Sporen, Doppelsporn gilt als Vorzug. **Gr. F.:** Dünne Läufe, zu helle Lauffarbe, gelbes Pigment.
Zehen:	Lang, mit starken Krallen, Hinterzehen fest aufsetzend.
Gefieder:	Hart. **Gr. F.:** Weiche Feder.

Henne

Gewicht:	3,5 bis 4 kg. Bruteier-Mindestgewicht: 55 g. Schalenfarbe: Gelb oder weiß.

Entspricht dem Hahn bis auf die geschlechtsbedingten Unterschiede: etwas flachere Körperhaltung. Der Einfachkamm darf umliegen, doch wird der Stehkamm bevorzugt. Sporenbildung gilt als Vorzug.

Ringgröße: Hahn I, Henne II.

Farbe und Zeichnung

Anerkannt sind die Farbenschläge Blau, gesäumt oder ungesäumt, Blau-Birkenfarbig, Blau-Rot, Blau-Silberhalsig mit Orangerücken, Birkenfarbig, Orangebrüstig, Goldhalsig, Silberhalsig mit Orangerücken, Schwarz und Weiß, Schwarz-Rot. Doch gilt auch hier wie beim Brügger Kämpfer: Das Zuchtziel ist wesentlich noch auf Größe, Masse, Form und Vitalität zu richten. Erst bei größerer Zuchtbasis ist auch der

Farbe und Zeichnung mehr Beachtung zu schenken. Vorerst ist die Farbe noch von untergeordneter Bedeutung, doch muß die Zugehörigkeit zum gemeldeten Farbenschlag deutlich zu erkennen sein.

1,1 Madras-Kämpfer

Madras-Kämpfer

Zuchtidee

Ein reichlich mittelgroßes, starkknochiges, dabei aber sehr bewegliches Kampfhuhn mit ausgesprochen kämpferischem Charakter, dem Pfleger gegenüber aber zutraulich.

Was ist zu fordern?

Ausgesprochener Kampfhuhntyp, gute Bemuskelung, knappes Gefieder.

Was ist abzulehnen?

Alles Typfremde, mangelnde Kampflust, fehlende Vitalität, schwacher Körperbau, schmaler Rumpf, schmale Schultern, zu hohe Stellung.

Geschichtliches

Madras-Kämpfer wurden wahrscheinlich in der Gegend von Madras in Indien aus Asilbeständen erzüchtet. Sie haben viel Gemeinsames mit den in der Bundesrepublik mittlerweile wieder aberkannten Vietnamesischen Kämpfern. Nach der deutschen Wiedervereinigung fanden sie als in der ehemaligen DDR anerkannte Rasse Einzug in unseren Standard. Mittlerweile wurden Indische Kämpfer, denen die Rasse Masse und Breite zu verdanken hat, und Shamo-Kämpfer eingekreuzt, die Körpergröße und aufgerichtete Haltung brachten.

Form und Kennzeichen

Hahn

Gewicht:	3 bis 3,5 kg.
Kopf:	Greifvogelartig, mit breiter Stirn, ausgeprägten Augenbrauen und abgesetztem Genick. **Gr. F.:** Schmaler, langer Kopf.
Schnabel:	Mittellang und kräftig, leicht gebogen.
Augen:	Tiefliegend, perlfarbig.
Kamm:	Wenig entwickelter, kurzer, festaufsitzender Erbsenkamm.
Ohrlappen:	Dunkelrot.
Kehllappen:	Nur wenig entwickelt, dunkelrote, nackte, mit wenigen Borstenfedern besetzte Kehlhaut.
Hals:	Mittellang, knapp befiedert.
Brust:	Breit und gut bemuskelt.
Rumpf:	Knapp mittellang und sehr breit. **Gr. F.:** Schwacher Körper, schwache Bemuskelung, schmaler Rumpf.
Bauch:	Wenig entwickelt.
Rücken:	Abfallend, breit.
Schultern:	Breit, gut abgesetzt. **Gr. F.:** Schmale Schultern.
Flügel:	Kräftig, straff angezogen getragen.
Schwanz:	Kurz, fast waagerecht getragen, mit schmalen Sicheln. **Gr. F.:** Steile Schwanzhaltung.
Schenkel:	Sehr muskulös, breitstehend.
Läufe:	Mittelhoch, kräftig, mit starken Sporen, gelb. **Gr. F.:** Zu hohe Beinstellung.
Gefieder:	Kurz, knapp und anliegend; der Halsbehang darf die markante Schulter nicht bedecken.

Henne

Gewicht:	2,5 bis 3 kg. Bruteier-Mindestgewicht: 50 g.

Die Henne entspricht dem Hahn bis auf die geschlechtsbedingten Unterschiede.

Ringgröße: Hahn II, Henne III.

Farbe und Zeichnung

Die Farbe ist bei der Bewertung von untergeordneter Bedeutung.

Wildfarbig

Schwarzbrauner Kopf, Hals und Sattel rotbraun mit schwarzem Schaftstrich, Schultern und Rücken dunkelbraun, Handschwingen schwarz, Armschwingen Innenseite schwarz, außen braun, das Flügeldreieck bildend, größere Flügeldeckfedern (Binden) und Schwanz grünglänzend schwarz: Brust, Bauch und Schenkel schwarz.

Henne: Schwarzer Kopf, schwarzer Hals mit schmalen rotbraunen Säumungen. Mantelgefieder braun mit ganz dichter, grünglänzender schwarzer Rieselung ohne schwarze Säumung, im Mantelgefieder hat jede Feder einen hellen Nervstrich; Brust kastanienbraun mit seitlich dunkler Pfefferung; Schenkel und Bauch grauschwarz; Schwanzfedern schwarz.

Weizenfarbig
Hahn: Kopf-, Hals- und Sattelbehang goldig-braunrot, brauner Rücken, rote Schulterdecken, die größeren Flügeldeckfedern (Binden) bilden ein breites, schwarzes, glänzendes Querband; Schwingen sind an der Außenfahne braunrot; Vorderhals, Brust, Bauch, Schenkel und Schwanz schwarz mit grünem Glanz.
Henne: Kopf und Halsbehang braunrot, teils mit schwarzem Schaftstrich; Rücken, Sattel, Schwanzdeckfedern, Flügel, Schenkel und Bauch rötlich gelb; Vorderhals und Brust mattgelb, dabei sind die Federn der Brustseiten mit rötlichem Rand und hellem Federschaft; Schwanzfedern und auch die Schwingen schwarz mit bräunlich gezeichnetem Rand.

Blaubunt
Hahn: Blaugraue Grundfarbe, Hals, Schulter und Sattel orangegelb bis rot.
Henne: Die Hennen sind meist von feiner Weizenfarbe bis zimtfarbig. Zum Teil geht die Hennenfärbung manchmal in Silbergrau über mit starker möglichst blauer Rieselung und Schaftstrichzeichnung.

Weiß-Rot:
Hahn: Grundfarbe unsauberes, verwaschenes Weiß mit dunklen Federn durchsetzt; Schulter-, Hals- und Sattelbehang leuchtend orangerot mit Weiß durchsetzt.
Henne: Eine Mischfarbe von Weizenfarbig und Weiß.

1,1 Malaien, weizenfarbig

Malaien

Zuchtidee

Ein sehr großer, sehr muskulöser, sehr hochgestellter Kämpfertyp mit hochgereckter, stolzer Haltung, greifvogelartigem Kopf und finsterem Blick. Das Gefieder kurz, knapp und dicht anliegend.

Was ist zu fordern?

Der S-förmig gebogene Hals, der gewölbte Rücken und der Schwanz bilden in ihren oberen Begrenzungslinien drei Bögen, die besonders beim Hahn deutlich hervortreten müssen (Dreibogenlinie). Form geht vor Farbe. Das 70–80 cm große Kampfhuhn ist kampflustig, kühn und entschlossen im Charakter.

Was ist abzulehnen?

Alles, was dem uralten Kämpfertyp nicht entspricht, wie Landhuhntyp, geringe Größe, geringe Standhöhe und weiches Gefieder.

Geschichtliches

Uralte Kämpferrasse des malaiischen Archipels und der indischen Küstengebiete. Im ersten Drittel des 19. Jahrhunderts nach England und den Niederlanden eingeführt. Nach dem Verbot der Hahnenkämpfe in England für Ausstellungszwecke gezüchtet. Seit Mitte des 19. Jahrhunderts in Deutschland gezüchtet und zum heutigen Ausstellungstyp verfeinert.
Das Erbgut der Malaien lebt in vielen jüngeren Rassen und hat die Festigung der Schlagzucht erst ermöglicht. Der Malaie ist ein reines Sporthuhn.

Form und Kennzeichen

Hahn

Gewicht: 3,5 bis 4,5 kg.

Kopf: Mäßig lang, sehr breit, mit tiefliegenden Augen und stark hervortretenden Augenbrauen; der Schädel setzt sich im Genick stark ab. **Gr. F.:** Langer, schmaler Kopf.

Schnabel: Stark, mit weiter Spalte, gekrümmt, gelb oder hornfarbig. **Gr. F.:** Dünner Schnabel.

Augen: Perlfarbig bis gelblich, mit finsterem Ausdruck. Bei Jungtieren gelb bis orangefarbig zugelassen. **Gr. F.:** Rote Augen.

Kamm: Kleiner, breiter Wulstkamm, einer halben Walnuß gleichend, frei von Auswüchsen, auf dem hinteren Schnabel und der Stirn sitzend. **Gr. F.:** Anderer als Wulstkamm.

Ohrlappen: Rot, sehr klein.

Kehllappen: Nur angedeutet, an der Kehle nackte rote Haut, die sich bis zum Oberhals hinzieht (Wamme).

Hals: Lang, aufrecht getragen, mit ganz kurzem, spärlichem Behang, der die Schultern nicht erreichen darf; der Hals ist unmittelbar hinter dem Kopf dicker und verjüngt sich etwas nach unten. **Gr. F.:** Kurzer Hals.

Brust: Breit, rund, jedoch nur schwach gewölbt, mit Hals und Schenkeln annähernd eine gerade Linie bildend. Das nackte Brustbein tritt bei rassigen Tieren etwas hervor.

Rumpf: Ausgesprochen breit, mit nach oben gebogener Rückenlinie; eckig vorstehende, sehr hochgezogene Schultern; nach hinten sich eiförmig stark verjüngend; fast senkrecht getragen; mit sehr spärlichem Gefieder bedeckt, so daß die rötliche Haut an einzelnen Stellen durchschimmert. **Gr. F.:** Flache Schultern, geringe Höhe, weiche Formen und fehlende Größe.

Bauch: Wenig entwickelt.

Rücken: Breit, lang, gewölbt, mit sehr kurzem, spärlichem Sattelbehang. **Gr. F.:** Waagerechter Rücken.

Flügel: Kurz, breit, vorne hochgezogen, dicht anliegend.

Schwanz: Schmal, von mäßiger Länge, etwas gesenkt getragen, nur mäßig gebogene Sicheln. **Gr. F.:** Hochgetragener Schwanz.

Schenkel: Lang, muskulös und sich deutlich vom Körper abhebend. Sehr knappe Befiederung. **Gr. F.:** Nicht vortretende Schenkel.

Läufe: Lang, kräftig, doch nicht zu grob geschuppt, tiefgelb, bei Schwarzen und Wildfarbigen weidengrüne Läufe zugelassen, mit starken, scharfen Sporen, die Hinterzehe fest aufgesetzt. **Gr. F.:** Dünne Beine.

Gefieder: **Gr. F.:** Langes, weiches Gefieder.

Henne

Gewicht: 2,5 bis 3,5 kg.
Jahres-Eierleistung: 100 bräunliche oder gelbe Eier.
Bruteier-Mindestgewicht: 50 g.

Sie entspricht dem Hahn bis auf die geschlechtsbedingten Unterschiede, sollte aber etwas weniger groß sein. In der Haltung ist sie etwas flacher als der Hahn. **Gr. F.:** Zu geringe Standhöhe, zu kurz im Hals.

Ringgröße: Hahn I, Henne II.

Farbe und Zeichnung

Wenn auch, wie bei allen großen Kämpferrassen, die Farbe von untergeordneter Bedeutung ist, so sollte doch auf Farbreinheit bei den hauptsächlichsten Merkmalen geachtet werden. **Gr. F.:** Schwere Farbfehler des Gefieders.

Weizenfarbig
Hahn: Kopf-, Hals- und Sattelbehang goldigbraunrot, brauner Rücken, rote Schulterdecken. Die großen Flügeldecken bilden ein breites, schwarzes, glänzendes Querband. Die Schwingen sind an der Außenfahne braunrot, teils mit schwarzem Schaftstrich. Vorderhals, Brust, Bauch, Schenkel und Schwanz schwarz mit grünem Glanz.
Henne: Kopf und Halsbehang braunrot, teils mit schwarzem Schaftstrich. Rücken, Bürzel, Schwanzdeckfedern, Flügel, Schenkel und Bauch semmel- bis rötlichgelb. Vorderhals und Brust mattgelb, die Federn der Brustseiten mit rötlichem Rand und hellem Federschaft; Hinterteil rostgelb. Schwanzfedern und Schwingen schwarz mit bräunlich gepfeffertem Rand.

Fasanenbraun
Der Hahn gleicht dem weizenfarbigen Hahn, nur sind Rücken, Schulterdecken und Behang etwas dunkler, der Behang manchmal fast schwarz. Die Henne ebenfalls mit möglichst dunklem Hals, übriges Gefieder mehr mahagonibraun mit schwarzer Zeichnung.

Wildfarbig
Hahn: Kopf-, Hals- und Sattelbehang braunrot mit schwarzer Schaftstrichzeichnung, Schultern und Rücken dunkelrotbraun, Handschwingen schwarz mit braunem Außensaum, Armschwingen Innenseite schwarz, Außenseite braun, das Flügeldreieck bildend. Flügelbinden schwarz, Brust, Bauch und Schenkel schwarz.
Henne: Kopf und Halsgefieder goldbraun, Halsbehang mit Säumung, Mantelfarbe rotbraun mit Rieselung, mit und ohne Säumung, hellbraune Nervzeichnung, Brustfar-

be goldbraun, Schwingen innen fast schwarz, außen braun, Schwanz schwarzbraun, Untergefieder dunkelgrau.

Porzellanfarbig
Das Untergefieder ist dunkel, der sichtbare Teil der Feder rotbraun mit großer, schwarzer Tupfe und weißer Perlenzeichnung. Bei beiden Geschlechtern zwei weißgeperlte Binden über den Flügeln.

Weiß
Bei den Hähnen macht sich meist gelblicher Anflug im Behang bemerkbar, der bei der Seltenheit des Schlages mild zu beurteilen ist.

Schwarz
Reines Schwarz ohne andersfarbige Federn.

Gesperbert
Jede Feder in mehrfachem Wechsel von Schwarz und Lichtblau leicht bogig quer gebändert; beim Hahn in gleicher Breite, bei der Henne sind die dunklen Federteile etwas breiter als die hellen. Die Zeichnung ist nicht scharf, das Untergefieder nur schwach gezeichnet. Etwas dunkel angelaufene Lauffarbe bei Hennen ist milde zu beurteilen.

Rotgesattelt
Entsprechen den Modernen Englischen Kämpfern. Sind in Farbe und Zeichnung nachsichtig zu beurteilen, müssen aber in den Rassemerkmalen höheren Ansprüchen genügen.

Mechelner, 0,1 weiß und 1,0 gesperbert

Mechelner

Zuchtidee

Stattliches und kräftiges, erstklassiges Tafelhuhn von bester Fleischqualität und zarter weißer Haut. Gute Winterleger von großen cremefarbigen Eiern. Sehr abgehärtet und genügsam, leicht mastfähig. Bestens geeignet zur Erzielung von Kapaunen und Poularden. Stolze Haltung, ruhiges Temperament und zutraulich.

Was ist zu fordern?

Das Mechelner Huhn soll als schweres Zwiehuhn nach beiden Richtungen hin gute Leistungen aufweisen. D. h. alle wirtschaftlich wertvollen Teile des Körpers (Rumpf) sollen stark ausgebildet sein, dagegen treten die weniger wertvollen Teile wie Kopf, Beine, Flügel und Schwanz in ihrer Bedeutung zurück. Die Mastfähigkeit ist durch starke Frohwüchsigkeit und beste Futterverwertung von selbst gegeben; es soll aber zugleich auf hohe Eierleistung gezüchtet werden. Es ist gleichfalls auf gute, waagerechte Körperform sowie auf gute Sperberung Wert zu legen.

Was ist abzulehnen?

Leichter, schmaler oder dreieckiger Körper, übermäßig starke Fußbefiederung mit stulpigen Schenkeln (Cochin), zu knapp anliegendes Gefieder mit geschlossener oder zu stark ansteigender Schwanzpartie. Grünliche oder braune Zeichnung im Gefieder wie z. B. bei den Blausperbern, dunkle Beinfarbe.

Geschichtliches

Ursprungsland der Rasse ist Belgien. In der Gegend um Mecheln wurde sie erzüchtet. Nach alten Schriften sollen die Mechelner aus einer Vermischung des Blutes von hellen Brahma mit Grammont, einem untergegangenen großen Schlag der Campiner, hervorgegangen sein. Aber auch der große „Blaue Brügger Kämpfer“ soll mit der Stammvater dieser Rasse gewesen sein. Um 1900 kam das Huhn nach Deutschland. Im Jahre 1905 wurde die bis heute noch unveränderte Musterbeschreibung festgelegt.

Form und Kennzeichen

Hahn

Gewicht:	4 bis 4,5 kg.
Kopf:	Klein, breit.
Schnabel:	Stark, hornfarbig, so hell wie möglich.
Augen:	Orangerot.
Kamm:	Einfach, mittelgroß, regelmäßig, aber nicht übermäßig tief gezackt.
Kehllappen:	Mittelgroß, rund.
Ohrlappen:	Rot, schmal, länglich rund, feinhäutig. **Gr. F.:** Weiße Ohrlappen.
Gesicht:	Rot.
Hals:	Stark, mit vollem, bis auf die Schultern reichendem Halsbehang.
Rumpf:	Groß, breit und tief, Rechteckschnitt, waagerecht getragen. **Gr. F.:** Leichter, schmaler, dreieckiger oder hochgeschossener Rumpf.
Bauch:	Voll ausladend, mit reichem Flaum besetzt.
Rücken:	Breit in den voll entwickelten Schultern, möglichst gerade und ziemlich lang. **Gr. F.:** Kurzer, hohlrunder Rücken.
Brust:	Tief, breit und voll, mit starkem Fleischansatz. **Gr. F.:** Flache, hochgetragene Brust.
Flügel:	Klein, fest anliegend getragen.
Schwanz:	Klein, möglichst flach und breit getragen; Steuerfedern und Sicheln kurz, letztere gut gebogen, reiche Nebenbesichelung.
Schenkel:	Mittellang und stark, fleischig, ohne Stulpen.
Läufe:	Mittellang, hellfleischfarben; an der Außenseite leicht mit Federn besetzt, die sich bis auf die äußere Zehe erstrecken. Die Zehen sind mittelgroß und gerade, gut gespreizt.

Henne

Gewicht:	3 bis 3,5 kg.
	Jahres-Eierleistung: 150 bis 200 cremefarbige Eier.
	Bruteier-Mindestgewicht: 53 g.
	Bruttrieb: Öfters auftretend.

Die Henne entspricht im allgemeinen dem Hahn. Bei ihr kommt der Fleischhuhntyp mit dem vierschrötigen Rumpf, der vollfleischigen, tief herabgehenden Brust, dem langen, flachen Rücken und dem voll entwickelten Hinterteil am besten zur Geltung. Grauer Anflug an den Läufen ist zugelassen.

Ringgröße: Hahn II, Henne III.

Farbe und Zeichnung

Gesperbert
H a h n und H e n n e durchgehend und möglichst gleichmäßig über den ganzen Körper gesperbert. Jede Feder in mehrfachem Wechsel von Schwarz mit Blaugrau leicht bogig quer gebändert. Beim Hahn etwa in gleicher Breite; bei der Henne sind die dunklen Federteile breiter. Sie wirkt dadurch wesentlich dunkler. Die Zeichnung ist nicht scharf, das Untergefieder nur schwach gezeichnet. **Gr. F.:** Zu dunkle, blaugraue Farbe beim Hahn, Braun oder Rot im Gefieder.

Weiß
Reines Weiß, auch im Untergefieder. **Gr. F.:** Gelber Anflug.

Minorka, 0,1 schwarz und 1,0 weiß

Minorka

Zuchtidee

Ein lebhaftes Huhn mit hoher Legeleistung und guter Fleischnutzung. Das mittelhochgestellte, große, kräftige Huhn ist wetterhart und zeigt bei stolzer Haltung ein lebhaftes Temperament.

Was ist zu fordern?

Gefordert wird ein kräftiger Rumpf mit guter Länge und Breite des Rückens, seitlich gesehen ein keinesfalls kantig begrenztes Rechteck. Die Henne zeigt eine nach hinten ausladende Form. Das Gefieder ist reich entwickelt und liegt fest am Körper an. Kamm und Ohrscheiben sind besonders gut herausgezüchtet. Besonderer Wert wird auf Frühreife gelegt.

Was ist abzulehnen?

Tiere mit schwachem, spitzem oder kurzem Körper, Italienerform; wenn die Größe des Kopfes mit den übrigen Kopfteilen, besonders mit den Ohrscheiben, nicht im rechten Einklang, d. h. nicht im richtigen Größenverhältnis, steht.

Geschichtliches

Diese schönen und stolzen Hühner erfreuen sich schon seit langer Zeit der Beliebtheit deutscher Züchter. Sie gingen vermutlich ursprünglich aus einem alten spanischen Landhuhnschlag hervor, der in seiner Heimat als kastilianische Rasse bezeichnet wurde. Früher nannte man die Minorka Tscherkessen. Der Ursprung dieses Namens ist unbekannt.
Wie die Spanier, verdanken auch die Minorka englischen Züchtern ihre Bedeutung als Zuchtrasse. Nach englischen Angaben sollen um 1835 rotgesichtige schwarze Hühner von der spanischen Mittelmeerinsel Menorca nach dem Südwesten Englands gebracht worden sein. In den siebziger Jahren des 19. Jahrhunderts wurden sie dann nach Deutschland eingeführt, um hier bald einen förmlichen Siegeszug anzutreten.

Form und Kennzeichen

Hahn

Gewicht: 2,5 bis 3,5 kg.
Kopf: Groß und lang, mit gut gewölbtem Schädel.
Schnabel: Kräftig, leicht gebogen.
Augen: Groß, glänzend, dunkelbraun bis schwarz bei Schwarzen, rot bei Weißen.
Kamm: Einfach, breit im Grunde, straff stehend, nach vorn etwa bis auf die Mitte des Schnabels reichend, in hoher Wölbung nach hinten verlaufend, in der Fahne der Form des Nackens folgend, ohne aufzuliegen, ungefähr fünf breite und tiefe, sternförmig stehende Zacken, im Gewebe mäßig rauh. Auch mit Rosenkamm zugelassen: Mittelgroß, niedrig und fest aufgesetzt, Dorn kurz, vorn breit, sich nach hinten verjüngend, dem Nacken folgend, ohne aufzuliegen. **Gr. F.:** Stark unregelmäßiger Kamm.
Ohrscheiben: Groß, glatt, dick, fest und doch zart im Gewebe, etwas längliche Form, an den Rändern scharf abgesetzt, nicht zu weit ins Gesicht reichend, fest am Kopf liegend, blendend weiß mit hohem Emailleglanz. **Gr. F.:** Zu kleine, stark runzlige, übergroße und borkige oder mit Rot durchsetzte Ohrscheiben.
Kehllappen: In der Größe dem Kamm entsprechend, glatt am Ansatz, unten schön abgerundet, ohne Falten.
Gesicht: Glatt, möglichst frei von Federn oder Haaren, rot. **Gr. F.:** Schimmeliges Gesicht.
Hals: Verhältnismäßig lang, etwas nach hinten getragen, reicher Behang.
Brust: Breit und voll, gut gerundet.
Rumpf: Lang, breit und tief, seitlich gesehen ein keinesfalls kantig wirkendes Rechteck, besonders breit in den Schultern, nach hinten sich etwas verjüngend, leicht abfallend getragen. **Gr. F.:** Spitzer, schwacher oder kurzer Körper, grobe Knochen.
Bauch: Gut entwickelt und ausladend. **Gr. F.:** Unentwickelter Bauch.
Rücken: Lang und breit, mit reichem Sattelbehang. **Gr. F.:** Fischrücken.
Flügel: Lang, geschlossen und fest anliegend getragen.
Schwanz: Voll, geschlossen, leicht angehoben getragen, mit langen, breiten

Haupt- und Nebensicheln. **Gr. F.:** Steil getragener oder Hängeschwanz.

Schenkel: Kräftig, reichlich aus dem Gefieder hervortretend, mit knapp anliegendem Gefieder.

Läufe: Reichlich mittellang, feinknochig, glatt. **Gr. F.:** Zu hohe oder zu enge Stellung.

Henne

Gewicht: 2,25 bis 3 kg.
Jahres-Eierleistung: Im ersten Jahr 170, im zweiten Jahr 140 weißschalige Eier.
Bruteier-Mindestgewicht: 60 g.
Bruttrieb: Nicht vorhanden.

Der Rumpf der Henne ist durch den langen und breiten, waagerecht getragenen Rücken und die volle Brust geräumig und wirkt durch den breiten, tiefen und weichen Bauch mit seiner reichen Befiederung in der Seitenansicht trapezförmig. Schwanz gut entwickelt, geschlossen und flach getragen, breite Steuerfedern und weit heraufreichende Deckbefiederung. Der Kamm ist verhältnismäßig groß und hat den Schnitt des Hahnenkammes; er strebt über dem Schnabel in die Höhe und neigt sich dann nach der Seite, ohne das Auge zu verdecken; die Ohrscheiben sind mehr kreisförmig. **Gr. F.:** Unentwickelter Bauch, Steh- oder Wickelkamm.

Ringgröße: Hahn III, Henne IV.

Farbe und Zeichnung

Schwarz
Tiefschwarz mit sattem, metallisch grünem Glanz. Schnabel glänzend schwarz, hellere Spitze beim Hahn zulässig, Läufe und Zehen schwarz. Krallen hornfarbig. **Gr. F.:** Bräunliches, violettes, bronzefarbiges oder glanzloses Gefieder; zu helle oder rötliche Fußfarbe, heller Schnabel.

Weiß
Silberweiß ohne Anflug oder Schattierung von Blau, Gelb oder Rahmfarbe; Schnabel, Läufe, Zehen und Krallen hell fleischfarben; Augen rot. **Gr. F.:** Starker gelber Schein des Gefieders, andersfarbige Federn.

Moderne Englische Kämpfer, 1,1 goldhalsig

Moderne Englische Kämpfer

Zuchtidee

Der Moderne Englische Kämpfer ist ein ausgesprochenes Sporthuhn, gezüchtet auf hohen Wuchs, eiförmigen Rumpf mit langem Hals und langen Beinen, straffem, knappem Gefieder, typischem Peitschenschwanz. Ein Huhn, besonders geeignet für den Ausstellungskäfig.

Was ist zu fordern?

Ein hochaufgerichtetes, schlankes Huhn, stolz in Haltung und Gang. Es kommt nicht auf die Länge von Hals und Läufen an, sondern daß sie lang im Verhältnis zum Körper sind. Auch hier gilt der Grundsatz: zuerst Form, dann Farbe und Zeichnung.

Was ist abzulehnen?

Tiere mit zu schmalen Schultern, langem Rücken, kurzem Hals und kurzen Beinen, Steilschwanz und langfiedrigem, weichem Gefieder.

Geschichtliches

Die Modernen Englischen Kämpfer sind im Laufe von mehr als 75 Jahren aus den Altenglischen herausgezüchtet worden, indem man immer mehr auf hohen Wuchs mit den unter „Zuchtidee" genannten Merkmalen züchtete. Der Prozeß vollzog sich mit Hilfe von Malaien. Die Modernen Englischen Kämpfer sind ein Produkt englischer Züchtungskunst, die, sportlich aufgefaßt, in dieser Rasse ein vollkommenes Sporthuhn schuf. Gleichwohl haben selbst diese reinen Sporthühner zur Herauszüchtung unserer Mittelmeerrassen gedient, die (z. B. die Italiener) durch sie einen höheren Stand bekamen und sicherlich auch durch Zuführungen von Malaienblut an Lebenskraft gewannen.

Form und Kennzeichen

Hahn

Gewicht: 2 bis 3 kg.

Kopf: Fein und lang, keilförmig, Stirnlinie flach. **Gr. F.:** Kurzer, runder Kopf.

Schnabel: Lang, wenig gebogen.

Augen: Groß, feurigrot, bei Schwarzen, Birkenfarbigen und Orangebrüstigen dunkel.

Kamm: Einfach, aufrecht, klein.

Kehllappen: Klein, zart im Gewebe.

Ohrlappen: Glatt anliegend, wenig entwickelt, rot.

Gesicht: Glatt, feinhäutig.

Hals: Lang, nur wenig gebogen, mit kurzem, fest anliegendem Behang, der die Schultern nicht erreicht. **Gr. F.:** Kurzer Hals.

Brust: Hoch getragen, breit, von der Seite gesehen flach.

Rumpf: Breit in den Schultern, nach dem Schwanz spitz zulaufend. Schultern eckig, gut abgesetzt. **Gr. F.:** Langer oder waagrecht getragener Körper, sehr schmale Schultern oder runde Schultern, schlaffe Haltung.

Bauch: Nicht hervortretend, Hinterteil spitz. **Gr. F.:** Hervortretender Bauch.

Rücken: Nicht lang, nach dem Schwanz zu stark abfallend, Sattelbehang kurz.

Flügel: Flach, gerundet, anliegend und hoch getragen, Bug etwas abstehend, Schwingenspitzen unter dem Sattelbehang.

Schwanz: Kurz, dünn und schmal, flach getragen, Sicheln hart, sehr schmal, kurz und nur leicht gebogen. **Gr. F.:** Steilschwanz.

Schenkel: Lang, fest, vom Körper leicht abstehend.

Läufe: Lang, unbefiedert, gerade; Beinstellung ziemlich breit, straff, nicht knikkend; Hinterzehe gut aufstehend, nicht zu kurz, scharfe Nägel. **Gr. F.:** Knickende oder enge Beinstellung, kurze Läufe, falsche Lauffarbe.

Gefieder: Sehr knapp, hart und fest anliegend. **Gr. F.:** Lange und weiche Federn.

Henne

Gewicht: 1,75 bis 2,5 kg.
Jahres-Eierleistung: 100 weiße bis gelbliche Eier.
Bruteier-Mindestgewicht: 50 g.

Bis auf die geschlechtsbedingten Unterschiede entspricht die Henne dem Hahn.

Ringgröße: Hahn III, Henne IV.

Farbe und Zeichnung

Gr. F.: Bei allen Farbenschlägen wesentliche Abweichung in der Gefiederfarbe.

Goldhalsig
H a h n : Halsbehang leuchtend goldorange, am Kopf am dunkelsten, nach unten heller werdend, ohne schwarze Schaftstriche. Flügeldecken und Rücken leuchtend hellrotbraun, Flügelbinde schwarz, stahlblauglänzend; Armschwingen mit rötlichbraunem Saum, möglichst weit bis in die Flügelspitzen, bei geschlossenem Flügel ein rötlichbraunes Flügeldreieck bildend. Sattelbehang wie hellster Teil des Halsbehanges ohne Schaftstrich; Brust, Bauch, Schenkel und Schwanz tiefschwarz mit grünem Glanz.
H e n n e : Kopf rötlichbraun, im Halsbehang in Goldgelb übergehend mit schwachem schwarzem Schaftstrich; Mantelgefieder und Flügel goldbraun mit zarter, schwarzer Rieselung. Federsaum goldig, jedoch kein Flitter. Federkiel braun. Brust lachsfarbig, seitlich und nach unten in Goldbraun verlaufend; Schwanz mattschwarz, die zwei großen Schwanzdeckfedern bräunlich gerieselt; Läufe weidengrün, Schnabel etwas dunkler.
Gr. F.: Goldrotbraun, beim Hahn unreiner Hals sowie viel Rost im schwarzen Gefieder.

Silberhalsig mit Orangerücken
H a h n : Kopf, Hals- und Sattelbehang strohgelb, ohne schwarze Schaftstriche; Rükken rostbraun, Flügeldecken rotorange; Armschwingen mit gelblichweißen Außenfahnen, die bei geschlossenem Flügel das Flügeldreieck bilden; Flügelbinde schwarz, stahlblau glänzend. Brust, Bauch, Schenkel und Schwanz schwarz mit grünem Glanz.
H e n n e : Mit etwas bräunlichem Anflug, sonst wie silberhalsige Henne; Läufe weidengrün, Schnabel etwas dunkler.
Gr. F.: Zu roter Behang.

Silberhalsig
Wie Goldhalsig, doch Silberweiß an Stelle von Gold und Braun. Die Mantelfarbe der Henne wirkt durch die schwarze Rieselung silbergrau mit bläulichem Schein; die Brustfarbe ist etwas heller lachsfarbig. Bei beiden Geschlechtern sind Läufe und Schnabel weidengrün.
Gr. F.: Sehr unreine Halsfarbe beim Hahn.

Rotgesattelt
H a h n : Zeichnungsfarbe wie bei Goldhalsig, doch Rahmweiß an Stelle von Schwarz. Schwacher weißer Schaftstrich im unteren Halsbehang zulässig.
H e n n e : Kopf und Halsbehang goldgelb mit schwachem weißem Schaftstrich; Mantelgefieder, Flügel und Schwanz weiß, leicht rahmfarbig gestattet. Brust lachsfarbig; Läufe und Schnabel orangegelb bis goldgelb.
Gr. F.: Viel Schenkelzeichnung.

Orangebrüstig
Hahn: Kopf orangefarbig, Hals- und Sattelbehang zitronen- bis orangefarbig mit schwarzen Schaftstrichen, die im Sattelbehang weniger ausgeprägt sind. Flügeldekken und Rücken messinggelb; das übrige Gefieder schwarz mit grünem Glanz; Brustfedern (nicht tiefer als bis vor die Schenkel) schmal zitronenfarbig gesäumt.
Henne: Halsfarbe und Brustzeichnung wie beim Hahn; übriges Gefieder schwarz mit grünem Glanz. Gesicht, Kamm und Kehllappen maulbeerfarbig, möglichst dunkel, beim Hahn etwas heller; Augen dunkelbraun; Läufe und Schnabel grünschwarz.
Gr. F.: Klatschige Brust- und Schenkelzeichnung, Rückensaum bei der Henne.

Birkenfarbig
Wie Orangebrüstige, doch Silberweiß an Stelle von Orangefarbe. Gesichts-, Augen- und Lauffarbe wie bei Orangebrüstig.
Gr. F.: Klatschige Brust- und Schenkelzeichnung, Rückensaum bei der Henne.

Schwarz
Mit grünem Glanz, ohne andersfarbige Federn. Schnabel und Läufe schwarz, Gesicht maulbeerfarbig oder rot.

Weiß
Läufe und Schnabel gelb.

Blau (gesäumt oder ungesäumt)
Hals und Sattelbehang blauschwarz, Gesichts-, Augen-, Schnabel- und Lauffarbe wie bei Schwarz.

Blau-Birkenfarbig
Hauptfarbe blau, ohne oder mit zarter, dunkler Säumung. Silberweiße Zeichnung wie bei Birkenfarbig, Gesichts-, Augen- und Lauffarbe wie bei Orangebrüstig.

Blau-Orangebrüstig
Hauptfarbe blau, ohne oder mit zarter, dunkler Säumung. Orangefarbige Zeichnung sowie Gesichts-, Augen- und Lauffarbe wie bei Orangebrüstig.

Weizenfarbig
Hahn: Kopf, Hals- und Sattelbehang goldig-braunrot; brauner Rücken; rote Schulterdecken; die großen Flügeldecken bilden ein schwarzes, glänzendes Querband; die Schwingen sind an den Außenfahnen braunrot, teils mit schwarzem Längsstrich; zusammengelegt bilden die Armschwingen ein braunes Flügeldreieck; Vorderhals, Brust, Bauch, Schenkel und Schwanz mit grünem Glanz.
Henne: Kopf und Halsbehang braunrot, teils mit schwarzem Schaftstrich. Mantelgefieder und Flügel weizenfarbig; Brust und Bauch etwas heller; Außenfahne der Armschwingen (Flügeldreieck) zimtfarbig, Innenfahne braunschwarz; Schwanz mattschwarz, weizenfarbig gesäumt; die zwei großen Schwanzdeckfedern hellzimtfarbig mit schwarzbrauner Mitte. Lauffarbe gelb. Schnabelfarbe gelb mit dunklerem First.
Gr. F.: Fehlendes Flügeldreieck beim Hahn; bei beiden Geschlechtern viel Schilf in Schwingen; schwere, durchstoßende Schaftstrichzeichnung im Hals; Weiß im Mantelgefieder der Henne.

Blau-Goldhalsig:
Wie Goldhalsig, nur an die Stelle von Schwarz tritt Blau.

Blau-Silberhalsig:
Wie Silberhalsig, nur an die Stelle von Schwarz tritt Blau.

Nackthälse, 1,0 gesperbert und 0,1 schwarz

Nackthalshühner

Zuchtidee

Ein kräftiger, mittelhoch gestellter Landhuhnschlag von reichlicher Mittelgröße. Sowohl flotter Leger als auch mastfähig, da weißes, feinfaseriges und wohlschmeckendes Fleisch. Vollständig federfreier, rothäutiger Hals und Kropf, federfreier Brustkiel, knapp anliegendes Gefieder; schnellwüchsig und wetterhart, von sehr angenehmem Temperament, dabei lebhaft.

Was ist zu fordern?

Ein kräftiges, mittelhohes Huhn, dessen Körper von der Seite her gesehen ein nach hinten geneigtes Rechteck im Verhältnis von 1:2 bildet, mit federfreiem, rothäutigem Hals und Kropf, federfreiem Brustkiel und knapp anliegendem Gefieder.

Was ist abzulehnen?

Ein schwacher und zu leichter Körper, nicht genügend ausgeformter Bauch und Langschanfigur.

Geschichtliches

Die Nackthalshühner sind ein Landhuhnschlag Europas. Eine genaue Herkunft ist nicht nachweisbar. 1875 wurden sie bei einer Wiener Schau erstmals gezeigt und dann auch nach Deutschland eingeführt. 1905 gründeten Züchter einen Verein, um die noch wenigen Tiere zu sammeln und zu neuem Aufschwung zu bringen. Zuerst nur in Siebenbürgen und Deutschland auf feste Merkmale gezüchtet, wurde diese Rasse später auch von anderen Ländern Europas übernommen.

Form und Kennzeichen

Hahn

Gewicht:	2,5 bis 3 kg.
Kopf:	Mittelgroß, mit Kamm und Kehllappen drei gleiche Teile bildend; spitz verlaufende Befiederung über dem Genick.
Schnabel:	Kräftig, der Beinfarbe farblich entsprechend.
Augen:	Orangerot, bei Schwarz und Blaugesäumt bis dunkelrot. **Gr. F.:** Dunkelbraune Augenfarbe.
Kamm:	Einfach, klein bis mittelgroß, wenig auf den Schnabel vortretend, mit mäßig tief eingeschnittenen Zacken, Fahne gut abgerundet, leicht vom Nacken abstehend, oder Rosenkamm.
Ohrlappen:	Rot, möglichst wenig von der Gesichts- und Halshaut sich abhebend. **Gr. F.:** Weiße Ohrscheiben.
Kehllappen:	Mittellang, möglichst rund, fein im Gewebe.
Gesicht:	Rot und federfrei. **Gr. F.:** Befiedertes Gesicht oder schwärzliche Gesichtsfarbe.
Kropf:	Rot und federfrei.
Hals:	Leicht S-förmig gebogen, federfrei, mit roter Hautfarbe. Einzelne Federstoppeln an der Vorderseite des Halses gelten nicht als grobe Fehler. **Gr. F.:** Starke Federbüschel am Hals, gelbe Hautfarbe.
Brust:	Voll, beiderseits mit zwei Federstreifen besetzt, jedoch muß das Seitengefieder die Brust vollständig bedecken.
Rumpf:	Langgestreckt, walzenförmig, leicht abfallend. **Gr. F.:** Mangelhafter Typ; schwacher Körper, nicht genügend ausgeformte Hinterpartie.
Bauch:	Breit, gut ausgebildet.
Rücken:	Mittellang, nach hinten sich leicht verjüngend, ohne Sattelkissen.
Flügel:	Mittellang, fest anliegend.
Schwanz:	Die Rückenlinie geht sanft in den mittellangen, angehoben getragenen, vollbesichelten Schwanz über. **Gr. F.:** Steile Schwanzhaltung.
Schenkel:	Kräftig, flurweise so befiedert, daß die nackten Stellen bedeckt werden, außer auf der Innenseite, wo unten ein kleines Dreieck frei bleiben muß. **Gr. F.:** Fehlen des federfreien Dreiecks an der Innenseite der Schenkel.
Läufe:	Mittellang, feinknochig, völlig federfrei. **Gr. F.:** Federn an den Läufen, gelbe Füße oder Fußsohlen.
Gefieder:	Anliegend, Körper nur streifenweise mit Federn besetzt, jedoch so, daß alles gut gedeckt ist.

Henne

Gewicht:	2 bis 2,5 kg.
	Jahres-Eierleistung: Im ersten Jahr 180, im zweiten Jahr 150 weiße bis gelbliche Eier.
	Brut-Mindestgewicht: 55 g.
	Bruttrieb: Gering.

Fast waagerechte, derbe Walzenform mit voller, tiefer Brust und sehr vollem Bauch, mit etwas locker getragenem, spitz zulaufendem Schwanz, rundlich abschließender Federkappe und halbkreisförmigem Kehllappen. Bei Junghennen gilt etwas hellere Halsfarbe als beim Hahn nicht als grober Fehler. **Gr. F.:** Nicht genügend ausgeformter Bauch.

Ringgröße: Hahn III, Henne IV.

Farbe und Zeichnung

Schwarz
Reinschwarz mit käfergrünem Glanz. Läufe schwarz bis schiefergrau. **Gr. F.:** Violett im Glanz; Rost; starker Schilf.

Gesperbert
Jede Feder in mehrfachem Wechsel von Schwarz und Blaugrau leicht bogig quer gebändert. Beim Hahn in gleicher Breite; bei der Henne sind die dunklen Federteile etwas breiter als die hellen. Die Zeichnung ist nicht scharf, das Untergefieder nur schwach gezeichnet. Läufe fleischfarbig, einige dunkle Schuppen gestattet. **Gr. F.:** Braunton im Gefieder; Schilf in Schwingen und Schwanz.

Weiß
Reinweiß, Läufe fleischfarbig. **Gr. F.:** Farbige Federn; starker gelber Anflug.

Rot
Gleichmäßige, satte, glanzreiche, rote Oberfarbe. Untergefieder rot. Schwarz im Schwanz gestattet. Läufe fleischfarbig, einige farbige Schuppen erlaubt. **Gr. F.:** Zu helle oder stark fleckige Oberfarbe; viel Ruß im Untergefieder; Schilf.

Gelb
Gleichmäßige, glänzende tiefgelbe Oberfarbe. Sattelbehang des Hahnes etwas satter. Untergefieder und Federschaft gelb. Etwas Schwarz im Schwanz gestattet. Läufe fleischfarbig. **Gr. F.:** Zu rote, strohige oder stark fleckige Oberfarbe; viel Ruß; Schilf.

Blau-Gesäumt
Reines, gleichmäßiges, nicht zu helles Graublau, jede Feder mit dunklem Saum. Kopffedern und Sattelbehang blauschwarz. Schwanz blau. Läufe schieferblau bis bleigrau. **Gr. F.:** Stark ungleichmäßiges Blaugrau; mangelhafte Säumung; Braunton im Gefieder; Schilf.

Rebhuhnfarbig
Hahn: Kopffedern dunkelgoldfarbig. Schulterdecken und Rücken rotgold; Sattelbehang rotgoldfarbig, möglichst mit schwarzen Schaftstrichen; Handschwingen schwarz mit braunem Außenrand; Armschwingen, Innenfahne und Federende schwarz, Außenfahne braun, das Flügeldreieck bildend; Binden schwarz, grünglänzend; Brust, Schenkel und Schwanz schwarz mit käfergrünem Glanz. **Gr. F.:** Zu viel braune Zeichnung in Brust und Schenkel, Violett im Gefieder.

H e n n e: Kopffedern dunkelgoldfarbig; Rücken, Schultern und Flügeldecken graubraun mit möglichst gleichmäßiger schwarzer Rieselung und scharf hervortretenden, hellen Federkielen; Brust rostrot, zum Bauch hin grauer werdend; Schwingen und Schwanz schwarzbraun; Läufe fleischfarbig. **Gr. F.:** Zu helle, graue Mantelfarbe und stark ungleichmäßige Rieselung; Schilf.

Schwarz-Weißgescheckt

H a h n: Grundfarbe schwarz mit grünem Käferglanz; Untergefieder schwarzgrau; die Zeichnung der einzelnen Federn besteht aus einem V-förmigen, rein weißen Fleck (Tupfen) an der Spitze und soll auf Brust, Flügeldecken und Schenkeln möglichst gleichmäßig auftreten; Sattelbehangfedern ebenfalls weiß gespitzt; Sichel- und Steuerfedern möglichst schwarz mit weißer Spitze, doch wird solche vollkommene Zeichnung selten erreicht.

H e n n e: Über den ganzen Körper so gleichmäßig wie möglich gezeichnet, indem möglichst viele Federn die V-förmige weiße Spitze zeigen; im ersten Jahr tritt die Zeichnung vielfach zarter und nicht so scharf auf wie bei mehrjährigen Tieren; bis zu zwei weiße Handschwingen gestattet. Läufe fleischfarbig mit dunklen Flecken. **Gr. F.:** Fehlender Glanz; zu viel Weiß in den Schwingen; Schilf in Steuer- und Sichelfedern des Hahnes; zu grobe, zu schwache oder stark verschwommene Zeichnung; rote Federn in Halsbehang oder Flügeldecken.

1,1 New Hampshire, goldbraun

New Hampshire

Zuchtidee

Ein mittelschweres Huhn mit sehr guten Aufzucht-, Lege- und hervorragenden Masteigenschaften, vollendet in den wirtschaftlichen Forderungen: schnellwüchsig, frühreif, vollfleischig, feinknochig, braunes Ei, kunstbrutfest und robuste Gesundheit. Ruhig und zutraulich und als Nichtflieger besonders für den Siedler und für den Bauernhof geeignet. Die guten Masteigenschaften: Schnellwüchsigkeit, gute Futterverwertung, feine vollfleischige Mastqualität und die robuste Gesundheit sichern gute Rentabilität bei wirtschaftlicher Haltung.

Was ist zu fordern?

Ein Huhn, das nicht durch Überzüchtungen in unnatürlicher Form und durch übertriebene Farb- und Zeichnungsforderungen in seiner Gesundheit und Leistungsfähigkeit beeinträchtigt wird, das in den Grenzen der Mittelschwere bleibt und eine gute Futterverwertung sichert.

Was ist abzulehnen?

Der schwere, einseitige Masthuhntyp, da nur ein Zwiehuhntyp die Verbreitung in Deutschland sichert. Grobknochige, hochgestellte, X-beinige Tiere und alles, was auf mangelnde Leistung und Lebenskraft schließen läßt.

Geschichtliches

Die New Hampshire wurden durch 30jährige Leistungszucht in Amerika zum Rassehuhn entwickelt und sind eine natürliche Weiterzüchtung der dort entstandenen Rhodeländer. Durch Importe, insbesondere auch über Österreich, kamen sie 1950 nach Deutschland. Der Ende 1950 gegründete Sonderverein hat 1951 für den mittelschweren Zwiehuhntyp Musterbeschreibung und Musterbild geschaffen. Diese Zuchtrichtung hat der Rasse in Deutschland sowohl als Wirtschafts- wie als Schauhuhn eine große Verbreitung und Beliebtheit gebracht. Der weiße Farbenschlag wurde bis 1954 in Deutschland, um die gleiche Zeit aber auch in USA durch Einkreuzungen aus den Goldbraunen erzüchtet.

Form und Kennzeichen

Hahn

Gewicht:	3 bis 3,5 kg.
Kopf:	Mittelgroß, mehr flach als rund.
Schnabel:	Kräftig, mittellang, hornfarbig.
Augen:	Groß, orange bis rot.
Kamm:	Einfach, mittlere Größe, fest aufsitzend, vier bis fünf Zacken, Kammfahne nicht aufliegend.
Ohrlappen:	Länglich, glatt, leuchtend rot. **Gr. F.:** Weiß in den Ohrlappen.
Kehllappen:	Mittellang, gleichförmig, frei von Falten.
Gesicht:	Glatt, fein im Gewebe.
Hals:	Mittellang, gut gewölbt, Behang reichlich über die Schultern fließend.
Brust:	Tief, breit, gut gerundet. **Gr. F.:** Sehr wenig Brust.
Rumpf:	Mittellang, breit, tief, gut gerundet. **Gr. F.:** Grobe oder feine Knochen.
Bauch:	Voll und breit.
Rücken:	Mittellang, breit, leicht hohlrund, in der Sattelpartie ohne Einbuchtung gut ansteigend. **Gr. F.:** Gerader Rücken.
Flügel:	Mittelgroß, gut geschlossen, dicht am Körper getragen.
Schwanz:	Mittellang, gut ausgebreitet getragen. Sichelfedern mittellang, breit; Steuerfedern breit, aber gut deckend getragen.
Schenkel:	Gut sichtbar, muskulös, von mittlerer Länge.
Läufe:	Gerade, mittellang, glatt, gelb. Zehen gerade und gut gespreizt. **Gr. F.:** Tiefer Stand. Andere als gelbe Lauffarbe.
Gefieder:	Federbeschaffenheit von breiter und fester Struktur, straff am Körper anliegend.

Henne

Gewicht:	2 bis 2,25 kg.
	Jahres-Eierleistung: Im 1. Jahr 200, im 2. Jahr 160 braune Eier.
	Bruteier-Mindestgewicht: 55 g.
	Bruttrieb: Mäßig.

Der Kamm der Henne ist einfach, von mittlerer Größe und glatt im Gewebe. Der Bauch ist voll, sehr breit und etwas hervortretend. Der Schwanz der Henne ist mittellang, mit breiten Steuerfedern. Er wird breit getragen. Ansonsten entspricht die Henne dem Hahn bis auf die geschlechtsbedingten Unterschiede. **Gr. F.:** Unentwikkelter Bauch.

Ringgröße: Hahn II, Henne III.

Farbe und Zeichnung

Goldbraun

Hahn: Kopf goldbraun, Halsbehang goldbraun, im unteren Teil leichte schwarze Zeichnung, möglichst verdeckt. Flügeldecken und Schultern glänzend kastanienbraun. Sattelbehang etwas dunkler als der Halsbehang, frei von Zeichnung. Der Farbdreiklang zwischen Halsbehang, Flügeldecken und Sattelbehang muß unbedingt vorhanden sein. Rücken kastanienbraun, Brust und übriges Gefieder etwas helleres Goldbraun. Handschwingen: Außenfahne mit schwarzem Längsstrich am Schaft, braun gesäumt; Innenfahne etwas helleres Goldbraun. Armschwingen: Innenfahne mittleres Goldbraun mit schwarzem Längsstrich am Federschaft, jedoch Ende und Außenfahne mittleres Goldbraun. Steuerfedern schwarz, leichte braune Säumung gestattet; Sicheln tiefschwarz mit starkem Grünglanz, Nebensicheln schwarz, schmale braune Säumung gestattet. Das Hahnengefieder muß starken Glanz zeigen.
Henne: Das Körpergefieder ist in der Gesamtfärbung etwas heller und gleichmäßiger als beim Hahn, in etwa der Brustfarbe des Hahnes entsprechend. Leichte Abtönung zwischen Hals, Mantel und Flügeldecken kann vorhanden sein. Halsbehang glänzend goldbraun mit schwarzen Tupfen im unteren Drittel. Flügeldecken hell- bis mittelbraun. Zeichnung der Hand- und Armschwingen wie beim Hahn. Steuerfedern schwarz, leichte Säumung zugelassen. Schwanzdeckfedern schwarz, teils mit brauner Säumung. Leicht fleckige Oberfarbe bei Hennen wird – als Zeichen guter Legeleistung – nicht gestraft. Untergefieder bei beiden Geschlechtern etwas heller als die Oberfarbe.
Gr. F.: Stark fleckige Oberfarbe, zu dunkle oder zu helle Tönung des Gefieders, Sattelzeichnung, fehlende Schwingenzeichnung, Ruß auf den Decken.

Weiß

Klares Silberweiß ohne gelben Anflug. Um Verwechslungen mit anderen Rassen zu vermeiden, sind hohe Ansprüche an die Form zu stellen. **Gr. F.:** Starker gelber Anflug, der den Gesamteindruck stört.

1,1 Niederrheiner, birkenfarbig

Niederrheiner

Zuchtidee

Übermittelgroßes, dabei sehr bewegliches, breit und mittelhochgestelltes Zwiehuhn mit voller, kräftiger, gut abgerundeter Form, feinfaserigem, weißem Fleisch und weißer Haut. Besonders frühreif. In der Leistung den auf Hochleistung durchgezüchteten anerkannten Wirtschaftsrassen gleichgestellt. Wenigbrüter, zahmes, ruhiges Wesen. Schlechter Flieger, bei allen Haltungsbedingungen ein Nutzhuhn ersten Ranges.

Was ist zu fordern?

Es ist in erster Linie auf alle Punkte zu achten, die dem Nutzwert dienlich erscheinen. Das sind Geräumigkeit des Körpers im mittelschweren Typ, Beweglichkeit durch etwas höhere Stellung bei angehobener Brust- und Schwanzpartie. Hohe Vitalität. Volle, abgerundete Form, sehr breite Brust und Schultern, sanft nach hinten ansteigende, leicht hohlrunde Rückenlinie.

Was ist abzulehnen?

Schmalrückige, zu kleine, tiefgestellte Tiere, Fußbefiederung sowie grobknochige, plumpe Tiere mit tiefliegenden Augen und langem Gesicht. Flache Schwanzhaltung, enge Beinstellung, langer, gerader Rücken. Schwarze Läufe und dunkles Hautpigment. Weiß in den Ohrlappen.

Geschichtliches

Ende der zwanziger Jahre kamen nordholländische blaue Masthühner nach Deutschland, die zunächst wenig Beachtung fanden. Einige Jahre später wurden sie von den niederrheinischen Züchtern J. Jobs und Friedrich Regenstein erneut übernommen und in Form und Farbe so gezüchtet, daß praktisch eine neue Rasse entstand. Während bei den Ursprungstieren die Hennen fast grau-schwarz, die Hähne dagegen hellgesperbert mit silbernem Behang waren, wurde der Einheitlichkeit wegen die blaue Sperberfarbe bei beiden Geschlechtern maßgebend für die deutsche Züchtung. Aus der ursprünglichen Kastenform wurde die beweglichere, höher gestellte, abgerundete Form entwickelt mit dem Ziel, eine Rasse zu schaffen, die nicht nur, wie in ihrer Heimat, hauptsächlich Mastzwecken dienen soll, sondern auch einen hohen Eierertrag bringt. Die holländischen Ursprungstiere entstanden in der Hauptsache aus Mechelnern, Plymouth Rocks, Belgischen Kämpfern, Faverolles und anderen Rassen. Die neue Rasse wurde im Jahre 1943 in Deutschland anerkannt. Ende der vierziger Jahre sind die weiteren Farbenschläge wie Kennsperber, Gelbsperber, Birkenfarbig und Blau entstanden.

Form und Kennzeichen

Hahn

Gewicht:	3,5 bis 4 kg.
Kopf:	Mittelgroß, leicht gewölbt.
Gesicht:	Gut durchblutet, spärlich befiedert.
Schnabel:	Ziemlich kurz, gebogen, fleischfarbig mit hornfarbigem First.
Augen:	Mittelgroß; Farbe siehe unter Farbenschläge.
Kamm:	Einfach, aufrechtstehend, von mittlerer Größe, fein im Gewebe, mit 4 bis 6 Zacken, Kammfahne möglichst der Nackenlinie folgend, ohne aufzuliegen. **Gr. F.:** Stark faltiger Kammansatz.
Ohrlappen:	Klein und rot. **Gr. F.:** Weiß in den Ohrlappen.
Kehllappen:	Mittelgroß.
Hals:	Kräftig, leicht gebogen, mit vollem Behang.
Brust:	Voll und breit, gut gerundet, leicht angehoben getragen. **Gr. F.:** Schmale oder zu kielige Brustpartie.
Rumpf:	Abgerundete, breite, etwas gedrungene Form. **Gr. F.:** Schmaler Körper, eckige Kasten- oder Dreiecksform.
Bauch:	Voll und breit. **Gr. F.:** Wenig entwickelte Bauchpartie.
Rücken:	Breit, mittellang, ohne Unterbrechung ansteigend (leicht hohlrund), in den vollen, federreichen Sattel übergehend. **Gr. F.:** Schmaler Rücken oder gerade Rückenlinie. Eckig im Übergang vom Sattel zum Schwanz.
Schultern:	Breit, kaum hervortretend, vom Halsbehang verdeckt.
Flügel:	Gut anliegend, waagerecht getragen. **Gr. F.:** Hängeflügel.
Sattel:	Breit, voll und federreich.
Schwanz:	Mittellang, breit, ohne Winkel zum Sattel mit guter Steigung getragen; breite, gut gerundete Sichelfedern. **Gr. F.:** Zu flache oder zu steile Schwanzhaltung. Schmale Besichelung oder Federbreite.

Schenkel: Fleischig, hervortretend, gut befiedert.
Läufe: Verhältnismäßig zart, unbefiedert, mittellang, fleischfarbig; Farbe siehe unter Farbenschläge. **Gr. F.:** Jegliche Befiederung an den Läufen. Zu hohe, zu tiefe oder zu enge Stellung.
Zehen: Vier, gut gespreizt.
Haut: Weiß. **Gr. F.:** Gelbe Haut.
Gefieder: Breit, voll und gut entwickelt, anliegend.

Henne
Gewicht: 2,5 bis 3 kg.
Jahres-Eierleistung: Im 1. Jahr 180, im 2. Jahr 160 gelbe bis hellbraune Eier.
Bruteier-Mindestgewicht: 55 g, kunstbrutfest.
Bruttrieb: Gering.

Die Henne gleicht dem Hahn bis auf die geschlechtsbedingten Unterschiede. Die ganze Fülle der Erscheinung liegt auf der Brust, den Schultern und dem Rücken, der gut ausgerundet, mit dem tiefsten Punkt etwas vor der Mitte, über den breiten Sattel schwungvoll ohne Winkel zum Schwanz ansteigt. Der Schwanz voll entwickelt mit breiten, mittellangen Steuerfedern, breit und ansteigend getragen. Kleiner bis mittlerer Stehkamm, in der hinteren Hälfte auch etwas umliegend gestattet.

Ringgröße: Hahn II, Henne III.

Farbe und Zeichnung

Blau
H a h n : Gleichmäßiges, mittleres Blau ohne Säumung; dunkelblaue bis samtschwarze Behänge; Schwanz dem Farbton der Brustfarbe entsprechend. Läufe fleischfarbig mit grauem Anflug, Sohlen weiß. Augen orangefarbig bis rot, rotbraun noch gestattet.
H e n n e : Gleichmäßiges mittleres Blau ohne Säumung, Halsbehang dunkler abgesetzt. Läufe grau bis fleischfarbig, Sohlen weiß. Augenfarbe orangerot bis rotbraun.
Gr. F.: Fleckiges, rußiges oder zu helles Blau, bräunlicher Hals- oder Sattelbehang, zu hell absetzende Schwanzfarbe, Weiß in den Sicheln bei Junghähnen, Sperberung in den Behängen.

Blausperber
H a h n : Jede Feder in mehrfachem Wechsel von blaugrauer Grundfarbe und heller graublauer, nicht so scharf abgegrenzter, leicht bogig verlaufender Sperberung. Beim Hahn Hals- und Sattelbehang mit dunklerer Brust. Schenkel, Bauch und Schwanz mit hellerer Blautönung. Bei voll entwickelten Hähnen sind leichter brauner Anflug in den Behängen sowie nur andeutungsweise gesperberte Sichelfedern gestattet.
H e n n e : Geschlechtsbedingt ist die hellgraublaue Sperberung schmaler als die blaugraue Grundfarbe. Sie erscheint somit im Gesamtbild dunkler als der Hahn. Grauer Anflug an den Läufen der Henne gestattet. Augenfarbe rot bis orangerot.
Gr. F.: Fehlende Sperberung, Säumung, anstatt blaugrauer und hellgraublauer Farbtöne Schwarz und Weiß in der Sperberzeichnung, starker Schilf, rußige Grundfarbe,

1,1 Niederrheiner, blaugesperbert

schwarzer Hinterkopf ohne Sperberung, abgesetzte Sperberung oder Messing in den Behängen sowie einfarbiger Schwanz beim Hahn.
Gr. F.: Abgesetzter heller Hals, messingfarbener Behang, scharf abgesetzte oder schwarz-weiße Streifung oder Sperberung. Schwarztönung der Gesamtfarbe bei Hennen.

Kennsperber
Hahn: Kopf, Hals- und Sattelbehang goldfarbig (Halsbehang im unteren Drittel etwas heller) mit dunkelgrauen Schaftstrichen und weißlichgrauer Sperberung. Rücken, Schultern und Flügeldecken rotgold mit schwacher, hellerer Sperberung. Armschwingen grau-weiß-gelbbraun gesperbert. Handschwingen überwiegend grau mit angedeuteter Sperberung. Brust, Bauch und Schenkel blaugesperbert, leichte rötliche Einlagerungen gestattet. Schwanz blaugesperbert. **Gr. F.:** Zu helle Goldtöne und zu wenig ausgeprägte Sperberung, fehlende dreifarbige Armschwingenzeichnung. Viel Schilf in Schwingen und Schwanz.
Henne: Kopf und Halsbehang hellgoldfarbig mit dunkelgrauem Schaftstrich und grauweißer Sperberung (grauer bis schwärzlicher Hinterkopf gestattet). Mantelgefieder dunkelrebhuhnfarbig mit blaugrauer, etwas flockig wirkender Sperberung, die auf den Flügeldecken helle Tupfenform zeigen kann. Armschwingen rebhuhnfarbig, Handschwingen mehr braungrau, beide mit angedeuteter Sperberung. Brust lachsfarbig. Bauch und Schenkel wie Mantelgefieder. Steuerfedern dunkelgrau mit angedeuteter Sperberung. Augenfarbe rot bis orangerot. **Gr. F.:** zu wenig, stark ungleichmäßige oder gar fehlende Sperberung, zu helle, gelbliche Farbtöne im Halsbehang, zu helle Brust- oder Grundfarbe; viel Schilf in Schwingen und Schwanz. **Gr. F.:** Fehlen des blaugrauen Tones im braunen Mantelgefieder.

Bei den Eintagsküken sichere Unterscheidungsmerkmale an der stark unterschiedlichen Farbe der Dunen. Hahnenküken dunkelgelb mit rötlichgrauem Rücken. Hennenküken hell rebhuhnfarbig mit braunen Rückenstreifen.

Gelbsperber
H a h n : Im gesamten Körpergefieder gelbe Grundfarbe mit möglichst gleichmäßiger, weißer Sperberung, Schwanz braungrau oder rein dunkelgrau mit hellgrauer Sperberung; einzelne dunkelgraue Spritzer im Hals- und Sattelbehang gestattet. Untergefieder gelb bis cremeweiß. **Gr. F.:** Grau in Schultern, viel Grau im Sattelbehang, weißes Flügeldreieck, weißliche Brust, fehlende Schwanzzeichnung.
H e n n e : Dem Hahn gleichend, jedoch in der Sperberung etwas matter; unterer Halsbehang mit dunkelgrauer Schaftstrichzeichnung mit leichter Sperberung gestattet. Schenkelgefieder klar gesperbert. Untergefieder gelb bis cremeweiß. Augenfarbe orangerot bis rot. **Gr. F.:** Völlig fehlende Sperberung, graue oder schwarze Spritzer im Mantelgefieder.

Birkenfarbig
H a h n : Kopf-, Hals- und Sattelbehang silberweiß mit ausgeprägten schwarzen Schaftstrichen. Flügeldecken und Rücken silberweiß. Brust schwarz, schmale Silbersäumung einschließlich der Kropfpartie, bei Althähnen tiefergehende Zeichnung gestattet. Übriges Körpergefieder einschließlich Flügeldreieck schwarz mit grünem Glanz. Läufe fleischfarbig mit grauem Anflug. Sohlen weiß.
H e n n e : Kopf und Hals silberweiß mit schwarzen Schaftstrichen. Brust schwarz mit leichter Silbersäumung im Kropfbereich. Übriges Körpergefieder schwarz mit grünem Glanz. Läufe grau bis fleischfarbig mit weißen Sohlen; bei älteren Tieren aufgehellte Lauffarbe. Augenfarbe rot bis orangerot, bei der Henne rotbraun gestattet.
Gr. F.: Fehlender Grünglanz; fehlende, zu klatschige oder zu tief reichende Säumung auf der Brust; weiße Federkielzeichnung; Säumung auf Schenkel und Bauch, Weiß im Flügeldreieck der Hähne, Zeichnung im Mantelgefieder der Hennen.

1,1 Norwegische Jaerhühner

Norwegische Jaerhühner

Zuchtidee

Abgehärtetes und genügsames Kennhuhn, leicht und beweglich.

Was ist zu fordern?

Untersetzte Walzenform, mittelhohe Stellung, straffes Gefieder.

Was ist abzulehnen?

Zu leichter oder zu kleiner Körper, Fehlen der Kennhuhnmerkmale.

Geschichtliches

Aus Landhühnern im rauhen Gebirgsklima Norwegens erzüchtet und seit 1920 auf einheitliche Rassemerkmale gezüchtet. Im Vordergrund der züchterischen Bemühungen im Herkunftsland stand besonders die Widerstandskraft gegenüber den kalten nordischen Wintern sowie die beachtliche Legeleistung.

Form und Kennzeichen

Hahn

Gewicht:	1,75 bis 2 kg.
Kopf:	Mittelgroß, doch nicht zu breit.
Schnabel:	Kräftig und leicht gebogen, gelblich mit etwas Grau.
Augen:	Groß, rotbraun.
Kamm:	Einfach, mit 4 bis 5 nicht zu spitzen Zacken. Die Kammfahne darf leicht der Nackenlinie folgen.
Ohrscheiben:	Klein, länglichrund, möglichst glatt und weiß. **Gr. F.:** Stark rote Ohrscheiben.
Kehllappen:	Mittellang und gut gerundet.
Gesicht:	Unbefiedert, rot.
Hals:	Mittellang, aufrecht getragen, Behang stark entwickelt.
Brust:	Gut gerundet und vorgewölbt.
Rumpf:	Etwas gedrungene Walzenform, untersetzt wirkend. **Gr. F.:** Zu leichter oder kleiner Körper.
Bauch:	Voll und breit.
Rücken:	Mittellang, fast waagerecht, leicht gebogen.
Flügel:	Lang und kräftig, fest anliegend.
Schwanz:	Reich befiedert, mit stark gebogenen Sicheln, sehr hoch getragen.
Schenkel:	Kräftig und nicht zu lang hervortretend; fest anliegendes Gefieder.
Läufe:	Mittellang, nicht zu starkknochig, hellgelb. Reingelbe Läufe sind nicht fehlerhaft.
Gefieder:	Fest anliegend, Federn gut gerundet.

Henne

Gewicht:	1,5 bis 1,75 kg. Bruteier-Mindestgewicht: 50 g. Schalenfarbe der Eier: Weiß.

Sie gleicht dem Hahn bis auf die geschlechtsbedingten Unterschiede. Hochgetragene Schwanzpartie, doch etwas flacher als beim Hahn. Die Steuerfedern sind breit und fächerförmig. Der im Gewebe feine Kamm ist klein und darf im hinteren Teil leicht umliegen.

Ringgröße: Hahn V, Henne VI

Farbe und Zeichnung

H a h n : Kopf und Halsbehang weiß mit strohgelben Querstreifen, die nach unten etwas breiter werden. Rücken und Sattelbehang weiß mit graubraunen bis gelben Streifen und goldenem, gesperbertem Saum. Die Steuerfedern sind weiß, leicht graugesäumt, die Haupt- und Nebensicheln weiß mit leicht graubrauner Sperberung. Die Schultern sind hellgelb bis golden mit weißer Sperberung, die Armschwingen weiß. Die Brust ist weiß mit cremegelber Sperberung. Bauch und Schenkel zeigen ungleichmäßige graubraune bis gelbe Sperberung. Die helle Farbe kann beim Hahn et-

was variieren, doch darf das harmonische Gesamtfarbbild dadurch nicht beeinträchtigt werden.
Henne: Kopf und Halsbehang cremefarbig mit gelbbrauner Sperberung, Rücken dunkelbraun mit gelber Sperberung. Die Flügel sind etwas heller als die Rückenfarbe. In Hand- und Armschwingen ist Weiß gestattet. Der Schwanz ist dunkelbraun mit aufgehellter braungelber Rieselung. Die Brust ist grau mit heller, gelbbrauner Sperberung. Bauch und Schenkel sind etwas schwächer und grauer gesperbert. Die Farbe ist gleichmäßiger als beim Hahn. die Sperberung ist nicht scharf abgesetzt.
Gr. F.: Beim Hahn Fehlen der strohgelben Querstreifen im Halsbehang, schlecht ausgeprägte Flügelbinden und Fehlen der Sperberung an Bauch und Schenkeln, bei der Henne zu unterschiedliche Grundfarbe und fehlende Schwanzrieselung.

1,1 Orloff, rotbunt

Orloff

Zuchtidee

Derbes Landhuhn, eine Mittelform zwischen Landhuhn und Malaie. Ziemlich kräftiger Knochenbau, stark bemuskelt. Hahn, aufgerichtet mit abfallendem Rücken, verkörpert den Kämpfertyp besser als die Henne, die den Rumpf mehr waagerecht trägt und wenig Kämpfercharakter zeigt. Eine eigenartige, höchst rassige Erscheinung. Trotz ihres kämpferischen Aussehens sind die Orloff sehr zahm. Sie befriedigen ihre Züchter sowohl als Sporthuhn als auch als Wirtschaftshuhn.

Was ist zu fordern?

Ein robuster Typ und etwas höher stehend als das Landhuhn, dagegen schwächer und wesentlich niedriger gestellt als der Malaie.

Was ist abzulehnen?

Schwacher Körper mit spärlichem Schwanz und mangelhafter Zeichnung, schmaler und langer Kopf, flachliegendes Auge.

Geschichtliches

Die Orloff kommen aus Persien (Provinz Gilan) und Rußland. Sie erinnern stark an Malaien, und wir gehen nicht fehl in der Annahme, daß sie aus Malaien und dem russischen Barthuhn Pawlowa, dem weitverbreiteten russischen Landhuhn früherer Zeiten, entstanden sind. 1884 wurden sie erstmals nach Leipzig und Wien eingeführt. Sie haben bei uns zufolge guter wirtschaftlicher Eigenschaften von allen Kampfhuhnrassen die größte Verbreitung gefunden. Bei den Orloff überwiegt der Landhuhntyp gegenüber dem Malaientyp; ursprünglich war dies gerade umgekehrt. 1910 importierte Pfarrer Ranft zum zweiten Mal aus Moskau einen Stamm brauner Orloff, von denen wohl alle jetzigen Stämme in Deutschland aller Wahrscheinlichkeit nach abstammen dürften.

Form und Kennzeichen

Hahn

Gewicht:	3 bis 3,5 kg.
Kopf:	Mittelgroß, vorn sehr breit, mäßig gewölbt.
Schnabel:	Kurz, kräftig, wenig gebogen, gelb; bei den Farbigen mit dunklem First.
Augen:	Groß, durch die überstehenden Augenbrauen kleiner, finster und wild erscheinend, perlfarbig bis orangerot.
Kamm:	Ein 1–2 Zentimeter hoher Fleischwulst mit Vertiefungen und zum Teil mit Federborsten besetzt. Fest auf dem Schädel sitzend. **Gr. F.:** Steh-, Erbsen- oder Rosenkamm.
Ohrlappen:	Ohne Bedeutung. Sollen vom Bart verdeckt sein.
Kehllappen:	Fast verkümmert.
Backenbart:	Stark. **Gr. F.:** Fehlender Bart.
Kinnbart:	Voll. Weit am Unterschnabel vorgezogen. **Gr. F.:** Fehlender Bart.
Gesicht:	Nur am Schnabelgrund sichtbar, sonst vom Bart verdeckt.
Hals:	Lang, gerade aufgerichtet, mit recht vollem Halsbehang, dadurch im Genick gut abgesetzt.
Brust:	Breit, wenig hervortretend. **Gr. F.:** Sehr schmale Brust.
Rumpf:	Mittellang, breit und gedrungen, mit breiten, gut abgesetzten Schultern, abfallende Haltung. **Gr. F.:** Schmaler, spindeliger Rumpf.
Bauch:	Breit und gut entwickelt. **Gr. F.:** Wenig entwickelter Bauch.
Rücken:	Mittellang, breit, flach, mit nicht zu langem Sattelbehang. **Gr. F.:** Gewölbter oder sehr schmaler Rücken.
Flügel:	Mäßig lang, anliegend getragen, aber in den Schultern etwas abstehend.
Schwanz:	Verhältnismäßig kurz, ziemlich breit und aufrecht getragen, bis rechtwinklig erlaubt; mit vielen langen, wallenden Sicheln.
Schenkel:	Mittellang, gut hervortretend, mit dicht anliegendem Gefieder.
Läufe:	Mittellang, glatt, zitronengelb bis orangegelb, gut gespreizte Zehen. **Gr. F.:** Sehr blasse oder andersfarbige Läufe, Fußbefiederung, zu hohe Beinstellung.
Gefieder:	Reich am Kopf, Hals und Bauch. An der Brust verhältnismäßig knapp, so daß bei vollem Kropf das Untergefieder hervortritt.

Henne

Gewicht:	2,25 bis 2,75 kg.
	Jahres-Eierleistung: 130 weiße bis bräunliche Eier.
	Bruteier-Mindestgewicht: 53 g.
	Bruttrieb: Selten.

Entspricht im wesentlichen dem Hahn, der Rumpf wird aber mehr waagerecht getragen, mit voll entwickeltem Bauch. Der Kamm fehlt bei ihr ganz, an seine Stelle tritt eine mit kurzen Federborsten besetzte, hellrot leuchtende Stelle. Der Halsbehang ist im Nacken stark aufgebauscht. **Gr. F.:** Fehlender Bauch.

Ringgröße: Hahn II, Henne III.

Farbe und Zeichnung

Rotbunt
Hahn: Grundfarbe wie poliertes dunkles Mahagoniholz. Hals- und Sattelbehang etwas heller als Rücken und Flügelschild. Binden blauschillernd, Schwanz grünschillernd. Die Zeichnung ähnlich der Porzellanfarbe, doch ist sie nicht so regelmäßig. Bart weißlich, Armschwingen bunt, Handschwingen vorwiegend weiß; Brust und Schenkel grauschwarz, mit weißen Federn durchsetzt. Braune Federn in Brust und Schenkeln dürfen nicht als Fehler gewertet werden.
Henne: Grundfarbe rotbraun (im Ton einer frisch aus der Schale gefallenen reifen Kastanie). Etwas hellere Grundfarbe bei älteren Hennen mindert deren Wert nicht. Zeichnung der Porzellanfarbe ähnlich, nur nicht so regelmäßig und so sauber abgegrenzt.

Weiß
Reines Weiß.

Schwarz
Satte Farbe mit viel grünem Glanz, Untergefieder beim Hahn nach dem Grunde weißlich.

Mahagonifarbig
Wie sehr dunkles, poliertes Mahagoniholz mit sehr viel Glanz. Schwanz schwarz, grünglänzend. Brust und Bart beim Hahn schwarz zugelassen, bei der Henne schwarze Federn im Bart gestattet.

Gesperbert
Jede Feder in mehrfachem Wechsel von Schwarz mit Lichtblau leicht bogig quer gebändert. Beim Hahn in gleicher Breite; bei der Henne sind die dunklen Federteile etwas breiter als die hellen. Die Zeichnung ist nicht scharf, das Untergefieder nur schwach gezeichnet. Bart gezeichnet. Etwas angelaufene Lauffarbe bei Hennen ist milde zu beurteilen.

Orpington, 0,1 gelb und 1,0 rebhuhnfarbig

Orpington

Zuchtidee

Ein stattliches Wirtschaftshuhn mit den besten Eigenschaften: Vorzügliches weißes Fleisch in großer Menge, zarte, weiße Haut, Schnellwüchsigkeit und Mastfähigkeit machen es als Fleischhuhn wertvoll; hoher Ertrag wohlschmeckender, mittelgroßer Eier, die vorwiegend auch im Winter reichlich abgelegt werden. Es ist abgehärtet, genügsam mit den Räumlichkeiten und kann in beschränktem Auslauf und in niedrigen, nur meterhohen Einfriedungen ohne Schwierigkeiten gehalten werden. Die ruhigen, zutraulichen Hennen sind zuverlässige Brüterinnen und Führerinnen.

Was ist zu fordern?

Gleiche Form für alle Farbenschläge, eine Form, die die Nutzbarkeit in höchstem Maße gewährleistet. Ein durch stattliche Größe auffallendes, kräftiges, tiefgestelltes Huhn mit stark entwickelter, dichter, nicht zu weicher Befiederung. Die Form ist fast würfelförmig, indem Körperhöhe und Körperbreite sich fast der Körperlänge nähern. Die volle, abgerundete, tiefe Brust läßt das Fleischhuhn erkennen, während die stark entwickelten Bauchteile das Legehuhn kennzeichnen. Das Temperament ist ruhig und zutraulich. Erhaltung der Brutlust im Interesse der Züchter mit kleinen Zuchtstämmen. Erzielung von Wintereiern und Frühbruthennen.

Was ist abzulehnen?

Schmale und schwache Tiere, Cochin-Form, kleine, kurzrückige, krüperhaft gestellte Federbälle.

Geschichtliches

Der Züchter W. Cook aus Orpington in der Grafschaft Kent in England schuf die Orpington vermutlich durch die Kreuzung von Plymouth Rocks, Langschan, Minorka u.a. und stellte seine Neuzüchtung 1886 erstmals aus. 1888/89 wurden sie erstmalig in Deutschland gezeigt. Zunächst nur wenig beachtet, fanden sie infolge ihrer außerordentlichen Nutz- und Schaueigenschaften bald eine große Verbreitung. Bei der Nationalen 1903 standen nur 25 Tiere, 1910 in Berlin 511 Tiere. Zu diesem Aufstieg trug 1908 hervorragend Walter Gasch, Dresden, bei, der damalige Vorsitzende und Gründer des Sondervereins. Die früher gezeigten neun Farbenschläge entstanden in der Reihenfolge: Schwarz, Weiß, Gelb, Porzellanfarben, Schwarz-Weißgescheckt, Gestreift, Blau, Rot, Rebhuhnfarbig. Davon hat sich der gelbe Farbenschlag am meisten verbreitet. Anerkannt und zugelassen sind außerdem Birkenfarbig und Gelb-Schwarzgesäumt.

Form und Kennzeichen

Hahn

Gewicht: 3 bis 4 kg.
Kopf: Klein, gut gerundet.
Schnabel: Stark, leicht gebogen.
Augen: Orangerot bis schwarz, je nach Farbenschlag.
Kamm: Einfach, aufrechtstehend, niedrig, gleichmäßig mit 4 oder 5 Zacken versehen, mit nicht zu breiter, dem Nacken leicht folgender Kammfahne.
Ohrlappen: Rot, mittellang. **Gr. F.:** Weiß in den Ohrlappen.
Kehllappen: Mittelgroß, rund.
Gesicht: Von feinem Gewebe.
Hals: Mittellang, stark durch den vollen Behang, leicht gebogen.
Brust: Tief, breit, besonders voll entwickelt. **Gr. F.:** Hohe, flache Brust.
Rumpf: Groß, massig, breit und tief, annähernd einen Würfel bildend, indem Höhe und Breite fast der Körperlänge gleichkommen. **Gr. F.:** Schmaler Körper, Cochinform.
Bauch: Breit, voll, tief und flaumreich.
Rücken: Breit aus den stark entwickelten Schultern kommend, kurz erscheinend durch den überfallenden, reichen Halsbehang und den zum Schwanz allmählich ansteigenden federreichen Sattel. Die Hals-Rücken-Schwanz-Linie bildet einen ausgeglichenen Bogen. **Gr. F.:** Buckelpolster.
Flügel: Klein, fest anliegend.
Schwanz: Kurz, durch den vollen Sattel sehr breit, Steuerfedern durch zahlreiche Sicheln möglichst verdeckt. **Gr. F.:** Langer, spitzer oder stark offener Schwanz.
Schenkel: Fleischig, durch flaumiges Gefieder verdeckt. **Gr. F.:** Hohe oder krüperhafte Stellung.
Läufe: Mittellang, unbefiedert.

Henne

Gewicht: 2,5 bis 3,5 kg.
Jahres-Eierleistung: 130 bis 160 gelbschalige Eier.

Orpington, 1,0 schwarz-weißgescheckt und 0,1 porzellanfarbig

Bruteier-Mindestgewicht: 53 g.
Bruttrieb: Zuverlässig.

Sie ist noch gedrungener in der Form als der Hahn. Rücken: Noch sichtbar, trotz der Federfülle in Halsbehang und Sattelpolster, die ausgeglichene Bogenlinie Kopf – Rücken – Schwanzspitze muß gewahrt bleiben. Schwanz: Kurz, durch den vollen Sattel sehr breit, die Steuerfedern von den langen Deckfedern fast eingedeckt. Der höchste Punkt des Schwanzes liegt kurz vor der Schwanzspitze, der äußerste Punkt nach hinten nicht in der oberen, sondern ungefähr in der dritten Steuerfeder. Freie, nicht krüperhafte Stellung.

Ringgröße: Hahn II, Henne III.

Farbe und Zeichnung

Schwarz
Das Gefieder ist von einem tiefgrün glänzenden Schwarz mit schwarzem Flaum. Der Schnabel und die Läufe sind schwarz, die Augen schwarzbraun. **Gr. F.:** Mattes, bronze- oder violettglänzendes Gefieder, heller Flaum.

Gelb
Sattes, glänzendes Gelb am ganzen Körper. Flaumgefieder und Federschaft gelb, Augen orangerot, Läufe weiß bis hellfleischfarben, Schnabel weiß bis hellhornfarben. **Gr. F.:** Lichte, verwaschene oder dunkle, rote Farbe, dunkle Flügeldecken, helle Flekken auf Rücken und Sattel bei jungen Hennen, Weiß in Schwanz und Schwingen, graues Flaumgefieder.

Porzellanfarbig
Rotbraune Grundfarbe, jede Feder an der Spitze mit einem runden, schwarzen Tupfen, in dem eine weiße Perle am äußersten Ende steht. Das Gefieder erscheint wie mit weißen Perlen berieselt. Sicheln und Steuerfedern schwarz mit weißer Spitze. Schnabel weiß oder hellhornfarben, Augen orangerot, Läufe weiß bis hellfleischfarben. **Gr. F.:** Zu schwarze Brust, ganz weiße Schwingen oder Schwanzfedern. Fahle, hellbraune Grundfarbe, Pfefferung in der Grundfarbe.

Schwarz-Weißgescheckt (Schwarz mit weißen Tupfen)
Hauptfarbe grünglänzend schwarz, die Federenden mit weißer Spitze. Bei der Henne möglichst gleichmäßig verteilte Zeichnung. Beim Hahn und bei Jungtieren ist das Schwarz vorherrschend. Mit dem Alter wird die weiße Zeichnung stärker. Schnabel weiß, Läufe weiß bis hellfleischfarbig, dunkle Flecken gestattet, Augen orangerot. **Gr. F.:** Rostiges oder mattes Schwarz, beim Hahn stark weiße Schwingen, Steuerfedern und Sicheln, bei der Henne sehr grobe oder zu wenig Zeichnung.

Gestreift
Jede Feder in möglichst gleichmäßigem Wechsel mehrfach schwarz und scharf abgesetzt zart hellgrau nicht zu schmal quer gestreift. Die Streifen verlaufen geradlinig und beim Hahn in gleicher Breite; die Henne hat breitere schwarze Streifen und wirkt daher dunkler als der Hahn. Das Federende mit schwarzem Streifen. Untergefieder durchgezeichnet. Schnabel weiß bis hellhornfarben. Läufe weiß bis hellfleischfarbig, Augen orangerot. **Gr. F.:** Gelbe oder braune Töne, verwaschene oder zerrissene Streifung.

Blau-Gesäumt
Ein reines Taubenblau als Grundfarbe. Jede Feder durch einen dunkleren Saum begrenzt. Hals- und Sattelbehang blauschwarz. Schwanz blau. Schnabel dunkelhornfarben, Läufe schieferblau, Augen dunkelbraun, bei der Henne dunkler als beim Hahn. **Gr. F.:** Zu helles Blau ohne Säumung, starker Rost im Gefieder, besonders im Sattel, weiße, schwarze oder gefleckte Federn.

Rot
Glänzendes, leuchtend braunrotes Gefieder, gleichmäßig über den ganzen Körper sich erstreckend, ohne Flecken und Schattierungen. Auch Flaumgefieder und Federkiele rot. Schnabel weiß oder hellhornfarben, Augen orangerot, Läufe weiß bis hellfleischfarben. **Gr. F.:** Gelbrote oder zu dunkle Farbe, fleckiges Gefieder, Weiß oder Grau im Flaumgefieder.

Rebhuhnfarbig-Gebändert
H a h n: Kopf rotbraun, Hals und Sattel goldfarbig mit nicht zu breitem schwarzem Schaftstrich. Rücken und Schultern braungold. Flügeldecken goldbraun schwarz durchsetzt. Schwingen innen schwarz, außen braun. Brust, Bauch und Schenkel schwarz mit leichter brauner Säumung, ebenso Steuerfedern. Sicheln schwarz, braune Einstreuungen zugelassen. Schnabel weiß bis hellhornfarben, Augen rot, Läufe fleischfarbig.
H e n n e: Grundfarbe goldbraun. Jede Feder mit möglichst drei, dem braunen Federrand parallellaufenden schmalen, schwarzen Bändern gezeichnet. Halsbehang

goldfarbig bis goldrot, Unterfarbe bräunlichgrau, Federkiele im Untergefieder möglichst bräunlich. Schnabel weiß bis hellhornfarbig, Läufe fleischfarbig, leichter grauer Anflug zulässig, Augen orangerot. **Gr. F.:** Rein schwarze oder große braune Flecken in Brust und Schenkeln des Hahnes, Weiß in Schwingen und Schwanz, rote Flügeldecken, durchstoßender Schaftstrich (Rußkragen), graue Grundfarbe oder zu helle Brust bei Hennen, zerrissene Zeichnung.

Weiß
Reinweiße Gefiederfarbe, Schnabel weiß, Läufe weiß bis hellfleischfarben, Augen orangerot. **Gr. F.:** Gelber Anflug des Gefieders, besonders auf Flügeldecken, Hals- oder Sattelbehang.

Birkenfarbig
Hahn: Kopf, Hals- und Sattelbehang silberweiß mit ausgeprägten schwarzen Schaftstrichen. Flügeldecken und Rücken silberweiß. Brust schwarz, schmale Silbersäumung einschließlich Kropfpartie, bei Althähnen auch tiefergehende Zeichnung zulässig. Körpergefieder einschließlich Flügeldreieck schwarz mit grünem Glanz. Läufe fleischfarbig mit grauem Anflug, Sohlen weiß. Schnabel hell- bis dunkelhornfarbig, Augen orangerot. Bei Alttieren beider Geschlechter aufgehellte Lauffarbe. **Gr. F.:** Klatschige Brust- und Schenkelzeichnung, bis hinter die Schenkel reichende Säumung, jegliches Weiß oder Silber im Flügeldreieck.
Henne: Kopf und Hals silberweiß mit schwarzen Schaftstrichen. Brust schwarz, leichte Silbersäumung bis zum Kropf zulässig, übriges Gefieder schwarz. Läufe grau bis fleischfarbig, Sohlen weiß, Augen- und Schnabelfarbe wie beim Hahn, jedoch bräunliche Augenfarbe gestattet. **Gr. F.:** Zu schwarzer Hals, zu tief reichende Säumung, Zeichnung im Mantelgefieder (jedoch ist bei durchgehender Halszeichnung eine leichte Schultersäumung vorläufig nicht zu strafen).

Gelb-Schwarzgesäumt
Hahn: Kopf dunkelgoldgelb. Halsbehang goldgelb mit angedeuteten schwarzen Schaftstrichen und schwarzer, saumartiger Zeichnung am Federende. Sattelbehang dunkelgoldgelb; schwarze Tropfenzeichnung sowie schwarzer Saum gelten als Vorzug. Rücken und Flügeldecken satt dunkelgoldgelb bis goldbraun, im Farbton wesentlich intensiver als das übrige Gefieder. Die größeren Flügeldeckfedern (Binden) satt dunkelgelb bis zimtfarbig und klar schwarz gesäumt. Armschwingen (Flügeldreieck) goldgelb bis zimtfarbig mit mehr oder weniger ausgeprägter, schwarzer Säumung und halbmondförmigen, schwarzen Federenden. Handschwingen Außenfahne goldgelb bis zimtfarbig; schwarz meliert und etwas weiße Spitzen gestattet; Innenfahnen schwarzbraun. Brust dunkelgoldgelb bis zimtfarbig mit breitem lackreichem, schwarzem Saum. Schenkel und Bauch wie Brust, jedoch noch breiter im Saum. Aftergefieder grau bis schwarz erscheinend. Schwanz dunkelgoldgelb bis zimtfarbig mit lackreicher, schwarzer Säumung. Steuerfedern zimtfarbig mit halbmondförmigen schwarzen Federenden; schwarz meliert gestattet. Schnabelfarbe hellhornfarbig. Lauffarbe fleischfarbig. Augenfarbe orangerot. **Gr. F.:** Zu helle, messingfarbige Behänge; fehlende Säumung auf Brust, Schwanzfedern sowie den größeren Flügeldeckfedern (Binden); zu rote, braune oder zu helle Farbtöne; stark schilfiges Untergefieder.
Henne: Hauptfarbe dunkelgoldgelb bis zimtfarbig, jede Feder des Mantelgefieders mit möglichst gleich breitem schwarzem Saum; im Gesamtbild insgesamt etwas

dunkler als der Hahn. Halsbehang dunkelgoldgelb, durch sehr breite, schwarze Säumung oft fast schwarz wirkend. Schwingen, Bauch- und Aftergefieder sowie Steuerfedern wie beim Hahn. Etwas weiße Spitzen der Handschwingen und leicht melierte große Schwanzdeckfedern vorerst gestattet. Schnabelfarbe hornfarbig. Lauffarbe fleischfarbig, leichter grauer Anflug gestattet. Augenfarbe orangerot. **Gr. F.:** Zu dunkle oder zu helle, fleckige Hauptfarbe; helle Nervzeichnung; mangelhafte Säumung. Bei beiden Geschlechtern: Fehlende Schenkelzeichnung; starke Rieselung oder Pfefferung im Federmittelfeld; Schilf in Schwingen; stark aufgehelltes Aftergefieder; fleckige Lauffarbe; braune Augenfarbe.

1,1 Ostfriesische Silbermöwen

Ostfriesische Möwen

Zuchtidee

Schlichtes, mittelhoch gestelltes, nicht zu plump wirkendes, robustes, aber sehr bewegliches Landhuhn. Hohe Legeleistung und gutes Fleischhuhn. Schnellwüchsig und wetterhart, guter Futtersucher, auf kleinem Raum gut zu halten. Keck und lebhaft. Volle, fest anliegende Befiederung mit völliger Zeichnungsverschiedenheit bei Hahn und Henne. Eier kunstbrutfest.

Was ist zu fordern?

Entwicklung eines mit hervorragenden Nutzeigenschaften ausgestatteten, farblich schönen Zeichnungshuhnes unter Beachtung der Eigenart seiner Zeichnungsanlagen. – Die Ostfriesische Möwe soll in erster Linie ein Leistungshuhn sein. Deshalb ist auf Form, gute Entwicklung, Geräumigkeit des Körpers, Glanz und intensive Färbung der Federzeichnung größter Wert zu legen.

Was ist abzulehnen?

Der Landhuhnform widersprechende, zu kleine, schwache, unentwickelte, andererseits grobknochige, plumpe, zu hoch gestellte Tiere, wie auch solche mit stumpfer, glanzloser Feder.

Geschichtliches

Ostfriesische Möwen stellen einen alten deutschen Landhuhntyp dar, der schon seit über 100 Jahren vornehmlich in Ost- und Westfriesland bis nach Westfalen herunter, wenn auch nicht in der heutigen Vollkommenheit, gezüchtet wurde und sich großer Beliebtheit erfreute. Vielfach waren die Möwen auch unter dem Namen Totleger, Alltagsleger usw. bekannt. Woher die Bezeichnung „Möwe“ stammt, dürfte schwer nachzuweisen sein. Ursprünglich wiesen die Möwen, die in den beiden Zeichnungsarten Silber und Gold auftraten, sprenkelartige Zeichnung auf. Um 1900 etwa nahmen ostfriesische Züchter ihre rassemäßige Züchtung in die Hand. Zunächst farblich und zeichnerisch stark verbessert, indem man ihnen die äußerst attraktive Flockenzeichnung anzüchtete, sind sie später auch formlich auf einen etwas schwereren Landhuhntyp umgezüchtet worden. Von den beiden Farbenschlägen fanden die Silbermöwen die weitaus größere Verbreitung.

Form und Kennzeichen

Hahn

Gewicht:	2,25 bis 3 kg.
Kopf:	Mittelgroß, schmal.
Schnabel:	Kräftig, leicht gebogen, blau bis hornfarbig.
Augen:	Lebhaft, ziemlich groß, rotgelb bis rotbraun.
Kamm:	Einfach, mittelgroß, regelmäßig gezackt, Fahne darf nicht der Nackenlinie folgen. **Gr. F.:** Übergroßer Kamm.
Ohrscheiben:	Nicht zu groß, glatt, weiß. **Gr. F.:** Stark rote Ohrscheiben.
Kehllappen:	Mittellang, gut gerundet.
Gesicht:	Mit Federchen besetzt, rot.
Hals:	Nicht zu lang, voll im Behang.
Brust:	Voll, tief angesetzt.
Rumpf:	Kräftiges, längliches Rechteck mit abgerundeten Kanten. **Gr. F.:** Zu leichter oder zu plumper Körper.
Bauch:	Ziemlich breit und voll.
Rücken:	Möglichst waagerecht.
Flügel:	Kräftig, fest angelegt.
Schwanz:	Breit, hoch getragen, mit langen, gut gebogenen, breiten Sicheln und vollem Sattelbehang. **Gr. F.:** Steil- oder auch Fächerschwanz.
Schenkel:	Hervortretend.
Läufe:	Feinknochig, mittellang, schieferblau.

Henne

Gewicht:	1,75 bis 2,5 kg. Jahres-Eierleistung: Mindestens 200 weißschalige Eier. Bruteier-Mindestgewicht: 55 g. Nichtbrüter.

Der Rumpf der Henne zeigt eine gut abgerundete, längliche Viereckform mit voller, tief angesetzter Brust und vollem Bauch. Der kleine, gut gezackte Kamm darf höchstens an seinem hinteren Ende zur Seite neigen. Der Schwanz ist breit und wird etwas flacher als beim Hahn getragen. Sonst dem Hahn bis auf die durch das Geschlecht bedingten Unterschiede entsprechend.

Ringgröße: Hahn IV, Henne V.

Farbe und Zeichnung

Grundsatz: Die Henne mit schöner Flockenzeichnung ist federzüchterisch bei beiden Farbenschlägen das Hauptziel, dem sich die Hahnenfarbe anpassen muß. Ein Hahn mit ausgeprägter Zeichnung wird ein guter Zucht- und Schauhahn sein. Nacken- und Bindenzeichnung sowie Flockung hinter den Schenkeln sind zur Erzielung gut gezeichneter Hennen notwendig, daher zeichnungsmäßig zu werten. Bei den Goldmöwen ist die Nacken- und Bindenzeichnung nicht so stark ausgeprägt, da sich die Zeichnungsfarbe Schwarz zu Braun vererbungsmäßig anders verhält wie zu Weiß; andererseits ist die Flockung der Goldhenne im allgemeinen dichter und zeigt daher schon eher Neigung zur Bänderung.

Silber-Schwarzgeflockt

Hahn: Obergefieder silberweiß, Untergefieder grau. Der Oberrücken zeigt unter dem Halsbehang tiefschwarze Tropfenzeichnung; auf den Flügeldecken verdeckte, tiefschwarze Flockung, bindenartig geordnet. Hinter den Schenkeln andeutungsweise möglichst tiefschwarze, leichte Flockenzeichnung. Schwingen: Innenfahne grauschwarz, etwas meliert, Außenfahne weiß. Schwanz reinschwarz, bei Nebensicheln weiße Säumung gestattet, Hauptsicheln schwarz. **Gr. F.:** Sprenkelung im Halsbehang; gelber Anflug im Deckgefieder; zu starke, verschwommene und wenig klar ausgeprägte Oberrückenzeichnung und Schwarz in den unteren Halsbehangfedern.

Henne: Kopf, Hals und Oberbrust weiß. Die ausgesprochen grobe, flockenartige und scharf abgesetzte Zeichnung tiefschwarz mit grünlichem Glanz (nicht grau oder braun), klare Sattel- und Schwanzzeichnung. Untergefieder grauschwarz. **Gr. F.:** Zu dichte oder zu bedeckte, verschwommene oder bänderartige Zeichnung, zu hoch hinaufreichende Brustzeichnung und Säumung statt Flockung in der Unterbrust.

Gold-Schwarzgeflockt

Hahn: Hauptfarbe glänzendes, in Hals- und Rumpfgefieder gleichmäßiges Goldbraun. Tropfenzeichnung im Oberrücken weniger ausgeprägt als bei Silber, vom Halsbehang verdeckt. Schwanz reinschwarz, in Nebensicheln goldene Säumung gestattet. **Gr. F.:** Zu dunkle oder zu helle, glanzlose Farbe, Schilf in Schwingen und Schwanz, Gold in den Hauptsicheln, Halsbehang farblich stark absetzend.

Henne: Hauptfarbe goldbraun, etwas heller als beim Hahn, mit klarer, schwarzer Flockung, zeichnungsfreie Brust wird angestrebt (bedarf jedoch noch milder Bewertung). Bei dunkleren Hennen reicht die Brustzeichnung etwas höher herauf. Das Zeichnungsbild wirkt enger (bei zeichnungsfreiem Halsbehang kein Fehler). **Gr. F.:** Zu braune oder lehmige Hauptfarbe, schwarze Spritzer in dieser, unklare Flockung, stark bänderartige Zeichnung, Säumung in der Unterbrust, starke Zeichnung im Halsbehang.

Paduaner, 1,0 chamois-weißgesäumt und 0,1 gold-schwarzgesäumt

Paduaner

Zuchtidee

Ein keckes und elegantes Haubenhuhn mit großer Vollhaube und dichtem Vollbart. Ein prächtiges Zierhuhn mit ruhigem und zutraulichem Wesen. Die Aufzucht der Küken erfordert Sorgfalt: durchlässigen Boden und Schutz gegen Niederschläge, damit die Hauben nicht naß werden. Ältere Hühner sind widerstandsfähiger und vertragen die Unbilden der Natur leichter. Sie sind keine Winterleger, legen aber im Frühjahr und Sommer recht fleißig Eier.

Was ist zu fordern?

Als Zierhuhn sind sie ausschließlich nach den Schönheitsmerkmalen zu beurteilen. Ein mittelgroßes, leichtgebautes Huhn, gestreckter Körper, nach hinten leicht abfallend getragen. Große, langfedrige Vollhaube, die aber Sichtfreiheit gewährleistet, starker Knebel- und Backenbart und voller Schwanz mit breiten, gut gebogenen Sicheln. Das Gefieder ist gut entwickelt und soll glatt anliegen. Angestrebt wird jetzt eine Eierleistung von 120 Stück im ersten Jahr.

Was ist abzulehnen?

Tiere mit fehlerhafter Haube, Eichhornschwanz und zu niedriger Stellung.

Geschichtliches

Man nimmt an, daß die Paduaner Abkömmlinge einer aus Rußland nach Oberitalien eingeführten Barthauben-Huhnrasse sind, die auch Polverara genannt wurde. Die

Paduaner dürften die Stammrasse nahezu aller unserer heutigen Hauben- oder Barthühnerrassen sein.
Von Oberitalien aus gelangten sie über ganz Westeuropa, wo sie zur Verbesserung der Fleischqualität und des Eierertrages in viele andere Rassen eingekreuzt wurden. Seit dem 18. Jahrhundert werden sie in den Hauptfarben in Deutschland gezüchtet. Die Paduaner sind wahrscheinlich das älteste, mit scharfer und bestimmter Zeichnung versehene Rassehuhn. In dem großen Bildwerk des Berliner Rektors Frisch von 1763 ist eine Goldpaduanerhenne farbig dargestellt. Sie hatte damals schon einen „großen Strauß und Federbart" und legte Eier, fast den Gänseeiern gleich. Wenn Silber- und Goldfarben vorhanden sind, sind zumeist die Silbernen als die ältesten nachweisbar. Die Chamoispaduaner sind wahrscheinlich erst durch Kreuzung von Gold und Weiß entstanden, aber auch schon sehr alt.

Form und Kennzeichen

Hahn

Gewicht:	2 bis 2,5 kg.
Kopf:	Mittelgroß, hoch und mit starker Schädelerhöhung versehen, große, langfedrige Vollhaube. Deren Federn sind strahlenförmig nach oben, nach hinten und den Seiten gut verteilt, ohne Scheitelbildung, die Sichtfreiheit nicht beeinträchtigend. **Gr. F.:** Zu kleine oder schiefe Haube, fehlende Sichtfreiheit.
Bart:	Starker Kinn- und Backenbart. **Gr. F.:** Fehlender oder unvollkommener Bart.
Schnabel:	Kräftig, gebogen, mit stark aufgetriebenen Nasenlöchern versehen, bläulichgrau.
Augen:	Braun, bei Weißen und Gesperberten orangerot.
Kamm:	Fehlt (kleine fleischige Erhöhungen anstelle des Kammes gelten nicht als Fehler). **Gr. F.:** Sehr auffällige Kammbildung.
Ohrscheiben:	Klein, vom Bart und von der Haube völlig verdeckt.
Kehllappen:	Am besten ist es, wenn sie nicht vorhanden oder nur angedeutet und nicht sichtbar sind.
Hals:	Mittellang, ziemlich aufrecht getragen und nur leicht gebogen. Wird von sehr vollem Behang geziert.
Brust:	Voll, gut abgerundet und hoch getragen.
Rumpf:	Leicht und gestreckt gebaut, über den Schultern breit, nach hinten schmäler werdend. **Gr. F.:** Spitzbrüstiger oder schwächlicher Rumpf.
Bauch:	Gut ausgebildet.
Rücken:	Mäßig lang, mit sehr reichem Sattelbehang.
Flügel:	Mäßig lang, gut anliegend.
Schwanz:	Reich an Federn, breite, gut gebogene Sicheln, nicht höher als im rechten Winkel getragen.
Schenkel:	Mittellang, dicht befiedert.
Läufe:	Mittellang, unbefiedert, blaugrau, bei Schwarzen, Weißen und Gesperberten siehe Farbe und Zeichnung. **Gr. F.:** Zu niedrige oder zu stelzige Stellung.

Henne

Gewicht: 1,5 bis 2 kg.
Jahres-Eierleistung: Etwa 120 weißschalige Eier im ersten Jahr.
Bruteier-Mindestgewicht: 48 g.
Bruttrieb: Nicht vorhanden.

Der Körperbau ist etwas gedrungener und die Stellung niedriger als beim Hahn, sie ist auch waagerechter in der Haltung. Die Hennenhaube ist anders geformt. Sie ist größer, kugelförmiger und dicht geschlossen, den Blick der Augen gut freilassend. Ihre Haubenfedern sind breiter und nicht so lang wie beim Hahn. Kinn- und Backenbart sind dicht und gut ausgebildet. Das Gefieder soll anliegen.

Ringgröße: Hahn IV, Henne V.

Farbe und Zeichnung

Gr. F. bei allen gezeichneten Farbenschlägen: stark verschwommene Zeichnung oder unreine Farbe bei Einfarbigen.

Schwarz
Gefieder reinschwarz mit grünem Glanz. Bei Jungtieren sind Lauf- und Schnabelfarbe blaugrau bis schwarz, bei Alttieren graublau oder bleifarbig.

Weiß
Die Befiederung ist möglichst reinweiß, ohne gelblichen Anflug. Lauffarbe weiß oder blaugrau.

Silber-Schwarzgesäumt
H a h n : Bei schwarzem Untergefieder jede Feder mit weißem Mittelfeld und schwarzem, grünglänzendem, möglichst schmalem Saum. Haube, Hals- und Sattelbehang weiß mit schwarzer Zeichnung inmitten der Feder. Flügeldecken weiß mit angedeutetem schwarzem Saum. Schwingen weiß, die Außenfahne mit schwarzem Rand. Über die Flügel ziehen sich zwei Binden. Schwanz möglichst reinweiß, besonders die Sicheln. Jede Feder mit schwarzem Rand. Deckfedern dem Sattelbehang entsprechend.
H e n n e : Jede Feder mit weißem Zeichnungsfeld und schmalem, schwarzem Saum. Haube mit gleichmäßiger schwarzer Säumung. Bart schwarz mit weißer Zeichnung.

Gold-Schwarzgesäumt
Zeichnung wie bei Silber-Schwarzgesäumt, an Stelle der silberweißen tritt dunkle Goldockerfarbe.

Chamois-Weißgesäumt
Ledergelbe Hauptfarbe. Hals- und Sattelbehang des Hahnes rotgoldgelb, Haube und Flügeldecken noch etwas dunkler. Das gesamte Gefieder rahmweiß gesäumt. Bart rahmfarbig, ins Weiße spielend.

Blau
Helleres oder dunkleres Blau mit oder ohne Säumung; Hahn in den Behängen dunkler.

Perlgrau
Zartes, helles Grau ohne Säumung bei beiden Geschlechtern. **Gr. F.:** Säumung, Ruß, Rost oder Schilf.

Gesperbert
Schwarze Grundfarbe mit grober, grauweißer Sperberung. Läufe weißlichgrau, fleischfarbig zulässig.

Tollbunt
Beide Geschlechter fast gleich gefärbt. Die Mantelgefiederfarbe ist zu 50 Prozent hellrotbraun und zu je 25 Prozent schwarz und weiß gleichmäßig über den ganzen Körper verteilt. Haube und Handschwingen sind etwas heller gefärbt. Das Untergefieder ist graubraun.

Phönix-Onagadori, 0,1 goldhalsig und 1,0 silberhalsig

Phönix-Onagadori

Die Onagadori sind nach japanischen Angaben wahrscheinlich aus gleichen Vorfahren entstanden wie die Shokoku. Die Junghähne und die Hennen beider Varianten der Phönix sind nicht mit Sicherheit zu unterscheiden. Bei den Onagadori wurde das Gen Gt festgestellt. Dieses Gen bewirkt, daß ein Teil der Sattel- und Schwanzfedern der Hähne nicht gemausert wird, sondern weiterwächst.
Bei Schauen sind die Hähne der Onagadori in besonderen Käfigen mit extrem hoch angebrachten Sitzstangen unterzubringen.

Zuchtidee

Ein vitales, elegantes Langschwanzhuhn vom Fasanentyp, das, unserem Klima und den gegebenen Umweltbedingungen angepaßt, eine echte Bereicherung der deutschen Rassegeflügelzucht bedeutet. Teilweise kann man auch bei den Hennen Sichelbildung bemerken. Bei den Hähnen wird ein Teil der Sattel- und Schwanzfedern nicht gemausert, so daß sie jährlich zwischen 70 und 90 cm wachsen und bei älteren Tieren eine Länge von 7, 8, ja 9 Metern und mehr erreichen.
Wesentliche Voraussetzung ist eine extreme Ruhehaltung der Hähne. Bei normaler Haltung wird die innere Sekretion der Hähne aktiviert, der sekretorische Zustand der Schwanzfedern verändert; sie wachsen nicht mehr und fallen leicht aus. Verantwortlich für das Längenwachstum der Schwanzfedern ist der Erbfaktor Gt.

Was ist zu fordern?

Die Zucht nur mit den langschwänzigsten und vitalsten Hähnen. Zuchtalter 2–4 Jahre. Bei den Zuchthennen reichliche Schwanzdeckfedern und lange Steuerfedern. Da In- und Inzestzucht, ist auf die Gesundheit der Zuchttiere besonders zu achten.

Was ist abzulehnen?

Tiere, die den genannten Forderungen nicht entsprechen, sind keine Zuchttiere, ferner plumpe Tiere.

Geschichtliches

Die Zucht langschwänziger Hühner in Japan ist etwa 1000 Jahre alt. Ob die Urrasse vom chinesischen Festland stammt – Shokoku ist der Name einer chinesischen Provinz – oder von Indonesien, von wo sich der Import von Langschwanzhühnern seit ca. 400 Jahren belegen läßt, ist nicht sicher. Bis in das 19. Jahrhundert gehörte die Haltung langschwänziger Hühner zu den Feudalrechten des japanischen Adels. Heute ist die Zucht dieser Hühner auch in Japan selten und gehört zur Tradition weniger Familien auf der Insel Shikoku in der Gegend der Städte Kochi, Ise und Nagoya. Um sie selbst in Japan vor dem Untergang zu bewahren, wurde 1908 die „Langschwanzhühner bewahrende Gesellschaft" gegründet, hatte man 1923 durch Regierungserlaß die verbliebenen Langschwanzhühner unter Naturschutz gestellt. 1952 wurde der Regierungserlaß, der es den Japanern verbietet, lebende Tiere zu verkaufen oder zu schlachten, erneuert. Die ersten Langschwanzhühner wurden bei uns 1873 als Phönix, nach den USA und England als Yokohama importiert. Obwohl sich sogar Hugo du Roi für die Rasse verwendete, blieb ihr Liebhaberkreis immer bescheiden. 1955 gelangte auf Veranlassung von Gerd Roth, damals Bad Schwalbach, ein Satz Bruteier direkt aus Japan zu uns, 1970 trafen bei Manfred Wild, Steinmauern bei Rastatt, 1,1 silberhalsige Onagadori ein. Die weißen Onagadori wurden durch Zuchtfreund Wild aus silberhalsigen Onagadori und schleppschwänzigen Leghorn (Tangred Line) erzüchtet.

Form und Kennzeichen

Hahn

Gewicht:	2 bis 2,5 kg.
Kopf:	Klein, schmal, länglich.

Schnabel: Hellhornfarbig bis blaugrau, bei Weißen auch gelb erlaubt.
Augen: Orangerot.
Kamm: Einfach, nicht zu hoch und nicht sehr tief geschnitten. Bei Althähnen seitliche Neigung der Kammfahne erlaubt.
Ohrscheiben: Klein, möglichst weiß.
Kehllappen: Mittellang, gut gerundet.
Gesicht: Glatt, rot. Bei Althähnen mit überreicher Schwanzlänge ist Blässe nicht zu strafen, da haltungsbedingt. Geringer Gesichtsschimmel ist bei älteren Hähnen mit weißen Ohrscheiben nachsichtig zu werten.
Hals: Mittellang, mit sehr langem und feinem Behang, der bis etwa auf die Mitte des Rückens fällt.
Rücken: Lang, kräftig in den Schultern, dann schmaler werdend.
Sattelbehang: Sehr schmal und lang, wird nur zum Teil durchgemausert. Die nicht gemauserten Federn erreichen im hohen Alter der Hähne Längen bis zu etwa 2 m. Einige Federn können in sich gedreht sein.
Brust: Voll, hoch getragen.
Rumpf: Schlank, leicht abfallend getragen. **Gr. F.:** Plumpe Figur.
Bauch: Knapp.
Flügel: Hoch und anliegend getragen.
Schwanz: Abfallend getragen, sehr lang, üppig entwickelt, Federn schmal. Die nicht gemauserten Federn wachsen jährlich um etwa 70 bis 90 cm bei entsprechenden Haltungsbedingungen. Drehung von Sicheln oder Schwanzdeckfedern ist nicht fehlerhaft. **Gr. F.:** Mangelnde Schwanzlänge bei Althähnen.
Schenkel: Mittellang, dicht befiedert.
Läufe: Mittellang, feinknochig, unbefiedert, Farbe belanglos.
Gefieder: Sehr lang, schmal, wenig Flaum, Sichelschäfte weich und biegsam. **Gr. F.:** Kurze oder zu breite Federn, besonders in Hals, Sattel und Schwanz.

Henne

Gewicht 1,5 bis 2,0 kg.
Bruteier-Mindestgewicht: 45 g.
Schalenfarbe der Eier: Gelblichweiß.

Die Henne hat einen kleinen Stehkamm und sehr kleine, flach gerundete Kehllappen. Sie verkörpert die schlanke Landhuhnform. Der Schwanz ist sehr lang und wird nahezu waagerecht getragen. Die großen Schwanzdeckfedern sind oft säbelförmig, die reich entwickelten Schwanzdeckfedern meist sichelartig gebogen. Die längsten überragen die Steuerfedern. Auch die Federn im Halsbehang und im Sattel sind sehr lang.

Ringgröße: Hahn IV, Henne V.

Farbe und Zeichnung

Bei allen Farbenschlägen ist die Farbreinheit von untergeordneter Bedeutung. Vorrangig sind stets die Form und das Gefieder mit den langen Behängen.

Goldhalsig
H a h n : Hals- und Sattelbehang orangerot mit Andeutung von schwarzen Schaftstrichen. Rücken und Schultern rot. Sichtbarer Teil der Schwingen braunrot. Flügelbinde, Brust, Unterkörper und Schwanz glänzend schwarz.
H e n n e : Heller oder dunkler wildfarbig, im allgemeinen in der Farbe zwischen den rebhuhnfarbigen Italienern und den dunklen Dorking stehend; auch ist meistens die Brustzeichnung der letzteren vorhanden.

Silberhalsig
Wie Goldhalsig, doch Silberweiß anstelle von Gold und Braun.

Orangehalsig
Hahn mit strohgelben Behängen und gelblichweißem Flügeldreieck. Die Henne mit bräunlicherem Ton, sonst wie Silberhalsige.

Weiß
Möglichst reinweiß.

Wildhalsig
H a h n : Schwarzbrauner Kopf, Hals- und Sattelbehang rotbraun mit schwarzen Schaftstrichen, Schultern und Rücken dunkelbraun, Handschwingen schwarz, Armschwingen außen braun, Flügelbinden und Schwanz grünglänzend schwarz, Brust, Bauch und Schenkel schwarz.
H e n n e : Kopf schwarz, Hals schwarz mit schmaler rotbrauner Säumung, Mantelgefieder braun mit ganz dichter, grünglänzend schwarzer Rieselung ohne schwarze Säumung. Jede Feder des Mantelgefieders zeigt einen hellen Nervstrich. Die Brust ist kastanienbraun mit seitlich dunkler Pfefferung. Der Bauch ist grauschwarz, die Schwanzfedern sind schwarz.

Phönix-Shokoku, 0,1 weiß und 1,0 goldhalsig

Phönix-Shokoku

Die Shokoku sind nach japanischen Angaben wahrscheinlich aus den gleichen Vorfahren entstanden wie die Onagadori, jedoch werden bei den Shokoku alle Federn in jedem Jahr durchgemausert. Die Junghähne und die Hennen beider Varianten der Phönix sind nicht mit Sicherheit zu unterscheiden.

Zuchtidee

Ein vitales, elegantes Langschwanzhuhn vom Fasanentyp. Teilweise kann man auch bei den Hennen Sichelbildung bemerken.

Was ist zu fordern?

Die Zucht nur mit den langschwänzigsten und vitalsten Hähnen. Zuchtalter 2–4 Jahre. Bei den Zuchthennen reichliche Schwanzdeckfedern und lange Steuerfedern. Da In- und Inzestzucht, ist auf die Gesundheit der Zuchttiere besonders zu achten.

Was ist abzulehnen?

Tiere, die den genannten Forderungen nicht entsprechen, sind keine Zuchttiere, ferner plumpe Tiere.

Form und Kennzeichen

Hahn

Gewicht:	2 bis 2,5 kg.
Kopf:	Klein, schmal, länglich.
Schnabel:	Hellhornfarbig bis blaugrau, bei Weißen auch gelb erlaubt.
Augen:	Orangerot.
Kamm:	Einfach, nicht zu hoch und nicht sehr tief geschnitten. Bei Althähnen seitliche Neigung der Kammfahne erlaubt.
Ohrscheiben:	Klein, möglichst weiß.
Kehllappen:	Mittellang, gut gerundet.
Gesicht:	Glatt, rot, bei mehrjährigen Hähnen blasser.
Hals:	Mittellang, mit sehr langem und feinem Behang, der weit bis auf den Rücken reicht.
Rücken:	Lang, kräftig in den Schultern, dann schmaler werdend.
Sattelbehang:	Schmal und lang, oft den Boden berührend.
Brust:	Voll, hoch getragen.
Rumpf:	Schlank, leicht abfallend getragen. **Gr. F.:** Plumpe Figur.
Bauch:	Knapp.
Flügel:	Hoch und anliegend getragen.
Schwanz:	Flach bis abfallend getragen, sehr lang, üppig entwickelt, Federn schmal.
Schenkel:	Mittellang, gut sichtbar.
Läufe:	Mittellang, feinknochig, unbefiedert, Farbe belanglos.
Gefieder:	Sehr lang, schmal, besonders im Sattelbehang, Sichelschäfte weich und biegsam, wenig Flaumgefieder. **Gr. F.:** Kurze Federn, besonders in Hals, Sattel und Schwanz.

Henne

Gewicht	1,5 bis 2 kg. Bruteier-Mindestgewicht: 45 g. Schalenfarbe der Eier: Gelblich-weiß.

Die Henne hat einen kleinen Stehkamm und sehr kleine, flach gerundete Kehllappen. Sie verkörpert die schlanke Landhuhnform. Der Schwanz ist sehr lang und wird nahezu waagerecht getragen. Die großen Schwanzdeckfedern sind oft säbelförmig, die reich entwickelten Schwanzdeckfedern meist sichelartig gebogen. Die längsten überragen die Steuerfedern. Auch die Federn im Halsbehang und im Sattel sind sehr lang.

Ringgröße: Hahn IV, Henne V.

Farbe und Zeichnung

Bei allen Farbenschlägen ist die Farbreinheit von untergeordneter Bedeutung. Vorrangig sind stets die Form und das Gefieder mit den langen Behängen.

Goldhalsig
Hahn: Hals- und Sattelbehang orangerot mit Andeutung von schwarzen Schaftstrichen. Rücken und Schultern rot. Sichtbarer Teil der Schwingen braunrot. Flügelbinde, Brust, Unterkörper und Schwanz glänzend schwarz.
Henne: Heller oder dunkler wildfarbig, im allgemeinen in der Farbe zwischen den rebhuhnfarbigen Italienern und den dunklen Dorking stehend; auch ist meistens die Brustzeichnung der letzteren vorhanden.

Silberhalsig
Wie Goldhalsig, doch Silberweiß anstelle von Gold und Braun.

Orangehalsig
Hahn mit strohgelben Behängen und gelblichweißem Flügeldreieck. Die Henne mit bräunlicherem Ton, sonst wie Silberhalsige.

Weiß
Möglichst reinweiß.

1,1 Plymouth Rocks, gestreift

Plymouth Rocks

Zuchtidee

Großes, kräftiges, elegantes Huhn mit hoher, breiter Stellung und stolzer Haltung; es ist ein ausgesprochenes Nutzhuhn: Leger vieler großer Eier (auch Winterleger) und gutes Tafelhuhn (leicht mästbar). Äußerst wetterfest, eignen sich die Plymouth Rocks besonders auch für rauhes Klima; leichte Kükenaufzucht, frühreif. Emsige Futtersucher, schlechte Flieger, sehr zutraulich, von lebhaftem, aber angenehmem Temperament.

Was ist zu fordern?

Großer, gestreckter, voller, breiter, tiefer Körper zur Erreichung der typischen Plymouth-Form. Kleiner Kopf mit kleinem Stehkamm, Gefieder gut anliegend, nicht bauschig. Kurzer, voller, breit angesetzter Schwanz, mit guter Rundung in den Rücken übergehend und mit diesem einen Winkel von etwa 130 bis 140 Grad bildend.

Was ist abzulehnen?

Mängel in der Form, besonders fehlende Brusttiefe, leichter Senkrücken, scharf eingesetzter Schwanz, Schlappkamm, fehlender Plymouth-Typ. Zu lange, schmale Feder.

Geschichtliches

Die Plymouth Rocks sind amerikanischen Ursprungs und Mitte des 19. Jahrhunderts aus Java, Dominikanern, Brahma und Cochin herausgezüchtet worden. In Europa sah man sie 1872 erstmals in England. In den achtziger Jahren kamen sie dann nach Deutschland und wurden schnell eine der beliebtesten Rassen. Anfangs als gesperberte Tiere angesprochen, wurde vom Sonderverein 1909 durch die Initiative des Vizepräsidenten des BDG, Herrn Bechtel (Breslau), die Bezeichnung „Gesperbert“ in „Gestreift“ umbenannt. Aus dieser gestreiften Rasse entstanden später schwarze, weiße, gelbe, rebhuhnfarbige und helle Farbenschläge.

Form und Kennzeichen

Hahn

Gewicht:	3 bis 3,5 kg.
Kopf:	Ziemlich klein, mit nicht zu schmalem Schädeldach, mäßig gewölbt. **Gr. F.:** Langer oder grober Kopf.
Schnabel:	Kurz und kräftig, gelb. **Gr. F.:** Andere Schnabelfarbe.
Augen:	Groß, feurig, gelb bis rot.
Kamm:	Einfach, klein, mit nicht zu tief gesägten Zacken.
Ohrlappen:	Mittelgroß, rot.
Kehllappen:	Mäßig lang.
Gesicht:	Leicht behaart, rot. **Gr. F.:** Stark behaart.
Hals:	Mittellang, kräftig, aufrecht getragen, mit reichem Behang.
Brust:	Breit, gut gerundet, tief angesetzt. **Gr. F.:** Schmale Brust.
Rumpf:	Lang, breit, tief, ein angehobenes Rechteck bildend. **Gr. F.:** Grobe Formmängel, geringe Größe.
Bauch:	Voll, breit und tief. **Gr. F.:** Spitze Hinterpartie.
Rücken:	Breit, gut gerundet, mittellang, in gleichmäßiger Breite in den leicht ansteigenden, vollbefiederten Sattel und den Schwanz übergehend. **Gr. F.:** Schmaler, abfallender oder Fischrücken.
Flügel:	Hoch getragen, kurz, fest anliegend.
Schwanz:	Kurz und voll, breit angesetzt, aus dem Sattel in schöner Rundung kommend. **Gr. F.:** Steilschwanz, lückenhafte Besichelung.
Schenkel:	Mittellang, kräftig, mit gut anliegendem Gefieder.
Läufe:	Mäßig lang, kräftig, jedoch nicht grobknochig, glatt, gelb. **Gr. F.:** Zu hohe oder zu enge Beinstellung.

Henne

Gewicht:	2,5 bis 3,0 kg.
	Jahres-Eierleistung: 180 bis 200 Eier mit dunkelgelber Schalenfarbe.
	Bruteier-Mindestgewicht: 55 g.
	Bruttrieb: Sehr mäßig.

Die Henne ist besonders typisch in der Form durch den langen, breiten, tiefen, aber mehr gedrungenen Rumpf, die leicht ansteigende Rückenlinie, die volle, tief getrage-

ne Brust und den gut entwickelten Bauch. Die Steuerfedern sind kurz und reichen nur wenig aus den Deckfedern hervor.
Ringgröße: Hahn II, Henne III.

Farbe und Zeichnung

Gestreift
Jede Feder in möglichst gleichmäßigem Wechsel mehrfach schwarz und scharf abgesetzt zart blaugrau quer gestreift. Die Streifen verlaufen geradlinig und beim Hahn in gleicher Breite; die Henne hat breitere schwarze Streifen und wirkt daher dunkler als der Hahn. Das Federende mit schwarzem Streifen. Untergefieder durchgezeichnet. Etwas dunkler Anflug an den Läufen der Hennen ist nachsichtig zu bewerten. **Gr. F.:** Mit Gelb, Grau oder Braun durchmischte Grundfarbe, verwaschene Zeichnung, weißes oder aschgraues Untergefieder ohne jede Zeichnung.

Schwarz
Obergefieder bei Hahn und Henne tiefschwarz mit käfergrünem Lack. Untergefieder beim Hahn nach dem Grunde zu weiß; reingelbe Lauffarbe bei den Hennen angestrebt. Schnabel gelb bis hornfarbig. Wenig Weiß in den Sicheln der Hähne und etwas unreine Läufe der Hennen bei gut geformten Tieren sind mild zu beurteilen. **Gr. F.:** Sichtbar weiße Schwingen, reichlich Weiß in den Sicheln bei jungen Hähnen, Rot oder Gelb im Gefieder, sehr dunkle Lauffarbe bei Hennen.

Weiß
Beide Geschlechter blendend weiß ohne gelben Anflug. **Gr. F.:** Stark gelber Anflug bei Jungtieren, andersfarbige Federn.

Gelb
Hahn und Henne zeigen am ganzen Körper ein gutes, mittelfarbiges Gelb, nicht ins Rötliche oder Braune übergehend. Schwanz tiefgelb bis bronzefarbig; gelb in Unterfarbe und Federschaft. **Gr. F.:** Vollkommen rotes Schmuckgefieder bei den Hähnen, zu mattes Gefieder bei den Hennen, starker Schilf bei beiden Geschlechtern, Moos oder Pfefferung im Rückengefieder der Hennen.

Rebhuhnfarbig-Gebändert
H a h n : Kopf rotbraun; Hals- und Sattelbehang goldbraun mit sehr zartem schwarzem, mehrfach durchbrochenem Schaftstrich; diese Federn sollen möglichst hennenfiedrig gezeichnet sein; Rücken und Schultern rotbraun; Flügeldecken rotgold mit Schwarz durchbrochen und abschließenden Binden; Armschwingen innen schwarz, außen braunrot – das Flügeldreieck bildend; Handschwingen schwarz mit braunem Außensaum; Steuerfedern schwarz; Haupt- und Nebensicheln grünschwarz, letztere mit zarter brauner Säumung; Brust, Bauch und Schenkel schwarz mit zarter brauner Säumung jeder Feder. **Gr. F.:** Zu wenig gezeichnete oder zu klatschige Brust, Bauch oder Schenkel; gänzlich fehlende Zeichnung in Hals- und Sattelbehang.
H e n n e : Die Grundfarbe ist ein saftiges Goldbraun, das weder ins Graue noch ins Gelbe gehen soll; die schmale schwarze Zeichnung hebt sich scharf und wirkungsvoll ab, sie besteht aus einer mehrfach der Federform folgenden Bänderung. Die Zeichnung soll sich möglichst gleichmäßig über den ganzen Körper erstrecken. Kopf

rotbraun. Halsbehang rotgold mit aufgelockerter Schaftstrichzeichnung. Aftergefieder in Grau übergehend. Schwingen und Steuerfedern schwarz bis dunkelbraun; Federkiel goldbraun. **Gr. F.:** Fehlende oder unklare Zeichnung, besonders an Brust und Rücken; starke Ungleichmäßigkeiten im Gesamtfarbbild. Weiße Federn bei beiden Geschlechtern.

Hell

H a h n und H e n n e fast übereinstimmend gezeichnet. Kopf rein silberweiß, Halsbehang mit breitem, tiefschwarzem, grünglänzendem Schaftstrich mit silberweißem Saum. Die Zeichnung hoch hinaufreichend (mindestens drei Viertel des Halsbehanges) und sich am Vorderhals schließend und so den Kragenschluß bildend. Die Federn des Oberrückens unter dem Halsbehang zeigen schwarze Tropfenzeichnung. Sattel des Hahnes möglichst ohne schwarze Schaftstriche, jedoch bei besonders dunklem Halsbehang Andeutung von Zeichnung erlaubt; das Kissen der Henne immer reinweiß. Der Schwanz des Hahnes rein schwarz mit grünem Glanz, kleine Sichelfedern des Hahnes und die Schwanzdeckfedern der Henne weißgesäumt, in den Hauptsicheln des Hahnes und den großen Schwanzdeckfedern der Henne weiße Säumung erlaubt. Schwingen schwarz mit weißer Außenfahne, so daß der zusammengelegte Flügel weiß erscheint. Das übrige Gefieder rein silberweiß, Untergefieder aschgrau. **Gr. F.:** Rußiger Halsbehang, starkes Durchstoßen der Schaftstriche im Halsbehang, gelber Anflug, schwarze Federn im Rücken, viel Weiß in den Schwanzfedern.

Dunkel

H a h n: Kopf, Rücken und Schultern silberweiß; Hals- und Sattelbehang silberweiß mit schwarzem, unterbrochenem Schaftstrich. Größere Flügeldecken (Binde) grünglänzend schwarz. Armschwingen Innenfahne schwarz, Außenfahnen weiß, das Flügeldreieck bildend; Handschwingen schwarz mit weißem Außensaum. Kehle, Brust, Bauch, Schenkel und Schwanz schwarz. Brust, Bauch und Schenkel schwach weißgesäumt. Untergefieder grau.

H e n n e: Kopf weiß bis silbergrau; Halsbehang silberweiß mit mehrfacher schwarzer Zeichnung, ähnlich der des Rumpfes, und weißem Schmucksaum. Mantelfarbe blaugrau bis stahlgrau mit mehrfacher, schwarzer, der Federform folgender Bänderung. Schenkel möglichst durchgezeichnet. Federkiele dunkel. Schwingen und Steuerfedern schwarz mit grauer Zeichnung, ebenso die zwei großen Schwanzdeckfedern gezeichnet. Untergefieder grau. **Gr. F.:** Hahn: Stark gelber Anflug; brauner Anflug in den Decken. Nicht unterbrochener oder durchgehender Schaftstrich in den Behängen. Reinschwarz oder zuviel Weiß in Brust, Bauch und Schenkeln. Henne: Stark brauner Anflug (größere braune Stellen im Mantelgefieder); fehlende oder verschwommene Zeichnung.

1,1 Ramelsloher, weiß

Ramelsloher

Zuchtidee

Ein Huhn, das sowohl den Sportzüchter als auch den Wirtschaftsgeflügelzüchter anspricht. Große, kräftige Landhuhnform mit gestrecktem, walzenförmigem Körper und mittelhoher Stellung, mittelhohem Stehkamm, dunklen Augen, bläulichweißen Ohrscheiben, blauem Schnabel und blauen Beinen. Lebhaft und doch zutraulich. Hohe Eierleistung (Winterleger) und feinfaseriges Fleisch. Leichte Aufzucht bei schneller Befiederung.

Was ist zu fordern?

Gestreckter, aber kräftiger Körperbau, Knochenbau nicht schwer. Harmonie zwischen Schönheit und Leistung.

Was ist abzulehnen?

Tiere mit schmaler und schwächlicher Figur, flacher Brust und Steilschwanz.

Geschichtliches

Die vor rund 120 Jahren in den Landstrichen der Unterelbe, den Vierlanden, gehaltenen robusten Vierländer Landhühner können als Urstamm unserer Ramelsloher angesehen werden. Dort waren nachweislich schon damals Tiere vorhanden, die Merkmale trugen, die unsere Rasse noch heute auszeichnen. – Der Hamburger Reeder

N. D. Wichmann jun. sammelte zu Zuchtzwecken die weißfedrigen Tiere dieses Landhuhnschlages und fand die geeignetsten Zuchttiere in dem Dorf Ramelsloh im Kreis Harburg. Die erstmalig 1874 in Hamburg zur Schau gestellten Tiere nannte er nach diesem Dorf, und seit jenen Tagen hat sich der Name Ramelsloher eingebürgert. Der Züchter Bergmann aus Hittfeld führte 1889 das Blut fehlfarbiger Andalusier zu, das sehr zur Verbesserung der Rasse beitrug.

Form und Kennzeichen

Hahn

Gewicht:	2,5 bis 3 kg.
Kopf:	Kräftig, breitschädelig.
Schnabel:	Kräftig, gebogen, rein hellblau mit hellerer Spitze. **Gr. F.:** Schnabelfarbe ohne jegliche Blautönung.
Augen:	Groß, dunkel, mit schwarzem Lidring umgeben. **Gr. F.:** Helle Augen.
Kamm:	Mäßig hoher Stehkamm, Kammblatt gleichbleibend breit, nicht der Biegung des Nackens folgend. 5–7 Zacken, sägeartig, ein Drittel der Kammhöhe ausmachend. Auf beiden Seiten befindet sich eine Reihe borstenartiger Federchen. **Gr. F.:** Übermäßig großer Kamm.
Ohrscheiben:	Mittelgroß, länglich-rund (mandelförmig), glatt anliegend, bläulichweiß.
Kehllappen:	Mäßig lang.
Gesicht:	Reichlich mit kleinen Federchen besetzt.
Hals:	Stolz aufgerichtet, gebogen, mäßig stark; voller, aber nicht zu langer Behang.
Brust:	Breit und voll. **Gr. F.:** Flache Brust.
Rumpf:	Kräftige Walzenform mit vollem Hinterteil. **Gr. F.:** Schmale, schwächliche Figur.
Rücken:	Gleichbleibend breit, lang, etwas abfallend, reicher, aber mäßig langer Sattelbehang. **Gr. F.:** Kurzer Rücken, stark abfallender Rücken.
Bauch:	Voll und tief.
Flügel:	Fest anliegend, gut geschlossen.
Schwanz:	Mittellang, handbreit, Steuerfedern ziemlich gleich lang, im stumpfen Winkel zum Rücken getragen, Steuerfedern unten wenig geöffnet; Sicheln gut gebogen, nicht breit, nicht über mittellang. **Gr. F.:** Steilschwanz.
Schenkel:	Hervortretend, kräftig, mit fest anliegender Befiederung.
Läufe:	Mittellang, nicht zu grob, glatt, schieferblau, bei älteren Tieren heller. Nägel weiß.

Henne

Gewicht:	2 bis 2,5 kg. Bruteier-Mindestgewicht: 56 g. Schalenfarbe: Weiß. Bruttrieb: Gering.

Rumpf fast waagerecht getragen, Rücken möglichst waagerecht, ohne Schwanzpolster, Brust ziemlich tief getragen, Schwanz im Verhältnis kurz, Steuerfedern bis zu drei Viertel von den reich entwickelten Schwanzdeckfedern bedeckt; Kopf erheblich kleiner als beim Hahn, Schädel flach; das Gesicht darf bläulich getönt sein. Kamm mehr oder weniger blau getönt, etwas umliegende Kammfahne ist nicht fehlerhaft. Kehllappen kurz, Ohrscheiben stärker blau getönt als beim Hahn. Sonstige Rassemerkmale wie beim Hahn mit den geschlechtsbedingten Unterschieden. **Gr. F.:** Stark abfallender Rücken, besonders bei Hennen, Wickelkamm.

Ringgröße: Hahn III, Henne IV.

Farbe und Zeichnung

Weiß
Rahmweiß; im Schmuckgefieder der Hähne gelblicher Anflug gestattet. **Gr. F.:** Gesprenkelte Sicheln.

Gelb
Gleichmäßiges Gelb; schwarzer Schwanz zulässig.

1,1 Redcaps

Redcaps

Zuchtidee

Eine Landhuhnform, die anmutig und lebhaft ist, aber nicht plump wirkt.

Was ist zu fordern?

Ein Huhn mit typischer Landhuhnform. Erhaltung der hervorragenden Legeleistung.

Was ist abzulehnen?

Plumpe Form, kleiner Kamm.

Geschichtliches

Die Redcaps wurden in England im 19. Jahrhundert aus Vorfahren der Hamburger Sprenkelhühner, Altenglischen Kämpfern und wahrscheinlich auch mit Hilfe der Dorking erzüchtet und in Deutschland 1988 anerkannt.

Form und Kennzeichen

Hahn

Gewicht:	2,5 bis 3,0 kg.
Kopf:	Mittellang und breit.
Schnabel:	Hornfarbig.
Augen:	Rot, voll und hervorstehend, vorläufig von gelblich bis bräunlich erlaubt.
Kamm:	Sehr großer Rosenkamm mit möglichst freistehenden seitlich abgeflachtem Schwertdorn, voll besetzt mit feinen Perlen, frei von Kammulden, gerade auf dem Kopf sitzend und gut abstehend von Augen und Gesicht getragen. Enormer Umfang, Länge ca. 8,5 cm und Breite ca. 7 cm. **Gr. F.:** Umliegender Kamm, zu kleiner oder zu schmaler Kamm.
Ohrlappen:	Von mittlerer Größe, rot. **Gr. F.:** Deutliches Emaille.
Kehllappen:	Mittellang, schön gerundet und fein im Gewebe.
Gesicht:	Rot, glatt feines Gewebe.
Hals:	Mittellang, leicht gebogen, voller, dennoch straffer Behang.
Brust:	Breit, voll und gerundet. **Gr. F.:** Flache Brust.
Rumpf:	Mittellang.
Rücken:	Breit, zum Schwanz etwas abfallend, flach, mittellang.
Schwanz:	Voll, im Winkel von ca. 45° getragen. **Gr. F.:** Eichhornschwanz.
Flügel:	Mäßig lang, angezogen und eng am Körper getragen.
Schenkel:	Kurz, aber doch noch gut sichtbar und fleischig.
Läufe:	Gerade und weit auseinanderstehend, mittellang, schieferblau, Zehen gut gespreizt. **Gr. F.:** Weidengrüner Anflug.

Henne

Gewicht:	2 bis 2,5 kg. Bruteier-Mindestgewicht: 55 g. Schalenfarbe der Eier: Weiß.

Die Henne hat eine gut abgerundete Form. Der Schwanz ist lang und voll und wird im Winkel von ca. 55° getragen. Der Kamm der Henne ist ungefähr halb so groß wie beim Hahn.

Ringgröße: Hahn III, Henne IV.

Farbe und Zeichnung

H a h n : Kopf-, Hals- und Sattelbehang jede Feder mit rotem Federschaft, mehr oder weniger ausgeprägter schwarzer Schaftstrichzeichnung mit käfergrünem Glanz, mehr oder weniger breitem rotem bis orangerotem Saum, der von einem oft nur haarfeinen schwarzen Außensaum eingefaßt ist und in einer schwarzen Spitze endet. Oberrükken dunkelgoldbraun mit schwarzen Federspitzen, zum Unterrücken hin in dunkelrote Grundfarbe übergehend. Flügeldecken kräftig rot. Große Flügeldeckfedern goldrotbraun mit schwarzen Tupfen, die die schwarze Flügelbinde bilden, Schwingen schwarz mit braunroter Außenfahne. Brust und Bauch schwarz, geringe rotbraune Einlagerungen zulässig. Schenkel und Schwanz schwarz mit grünem Lack.

H e n n e: Halsfarbe wie beim Hahn, aber mit rotbraunem Federschaft. Mantelfarbe sattes Goldrotbraun, jede Feder mit einem halbmondförmigen Tupfen endend, frei von Ruß. Die Zeichnung soll auf Brust, Rücken und Flügeln so gleichmäßig wie möglich sein. Schwingen wie beim Hahn. Schwanz schwarz. **Gr. F.:** Grobe Zeichnungsfehler, schwarzer Federschaft.

1,1 Rheinländer, schwarz

Rheinländer

Zuchtidee

Wetterhartes, frühreifes Legehuhn, das gegenüber den übrigen Geflügelrassen den Vorteil langjähriger Fruchtbarkeit und Legeleistung besitzt; helles Fleisch, gute Fleischqualität.

Was ist zu fordern?

Typische, derbe, gedrungene Landhuhnform; knapp mittelhohe Stellung, feinknochig, volle Befiederung, lebhaft, eifrige Futtersuche.

Was ist abzulehnen?

Große, grobknochige, desgleichen kleine, zierliche Tiere; erbbedingter violetter Farbton im Gefieder, Schilf, Bronzestreifen.

Geschichtliches

Um 1894 aus einem Landhuhnschlag von ansprechender Form und guter Legeleistung von Dr. von Langen herausgezüchtet. Im Jahre 1908 erhielt das „Eifeler Landhuhn" den Namen „Rheinländer-Huhn". Zunächst als Nutzhuhn (Leistungshuhn) mit seinen typischen Merkmalen: derbe, gedrungene Landhuhnform, tiefe Brust, voller Legebauch und Kastenform (im Goldenen Schnitt von 8:5), hat es auch in den späteren Jahren als Ausstellungshuhn seine heutige Bedeutung und Beliebtheit erlangt. Erstmals 1897 bei der IV. Nationalen in Frankfurt (als silberhalsiges deutsches Landhuhn) ausgestellt. Erster Wettlegesieg 1907/08 vor 67 anderen Stämmen. Dank vieler Förderer, wie Otto Trieloff (Duisburg), Ernst Rübenstrunk, Oskar Rimroth (beide Wermelskirchen) und Anton Montag sen. (Wuppertal-Vohwinkel) wurde dieses Huhn gezüchtet und weit über Deutschlands Grenzen bekannt.

Form und Kennzeichen

Hahn

Gewicht: 2 bis 2,75 kg.
Kopf: Mittelgroß, abgerundet.
Schnabel: Kräftig gebogen, hornfarbig bis schwarz.
Augen: Groß, dunkelbraun, jedoch nicht schwarz. **Gr. F.:** Helle Augen.
Kamm: Mittelgroßer, niedriger, fest aufsitzender, kleingeperlter Rosenkamm mit kurzem, der Nackenlinie folgendem Dorn. **Gr. F.:** Zu großer oder zu breiter Kamm, Kammulde, Schwertdorn.
Ohrscheiben: Rund, glatt, in der Größe eines Einmarkstückes, weiß. **Gr. F.:** Rot in den Ohrscheiben.
Kehllappen: Möglichst klein. **Gr. F.:** Zu lange oder stark faltige Kehllappen.
Gesicht: Mit Federn besetzt.
Hals: Mittellang, stark, mit sehr vollem Behang.
Brust: Breit, tief heruntergehend. **Gr. F.:** Flache Brust.
Rumpf: Rechteckig gestreckt, nur mäßig abgerundet, Länge zur Tiefe im Verhältnis 8:5 (goldener Schnitt). **Gr. F.:** Grobe Knochen.
Bauch: Voll, breit, gut flaumig.
Rücken: Breit, mittellang, gerade, voller Sattel. **Gr. F.:** Zu kurzer oder zu schmaler Rücken.
Schwanz: Lang, breit und hoch getragen, mit breitfedrigen, stark gebogenen und abgerundeten Sicheln. **Gr. F.:** Zu steile oder zu flache Schwanzlage, schmale Federn.
Flügel: Lang, geschlossen getragen.
Schenkel: Kräftig, nahezu im Gefieder versteckt.
Läufe: Mittellang, schieferblau bis schwarz. **Gr. F.:** Zu hohe oder zu tiefe Stellung, grobe Läufe.

Henne

Gewicht: 1,75 bis 2,5 kg.
Jahres-Eierleistung: 180 weiße Eier im ersten, 160 im zweiten, 130 im dritten Jahr.

Bruteier-Mindestgewicht: 55 g, Eier kunstbrutfest.
Bruttrieb: Gering.

Körpermerkmale bis auf die Geschlechtsunterschiede dem Hahn entsprechend: Rumpf typischer als bei den Hähnen, waagerechter Rücken, tief heruntergehende Brust, gut ausgeprägter Bauch, gleich breiter, aber nicht gespreizter Schwanz, im stumpfen Winkel getragen. Ohrscheiben nicht größer als ein 5-Pfennig-Stück. **Gr. F.:** Spitze, kielige Brust, geschlossener oder spitzer Schwanz. Hohlrücken ist gleichfalls zu strafen. Ebenso zu leichte Tiere.

Ringgröße: Hahn IV, Henne V.

Farbe und Zeichnung

Schwarz
Satte Farbe mit viel grünem Glanz. Läufe schieferblau bis schwarz, bei Jungtieren fast schwarz. **Gr. F.:** Blauer, violetter oder Bronzeglanz, matte Farbe, Schilf.

Weiß
Schnabel und Läufe schieferblau. Augenfarbe dunkelbraun. **Gr. F.:** Andersfarbige Federn, stark gelber Anflug.

Rebhuhnfarbig
Hahn: Kopf dunkelgoldfarbig; Halsbehang dunkelgoldfarbig mit schwarzem Schaftstrich, der den Saum nicht durchbrechen darf; Schulterdecken und Rücken rotgoldig; Sattelgefieder rotgoldfarbig, möglichst mit Schaftstrich; Binden schwarzgrün glänzend; Handschwingen schwarz mit schmalen braunen Außensäumen; Armschwingen schwarze Innenfahne und Spitze, außen braun, das Dreieck bildend; Brust, Schenkel und Schwanz mit grünlichem Glanz.
Henne: Kopf dunkelgoldfarbig; Halsbehang dunkelgoldfarbig, die einzelnen Federn mit breitem schwarzem Schaftstrich, der den Saum nicht durchbrechen darf; Rükken, Schultern und Flügeldecken graubraun mit möglichst gleichmäßiger schwarzer Rieselung und scharf hervortretendem hellem Federkiel; Brust rostrot, zum Bauch grauer werdend; Schwingen und Schwanz schwarzbraun. Augen und Schnabel dunkel; Läufe schieferblau bis schwarz, Augenfarbe mittel- bis dunkelbraun.
Gr. F.: Beim Hahn: Zu braune oder strohige Behänge, Brust- oder Schenkelzeichnung, stark schilfige Schwingen; bei der Henne: zu heller Halsbehang, helle Grundfarbe, starke Flitterzeichnung, fehlende Kielzeichnung, stark schilfige Schwingen, grünliche Läufe.

Blau-Gesäumt
Grundfarbe ein gutes Taubenblau; jede Feder schwarzgesäumt; Hals- und Sattelbehang des Hahnes in Blauschwarz übergehend. Schwanz blau, möglichst der Brustfarbe entsprechend. Aus Zuchtgründen ist der Hahn etwas dunkler als die Henne. Läufe schieferblau bis schwarz. **Gr. F.:** Sehr helles Blau ohne Säumung, ungleichmäßige oder rußige Grundfarbe, starker Rost im Sattelbehang, weiße Federn.

Gesperbert

Jede Feder in mehrfachem Wechsel von Schwarz mit Lichtblau leicht bogig quer gebändert. Beim Hahn in gleicher Breite; bei der Henne sind die dunklen Federteile etwas breiter als die hellen. Die Zeichnung ist nicht scharf, das Untergefieder nur schwach gezeichnet. Schnabel hornfarbig, Läufe hell mit grauem Anflug. Augenfarbe mittelbraun, orangefarbig zugelassen. **Gr. F.:** Fehlen der Sperberung in den Steuerfedern, viel Weiß in den Sicheln.

Silberhalsig

Hahn: Kopf weiß, Hals silberweiß mit schwarzen Schaftstrichen; Schulterdecken und Rücken rein silberweiß, Sattel silberweiß mit mehr oder weniger ausgeprägten Schaftstrichen. Flügeldecken silberweiß, schwarze, breite Flügelbinden mit grünem Glanz; Handschwingen schwarz mit schmalen weißen Außensäumen. Armschwingen: Außenfahne weiß, Innenfahne schwarz, so daß das Flügeldreieck weiß erscheint. Brust, Bauch, Schenkel und Hinterteil schwarz, Schwanz schwarz mit grünglänzenden Sicheln.

Henne: Kopf silbergrau, Halsbehang silberweiß mit schwarzen Schaftstrichen. Rücken, Schulter und Flügel aschgrau mit feiner, dunkler Rieselung. Brust lachsfarbig, Bauch und Hinterteil aschgrau, Schwanz schwarzgrau meliert. Augenfarbe mittel- bis dunkelbraun, Lauffarbe schieferblau. **Gr. F.:** Durchstoßender Schaftstrich, rote oder braune Farbtöne im Silberweiß, zeichnungsloser Hals der Henne, viel Rost im Mantelgefieder.

1,1 Rhodeländer

Rhodeländer

Zuchtidee

Ein für alle Verhältnisse passendes wetterhartes, kräftiges, vollfleischiges Zwiehuhn. Gute Leger, eifrige Futtersucher und -verwerter. Küken frohwüchsig und unempfindlich. Zutraulich, temperamentvoll, lebhafter Gesichtsausdruck.

Was ist zu fordern?

In erster Linie ein Formenhuhn. Mittelschwer mit Rechteckform bei waagerechter Rückenlinie (Backsteinform im Verhältnis Länge und Breite 5:3), tiefer Brust und voller Hinterpartie. Die Gesamthöhe des Huhnes ergibt drei gleiche Teile: 1. vom Kamm bis zur Rückenlinie, 2. von der Rückenlinie bis zur unteren Rechtecklinie und 3. von der unteren Rechtecklinie bis zum Boden. Wichtig ist die Ausgeglichenheit in Größe und Form. Bei der Gefiederfarbe wird ein gleichmäßiges, dauerhaftes, sattes Dunkelrot mit reichem Glanz gefordert.

Was ist abzulehnen?

Kurze, dreieckige, zu hoch und zu tief gestellte, zu schwere und zu leichte Tiere, fehlende Lebenskraft, müder oder matter Gesamteindruck, grobknochiger Bau.

Geschichtliches

Die Rhodeländer sind amerikanischer Herkunft aus dem Staate Rhode Island. Um das Jahr 1860 aus Kreuzungen zwischen roten malaiischen Kämpfern und anderen Rassen asiatischen Ursprungs entstanden. 1904 wurde die Rasse als besondere Hühnerrasse mit einfachem Stehkamm in den amerikanischen Standard of Perfection aufgenommen. Der rosenkämmige Schlag wurde 1905 anerkannt. Um 1900 kamen erst wenige, in der Form unbefriedigende Tiere nach Deutschland. Deutsche Züchter im Rheinland, in Nord- und Mitteldeutschland brachten die Zucht auf die Höhe. Kurz nach Einführung der Rasse nach Deutschland wurde auch der Sonderverein der Züchter des Rhodeländerhuhnes gegründet. Die Rhodeländer entwickelten sich bald zu einer weitverbreiteten Rasse.
Im Frühjahr 1956 wurde der „Internationale Standard" beschlossen, nach dem die Rhodeländer nur in Europa zu bewerten sind.

Form und Kennzeichen

Hahn

Gewicht:	3 bis 4 kg.
Kopf:	Mittelgroß, länglich, eher flach. **Gr. F.:** Zu grober oder zu langer Kopf.
Schnabel:	Kräftig, mittellang, leicht gebogen, bräunlich hornfarbig.
Augen:	Groß, etwas hervortretend, mit feurigem Ausdruck, rot bis orangerot. **Gr. F.:** Helle Augenfarbe.
Stehkamm:	Mittelgroß, fest aufgesetzt, mit möglichst fünf gleichmäßigen Zacken, sehr fein im Gewebe, die Fahne gerade, dem Nacken folgend, ohne aufzuliegen.
Rosenkamm:	Breit, fest aufgesetzt, oval, ohne Furche, mit mittlerer Perlung, in einem kleinen, kurzen Dorn endend, der der Nackenlinie folgt.
Ohrlappen:	Mittelgroß, mandelförmig, glatt, rot. **Gr. F.:** Weiß in den Ohrlappen.
Kehllappen:	Mittelgroß, möglichst glatt.
Gesicht:	Glatt, feines Gewebe.
Hals:	Mittellang, mit nicht zu dichtem, glatt anliegendem Behang.
Brust:	Voll, breit, gut gerundet, tief.
Rumpf:	Breit und lang, ein abgerundetes Rechteck bildend (sog. Backsteinform), Haltung waagerecht. **Gr. F.:** Kurze, dreieckige Form.
Bauch:	Breit, voll, jedoch nicht hervortretend.
Rücken:	Lang, gerade und waagerecht, breit in den Schultern. **Gr. F.:** Stark ansteigender oder abfallender Rücken.
Sattel:	Breit, mit mittellangen Behangfedern.
Flügel:	Mittellang, breit, gut geschlossen und horizontal getragen.
Schwanz:	Von mittlerer Länge, sichtbar angehoben getragen, mit mittellangen, die breiten Steuerfedern nur leicht überragenden Haupt- und zahlreichen, gut geschlossenen Nebensicheln.

Schenkel: Kräftig, mittellang und gut sichtbar, breite Beinstellung.

Läufe: Mittellang, rund, glatt, kräftig. Orangegelb, rotbraune Schuppung und rote Seitenstreifen erlaubt. Stand mittelhoch. Zehen gut abgespreizt. **Gr. F.:** Ausgesprochen hohe oder zu tiefe Stellung.

Gefieder: Glatt, fest anliegend.

Henne

Gewicht: 2,4 bis 3 kg.
Jahres-Eierleistung: 150 bis 180 braune bis dunkelbraune Eier.
Bruteier-Mindestgewicht: 58 g.
Bruttrieb: Zum Teil noch vorhanden, Eier kunstbrutfest.

In der Körperform dem Hahn bis auf die durch das Geschlecht bedingten Unterschiede gleichend.

Ringgröße: Hahn II, Henne III.

Farbe und Zeichnung

Hahn: Gleichmäßiges, dauerhaftes, sattes Dunkelrot mit reichem Glanz. Keine hellen Schaftstriche. Federkiele bis zur Haut kräftig rötlich-hornfarbig. Flügeldecken ohne Schwarz oder Blaulack. Handschwingen gleichmäßig dunkelrot, Schwarz in der Außenfahne und in den Deckfedern der Handschwingen gestattet. Armschwingen: Außenfahne dunkelrot, Innenfahne teilweise schwarz. Steuer- und Sichelfedern schwarz mit grünem Glanz. Schwanzdeckfedern grünschwarz, gegen den Sattel hin rot. Das Untergefieder ist an allen Körperteilen möglichst intensiv rot.
Henne: Gleichmäßige, dunkelrote, lackreiche Farbe. Schwingen, Flügeldecken und Schwanz wie beim Hahn.
Gr. F.: Hellrotes, fleckiges, schilfiges oder mit Schwarz durchsetztes Obergefieder, Schwarz oder Blaulack auf den Flügeldecken, schwarze Schaftstriche im Halsbehang, starker Pfeffer in der Innenfahne der Handschwingen, Weiß oder Ruß im Untergefieder, Weiß in den Schwingen, überwiegend rote Schwanzpartie.

1,1 Sachsenhühner, schwarz

Sachsenhühner

Zuchtidee

Ein ausgesprochenes Nutzhuhn, unempfindlich gegen jedes Klima, leichte Aufzucht, frühreif, lebhaftes Temperament.

Was ist zu fordern?

Tiere mit kräftigem, etwas langgestrecktem Rumpf auf mittelhoher Stellung und mit mäßiger Kissenbildung und gut ausgebildetem Legebauch. Gefordert werden ferner ein kleiner Kopf und Kamm, kurze Kehllappen und kleine, weiße, mandelförmige Ohrscheiben.

Was ist abzulehnen?

Zu schwere und zu leichte Tiere, die der geforderten Leistung nicht entsprechen. Zu großer Kamm und zu große Kehllappen, da diese Tiere für rauhes Klima zu empfindlich sind.

Geschichtliches

Im Jahre 1886 bemühten sich der damalige Sächsische Landesverband, der Landwirtschaftliche Kreisverein im Erzgebirge und Züchter in Oberbayern um die Herauszüchtung eines Leistungshuhnes, geeignet für rauhes Klima. Gerade um jene Zeit erregten die Minorkas durch ihre gute Legeleistung besonderes Aufsehen, aber deren großer Kamm war für rauhes Klima ungeeignet. Aus diesem Grunde kreuzte man sie mit Deutschen Langschan, später auch mit Sumatra. Die erste Musterbeschreibung wurde 1914 durch den Landesverband Sächsischer Geflügelzüchter-Vereine und den Landwirtschaftlichen Kreisverein im Erzgebirge aufgestellt. 1921 erfolgte die Gründung des Sondervereins. Bis zum Jahre 1923 gab es nur den schwarzen Farbenschlag. Durch die Kriegsfolgen wurden die weißen und schwarzen Sachsenhühner fast vernichtet, nur die Gesperberten überstanden die Krise.

Form und Kennzeichen

Hahn

Gewicht: 2,5 bis 3 kg.
Kopf: Klein und schmal. **Gr. F.:** Grober Kopf.
Schnabel: Mittellang, kräftig.
Augen: Groß, lebhaft.
Kamm: Kleiner Stehkamm, regelmäßig gezackt. **Gr. F.:** Großer Kamm.
Ohrscheiben: Mandelförmig, weiß. **Gr. F.:** Große rötliche Ohrscheiben.
Kehllappen: Klein und fein im Gewebe. **Gr. F.:** Lange Kehllappen.
Gesicht: Glatt.
Hals: Mittellang, mit vollem Behang.
Brust: Breit, gut gerundet. **Gr. F.:** Flache Brust.
Rumpf: Kräftig, etwas langgestreckt. **Gr. F.:** Schwacher oder zu schwerer Körper.
Bauch: Voll, breit, lang ausgezogen.
Rücken: Leicht ansteigend. Der volle Sattelbehang geht ohne Absatz in den Schwanz über. **Gr. F.:** Absatz im Schwanzübergang.
Flügel: Fest geschlossen, dicht anliegend.
Schwanz: Mittellang, etwas locker getragen, voll befiedert mit breiten Sicheln und Nebensicheln in gleichmäßiger Anordnung. **Gr. F.:** Schmaler, steiler oder hängender Schwanz.
Schenkel: Mittellang. **Gr. F.:** Überhohe Stellung.
Läufe: Mittellang, nicht grob.

Henne

Gewicht: 2 bis 2,5 kg.
Jahres-Eierleistung: 180 hellgelbe bis hellbraune Eier.
Bruteier-Mindestgewicht: 55 g.

Kräftige, langgestreckte Form mit gut gefülltem Kissen in den etwas locker getragenen Schwanz übergehend, mit vollem Bauch, breiter, tief angesetzter Brust; Ohrscheiben und Kamm entsprechend kleiner als beim Hahn.

Ringgröße: Hahn III, Henne IV.

Farbe und Zeichnung

Schwarz

Schwarz mit grünem Glanz, Augen dunkelbraun, Schnabel dunkel; schwarze Läufe, im Alter schieferblau.

Weiß
Reinweiß. Augen rot, Schnabel und Läufe weiß.

Gesperbert
Möglichst intensives Schwarz mit milchblauer Sperberung. Augen rot, heller Schnabel, helle Läufe (dunkler Anflug erlaubt).

Gelb
Sattes, kräftiges Gelb; leichte Pfefferung in Schwarz und Schwingen zugelassen; Untergefieder und Federkiel gelb.

Seidenhühner, 0,1 weiß und 1,0 wildfarbig mit Bart

Seidenhühner

Zuchtidee

Ein zutrauliches Huhn, wegen seines ungewöhnlichen Gefieders, des schwärzlichblauen bis blauroten Kammes, Gesichtes und der Kehllappen, der dunklen Augen und eines gut ausgebildeten Schopfes eine recht eigenartige Erscheinung und daher oft als Zierhuhn gehalten. Durch sein eifriges, zuverlässiges Brüten und sorgsames Führen der Küken ist das Seidenhuhn besonders für die Brut und Aufzucht von edlen Fasanen und anderem zartem Ziergeflügel geeignet.

Was ist zu fordern?

Zur Erzielung der gedrungenen, allseits abgerundeten Würfelform ist reichliches, seidenweiches Gefieder von erheblicher Bedeutung. Die Federn haben schwache, schlaffe Schäfte, die Federfasern bilden keine Fahne, wodurch eine daunenähnliche Federstruktur entsteht. Auf dunkle Färbung der Haut und Kopfteile sowie auf korrekte Fünfzehigkeit und eine ausgeprägte, nicht zu große Haubenbildung ist besonders zu achten. Mit und ohne Bart zugelassen.

Was ist abzulehnen?

Schmaler, langer Körper, schwache Befiederung, langer Sichelschwanz beim Hahn und langer, schmaler, spitzer Schwanz bei der Henne. Unkorrekte Zehenbildung, falsche Farbe der Haut, des Gesichtes, des Kammes und der Kehllappen, ganz weiße Ohrscheiben, zu kleiner oder zu großer Schopf.

Geschichtliches

Die Seidenhühner sind aus Ostindien oder China – ältere Schriften nennen auch Singapur – nach Europa gekommen. Es handelt sich jedenfalls um eine recht alte Züchtung, über deren erstes Erscheinen in Europa nichts Bestimmtes bekannt ist. Die Seidenhühner haben zuerst in England eine günstige Aufnahme gefunden, und dort wurden sie einst auch mit besonderem Interesse gezüchtet und verbessert. Ihre Zucht in England wurde bis in die dreißiger Jahre des 19. Jahrhunderts durch einen regen Sonderverein erheblich gefördert. In Deutschland begeisterte die Rasse von jeher nur einen bescheidenen Züchterkreis; sie wurde in früherer Zeit besonders wegen ihres sicheren Brütens und vorsichtigen Führens der Küken gehalten. Seit etwa fünf Jahrzehnten ist bei uns eine ausgesprochene Zucht entsprechend der Musterbeschreibung festzustellen, und dies führt dazu, daß den Seidenhühnern in den letzten Jahren ein immer größeres Interesse entgegengebracht wird. Während Seidenhühner früher nur ohne Bart gezüchtet wurden, ist bei uns jetzt auch die bärtige Art zugelassen.

Form und Kennzeichen

Hahn

Gewicht:	1,2 bis 1,4 kg.
Kopf:	Klein, rundlich, mit nach hinten liegendem Schopf. Mit Bart zugelassen. Bart voll, ungeteilt, Backen und Kehle bedeckend. **Gr. F.:** Eingeschränkte Sichtfreiheit.
Schnabel:	Bläulich bis schwarz.
Augen:	Schwarzbraun. **Gr. F.:** Starke aufgehellte Augenfarbe.
Kamm:	Warzenförmiger, kurzer Rosenkamm ohne Dorn, einer halben Walnuß gleichend, in der Mitte von einer Querfalte durchzogen, schwärzlichblau.
Ohrscheiben:	Klein, leuchtend türkisblau. **Gr. F.:** Falsche Farbe der Ohrscheiben.
Kehllappen:	Rund, schwärzlichblau; bei Bärtigen kaum entwickelt, vom Bart verdeckt.
Gesicht:	Schwärzlichblau.
Hals:	Kurz, stark.
Brust:	Sehr voll, rund, tief getragen.
Rumpf:	Breit, fast abgerundeter Würfel. Die Haut ist schwarzbläulich. **Gr. F.:** Falsche Farbe der Haut.
Bauch:	Voll, reich befiedert.
Rücken:	Breit, kurz, nach hinten aufsteigend, weichfedriger Sattel.
Flügel:	Kurz, breit, waagerecht getragen.
Schwanz:	Kurz, mit wenig entwickelten Steuer- und Sichelfedern, etwas hoch getragen. **Gr. F.:** Langer Sichelschwanz.
Schenkel:	Kurz, durch Federn verdeckt, keine Stulpenbildung.
Läufe:	Knapp mittellang, schwärzlichblau mit fünf Zehen. An der Außenseite sowie an der äußeren Zehe kurze Befiederung. **Gr. F.:** Verkrüppelte Hinterzehen, Fehlen der fünften Zehe.
Gefieder:	Reich, seidenweich. **Gr. F.:** Hartes, nicht seidenweiches Gefieder, schwache Befiederung.

Henne

Gewicht: 0,9 bis 1,1 kg.
Bruteier-Mindestgewicht: 40 g.
Schalenfarbe der Eier: Hellbraun.

Sie gleicht dem Hahn bis auf die geschlechtsbedingten Unterschiede. Der breite, kurze Rumpf hat reichliche Kissenbildung, der Kopf ist mit einem weichen, mittelgroßen haubenartigen Schopf geschmückt, läßt aber die Augen frei. Kamm und Kehllappen sollen kleiner als beim Hahn sein.

Ringgröße: Hahn V, Henne VI.

Farbe und Zeichnung

Weiß
Reines Weiß. Leichter gelber Anflug im Schmuckgefieder des Hahnes gestattet. **Gr. F.:** Starker gelber Anflug.

Schwarz
Intensives Schwarz. Untergefieder schwarz, die Federschäfte der Schwingen etwas aufgehellter zugelassen. Im Halsbehang des Hahnes einzelne bräunliche Federn gestattet. **Gr. F.:** Zu graue Grundfarbe, Rot oder Braun auf den Flügeldecken, starker Schilf.

Blau
Möglichst gleichmäßiges Blaugrau. Der Hahn mit dunkleren Behängen. **Gr. F.:** Zu helle Farbe, vor allem in den Behängen des Hahnes, viel Rost, starker Schilf.

Wildfarbig
Hahn: Kopf und Schopf schwarz, leichte bräunliche Einlagerungen zugelassen. Bart – wenn vorhanden – in gleicher Färbung. Hals- und Sattelbehang goldbraun mit angedeutetem schwarzem Schaftstrich. Brust möglichst schwarz, braun durchsetzt kein Fehler. Schultern und Rücken dunkelbraun, Schwanz schwarz, im Ansatz etwas Grau gestattet. Handschwingen schwarz, unten mit braunem Saum, Armschwingen schwarz mit brauner Außenfahne. Bauch, Schenkel und Fußbefiederung schwarz mit eingelagertem Braun. **Gr. F.:** Zu helle Behänge und zuviel Braun in der Brust.
Henne: Kopf, Schopf und Halsbehang gleichen dem Hahn. Brust goldbraun. Rükken und Flügeldecken dunkelbraun mit schwach angedeuteter schwarzer Rieselung. Schwanz schwarzbraun. Hand- und Armschwingen wie beim Hahn. Bauch, Schenkel und Fußbefiederung schwärzlichbraun. **Gr. F.:** Heller Halsbehang, zu helle oder zu graue Grundfarbe.

Silbergrau
Hahn: Kopf und Schopf schwarzgrau bis schwarz mit schwachen hellgrauen Einlagerungen. Bart – wenn vorhanden – in gleicher Färbung. Hals- und Sattelbehang silbergrau mit schwachen dunkleren Schaftstrichen. Brust, Rücken, Schultern und Flügel grau. Schwache hellgraue oder schwärzliche Einlagerungen zulässig. Bauch und

Schenkel mausgrau. Schwanz und Fußbefiederung dunkel- bis schwärzlichgrau. Untergefieder mausgrau.
Henne: Kopf, Schopf, Bart – falls vorhanden – und Halsbehang wie beim Hahn. Brust, Bauch, Schenkel und Fußbefiederung hellgrau. Übriges Untergefieder etwas dunkler im Grau. **Gr. F.:** Rötliche, zu schwärzliche und unreine Grundfarbe, gelber Anflug, beim Hahn rötliche Einlagerungen in Behängen und Flügeldecken.

Gelb
Sattes, gleichmäßiges Gelb, Halsbehang glänzend. Etwas Bronze im Hahnenschwanz zugelassen. Untergefieder und Federschaft gelb, etwas aufgehellt. **Gr. F.:** Stark fleckige Oberfarbe, viel Ruß im Untergefieder, weiße oder schwarze Federn, Halszeichnung, graue Schwanzpartie, stark rötliche Flügeldecken beim Hahn.

Rot
Sattes, gleichmäßiges Rot, Halsbehang glänzend; etwas Schwarz im Schwanz zulässig; Untergefieder und Federschaft rot, etwas aufgehellt. **Gr. F.:** Stark fleckige bzw. bräunliche Oberfarbe, stark absetzende Halsfarbe, viel Ruß im Untergefieder, Weiß im Gefieder.

Shamo-Kämpfer, 1,0 goldhalsig und 0,1 weizenfarbig

Shamo-Kämpfer

Zuchtidee

In erster Linie ein Sporthuhn mit ausgeprägten Kämpfereigenschaften, ferner vorzügliches Tafelhuhn mit ansprechender Eierleistung. Besonders wertvoll als Regenerator anderer Rassen.

Was ist zu fordern?

Nach der Zuchtidee und seiner Abstammung soll es ein sehr muskulöses, großes, hochgestelltes Huhn sein, das trotz geringerer Schulterhöhe durch den langen Hals fast die Scheitelhöhe der Malaien erreicht; fast senkrechte, aufgereckte Haltung ähnlich der Laufente, raubvogelartiger Kopf wie der der Asil, finsterer Blick; Stellung niedriger als bei den Malaien, Begrenzungslinie des Halses und der Schwanzfedern bildet eine gerade Linie.

Was ist abzulehnen?

Geringe Größe, fehlende Höhe, weiche Formen und weiche Feder.

Geschichtliches

Die Shamo-Kämpfer wurden im Jahre 1953 bei uns eingeführt. Sie sind eine Abart der Malaien, darüber hinaus der Urtyp unserer Yokohama. Sie gelten als eine Kämpferrasse, die die Japaner von Siam übernommen und weiterentwickelt haben.

Form und Kennzeichen

Hahn

Gewicht: 4 kg und darüber, nach oben keine Grenzen.

Kopf: Sehr breit, mäßig lang; Schädeldach ausgewölbter als bei den Malaien, tiefliegende Augen; im Genick absetzend. **Gr. F.:** Langer, schmaler Kopf.

Schnabel: Hoch angesetzt, sehr stark, gekrümmt, gelb oder hornfarbig bis dunkel. **Gr. F.:** Dünner Schnabel.

Augen: Perlfarbig bis orangegelb, düster blickend.

Kamm: Kleiner, wenig entwickelter Erbsenkamm.

Ohrlappen: Sehr klein, rot.

Kehllappen: Nur angedeutet oder fehlen gänzlich; von der Kehle bis zum Oberhals zieht sich eine nackte rote Haut, die sogenannte Wamme, hin.

Gesicht: Mächtig entwickelte Backenmuskulatur, starke Augenbrauenwülste.

Hals: Sehr lang, in kühnem Bogen getragen, mit ganz kurzem, spärlichem Behang mit kammartig zusammenschließenden Nackenfedern, der die Schultern nicht erreichen darf.

Brust: Breit, wenig gewölbt; Hals, Brust und Schenkel bilden wie bei den Malaien fast eine gerade Linie. Ebenso tritt wie bei den Malaien – übrigens auch bei den Asil – das nackte Brustbein stark hervor.

Rumpf: Ausgesprochen breit, mit gerader Rückenlinie. Eckig vorstehende, sehr hoch gezogene Schultern. Nach hinten sich eiförmig stark verjüngend, fast senkrecht getragen, mit sehr spärlichem Gefieder bedeckt, so daß die rötliche Haut an einzelnen Stellen durchschimmert. **Gr. F.:** Fehlende Breite, weiche Formen, flache Schultern.

Bauch: Wenig entwickelt, eingezogen.

Rücken: Breit, lang, sehr kurzer, spärlicher Sattelbehang. **Gr. F.:** Waagerechter Rücken.

Flügel: Kurz, breit, vorn hochgezogen, dicht anliegend getragen; die nackten Flügelknochen (Rosen) zeigend.

Schwanz: Schmal, lang, stets gesenkt getragen, nur mäßig gebogene Sichelfedern. Diese und die Steuerfedern oft übermäßig lang. **Gr. F.:** Hochgetragener Schwanz.

Schenkel: Über mittellang, muskulös; in den Fersen leicht gewinkelt, im Gegensatz zu den durchgedrückten der Malaien, äußerst knappe Befiederung, die, wie ausgerissen wirkend, sich deutlich vom Körper abhebt. **Gr. F.:** Nicht hervortretende Schenkel.

Läufe: Über mittellang, sehr kräftig, nicht zu grob geschuppt, starke, scharfe Sporen, fest aufgesetzte Hinterzehe; je nach Gefiederfarbe sattgelb bis weidengrün, schwärzlich angelaufen zulässig. **Gr. F.:** Dünne Läufe, anders als gelb oder weidengrün.

Höhe: Bei weniger Schulterhöhe durch den auffällig langen Hals die Scheitelhöhe des Malaien knapp erreichend. **Gr. F.:** Geringe Höhe.

Gefieder: **Gr. F.:** Zu weiches Körpergefieder.

Henne

Gewicht: 3 kg und mehr, nach oben keine Grenze.
Jahresmindest-Eierleistung: 80 bräunliche Eier im ersten Jahr.
Bruteier-Mindestgewicht: 55 g.
Bruttrieb: Gut.

Entspricht bis auf die Geschlechtsmerkmale dem Hahn, jedoch ist die Henne etwas kleiner, ihre Haltung flacher.

Ringgröße: Hahn I, Henne II.

Farbe und Zeichnung

Anerkannt sind Schwarz, Schwarz-Rot, Schwarz-Weißgescheckt, Schwarz-Silber, Birkenfarbig, Weizenfarbig, Wildfarbig, Goldhalsig, Fasanenbraun, Bunt, Weiß, Gesperbert, Rotgesattelt, Blau-Rot. An Farbe und Zeichnung sind keine höheren Ansprüche zu stellen, doch muß die Zuordnung zum gemeldeten Farbenschlag klar erkennbar sein. Einzelne andersfarbige Federn in Flügel, Schwanz und entsprechenden Farbfeldern sind bedeutungslos.

1,1 Spanier

Spanier

Zuchtidee

Ein schlankes, aber doch kräftiges, mittelgroßes, hoch aufgerichtetes Huhn von stolzer Haltung mit großem, weißem Gesicht. Als Leger großer, weißschaliger Eier bekannt. Nichtbrüter.

Was ist zu fordern?

Das Spanier-Huhn soll eine gute Walzenform und stolze Haltung besitzen. Bei einer Paarung sollte man glattgesichtige Hähne bevorzugen, auch wenn ihre Gesichter etwas schmäler aussehen. Die Hennen können bei dieser Zuchtmethode große und rauhe Gesichter haben; eine andere Paarung ist nicht vorteilhaft.

Was ist abzulehnen?

Dürftiger oder spindeliger, kurzbeiniger Körper, sehr steiler Schwanz, sehr runzeliges oder schwammiges Gesicht, Rot über den Augen, verbildeter Kamm, glanzloses Gefieder und andersfarbige Federn.

Geschichtliches

Der Ursprung der Spanier ist nicht nachweisbar. Dem Vernehmen nach stammen sie aus Westindien. Erst 1816 wurden sie als Mittelmeerrasse in Griechenland, Klein-

asien, Algerien, Ägypten und Italien bekannt. Die bekanntesten unter ihnen waren wohl die weißwangigen. Auffallend war vor allem ihr fehlender Brutinstinkt. Ihr Hauptzweck war daher ihre Legeleistung; die methodische Auslese muß den Ägyptern zuerkannt werden.
Ihre Verbreitung nahm diese sehr seltene Hühnerrasse von der Provinz Altkastilien der Pyrenäen-Halbinsel. Trotz seines Seltenheitswertes ist das Spanier-Huhn in Europa, den USA und in Kanada verbreitet. 1845 wurden die Spanier erstmals im englischen Schrifttum erwähnt, 1867 durch Mister Rake in Bristol der erste Verein für Spanier-Liebhaber gegründet. Die bekanntesten Zuchten waren jene von Lane, Parsley, Roue, Rodbard, Jones, Hyde. Nach deren Tod legte man mehr Wert auf ausgedehnte Gesichter; Körperbau und Gefieder aber wurden vernachlässigt. 1970 zählte man nur noch 6 Züchter mit zusammen 40 Spanier-Hühnern.
Die Rasse kam 1844 von Holland aus zum ersten Mal nach Deutschland, seit 1852 bezog man Spanier auch aus England. Im 19. Jahrhundert standen die Spanier bei den Schauen mit an der Spitze. Viele Züchter nahmen sich der englischen Zuchtrichtung an, und so kam es zur Verminderung der Spanier-Zucht. Ein Sonderverein wurde durch den Altmeister Theodor Glaser, Warendorf, gegründet, der auch die heutige Musterbeschreibung aufstellte. Durch die Erfahrungen von Glaser, Warendorf; Angermann, Nürnberg; Scheffel, Reutnitz; Franke, Steinhagen, und der anderen Züchter wurden die Spanier über den 2. Weltkrieg gerettet.
Im Jahre 1953 wurde der alte Sonderverein durch die Züchter Franke, Steinhagen, und Wunram, Münster, wiedergegründet.

Form und Kennzeichen

Hahn

Gewicht:	2,5 bis 3 kg.
Kopf:	Lang, breit im Scheitel.
Schnabel:	Mittellang, kräftig, dunkelhornfarbig, bei älteren Tieren blaugrau.
Augen:	Groß, dunkelrot.
Kamm:	Mittelgroß, Stehkamm mit nicht zu tiefem Kammschnitt.
Gesicht und Ohrscheiben:	Am Kamm und Schnabelansatz beginnend, vereinigen sich beide zu einer großen, tief bis zu den Kehllappen herunterreichenden, aber glatten (ohne Runzeln und Federchen), reinweißen, glacélederartigen Fläche.
Kehllappen:	Rot, lang, breit, die innere Seite weiß bepudert und die weiße Kehle umschließend.
Hals:	Ziemlich lang, etwas nach hinten gebogen, dichter Behang.
Brust:	Mäßig breit, hoch getragen, gut gewölbt.
Rumpf:	Walzenförmig und gestreckt, leicht nach hinten abfallend. **Gr. F.:** Zu schmaler Körper.
Bauch:	Möglichst breit und lang ausladend.
Rücken:	Breit, mäßig lang, durch den Halsbehang kürzer erscheinend, mit ziemlich vollem Sattelbehang.
Flügel:	Lang, fest geschlossen, dicht anliegend.
Schwanz:	Fest geschlossen und etwas angezogen getragen, Sicheln von mittlerer Länge und Breite. **Gr. F.:** Sehr steile Schwanzhaltung.
Schenkel:	Ziemlich lang, etwas abgesetzt, nicht sehr voll, kurz befiedert.

Läufe: Lang, feinknochig, dunkelschieferfarbig, bei älteren Tieren blaugrau. **Gr. F.:** Zu niedrige und zu enge Stellung.

Henne

Gewicht: 2 bis 2,5 kg.
Jahres-Eierleistung: Im 1. Jahr 160, im 2. Jahr 130 weißschalige Eier.
Bruteier-Mindestgewicht: 55 g.
Bruttrieb: Nicht vorhanden.

Die Henne besitzt eine vollschlanke Walzenform mit langem Rücken, schmalem, geschlossenem Schwanz, gut gewölbter Brust und breitem, tiefem Bauch; das Gesicht ist entsprechend den kürzeren Kehllappen weniger lang; der Kamm vorn aufrechtstehend, im hinteren Teil zur Seite neigend, ohne das Auge zu verdecken. In allen übrigen Merkmalen entspricht die Henne dem Hahn bis auf die geschlechtsbedingten Unterschiede. **Gr. F.:** Stehkamm, Wickelkamm.

Ringgröße: Hahn III, Henne IV.

Farbe und Zeichnung

Schwarz

Hahn und Henne sind tief grünglänzend schwarz. **Gr. F.:** Glanzloses Gefieder, weiße Federn.

1,1 Sulmtaler, weizenfarbig

Sulmtaler

Zuchtidee

Ein wetterhartes Zwiehuhn mit zartem, weißem Fleisch, frohwüchsig, sehr guter Futterverwerter, leicht mästbar.

Was ist zu fordern?

Tiefgebautes, schweres, vierschrötiges Landhuhn mit feinem Knochenbau, kaum mittelhoher Stellung, mit Schopf, etwas locker im Gefieder.

Was ist abzulehnen?

Vor allem zu kleine, zu leichte, schwache, spitze, aber auch grobknochige und langbeinige Tiere und solche mit flacher Brust.

Geschichtliches

Die Heimat des Sulmtaler Huhnes sind die fruchtbaren Gegenden der Steiermark südwestlich und südlich von Graz. Vor allem im Kainach-, Laßnitz-, Sulm- und Saggautal wurde die Zucht und Mast schwerer Hühner erfolgreich betrieben. Das „Steirische Mastgeflügel" aus diesen Gegenden hat wegen seiner ausgezeichneten Qualität Weltruf erlangt. Die Sulmtaler Hühner gehen auf diese eben genannten schweren Steirischen Landhühner zurück. Als bodenständige Hühner hatten sie sich besonders

im weststeirischen Hügelland bei reichlicher Maisfütterung, sorgfältiger Pflege und richtiger Zuchtwahl der stärksten und wüchsigsten Tiere im Laufe der Zeit immer schwerer entwickelt. Hinzu kamen in den Jahren von etwa 1865 bis 1875 Einkreuzungen von Cochin, Houdan und Dorkings. Aus Rückschlagtieren auf die alte steirische Rasse, die in diesem Hühnergemisch vorkamen, erzüchtete der landw. Verwalter Armin Arbeiter in Feldhof bei Graz ab 1900 ein schweres Zwie- und Masthuhn und gab ihm den Namen „Sulmtaler Huhn". Die vorzüglichen Nutzeigenschaften dieses Huhnes wurden sehr bald von der Steiermärkischen Landesregierung anerkannt, ja die Verbreitung dieser Rasse, insbesondere in den Maisanbaugebieten des Landes, weitgehend empfohlen.
Wenn auch dieses Huhn vorerst seine Heimat in der Steiermark hatte, so blieb es aber nicht aus, daß sich bald auch in Deutschland Liebhaber für diese Rasse fanden. Ganz besonders nach dem ersten Weltkrieg war festzustellen, daß es viele begeisterte Züchter gab, die sich dieser Rasse annahmen.

Form und Kennzeichen

Hahn

Gewicht: Junghahn 2,5 bis 4 kg. **Gr. F.:** Zu leicht.
Kopf: Mittelgroß, nicht grob, mit kleinem Federschopf. **Gr. F.:** Fehlen des Schopfes.
Schnabel: Stark, verhältnismäßig kurz, fleischfarbig, oberseits oft hornfarbig schattiert.
Augen: Orangerot.
Kamm: Einfach, aufrecht, gut mittelgroß, nach hinten ansteigend, gleichmäßig, doch nicht zu tief gezackt.
Ohrscheiben: Kaum mittelgroß, länglich-rund, weiß oder rotweiß bis rot, letzteres bei älteren und sehr schweren Tieren.
Kehllappen: Gut mittelgroß.
Hals: Mittellang, reichlich befiedert, aufrecht getragen.
Brust: Sehr tief, breit, voll und etwas vorgewölbt.
Rumpf: Sehr volle, geräumige, tiefe und breite Kastenform im Verhältnis 3:2. Weiße bzw. fleischfarbige Haut. **Gr. F.:** Geringe Körpertiefe.
Bauch: Breit und voll.
Rücken: Breit aus den Schultern kommend, ziemlich lang, nahezu waagerecht, ohne Kissenbildung, voller Sattel. **Gr. F.:** Fischrücken.
Flügel: Mittelgroß, anliegend.
Schwanz: Voll, breit, hoch getragen bis zum rechten Winkel, mit breiten, mäßig langen Sicheln und reichlich Nebensicheln. **Gr. F.:** Zu steil oder zu flach getragener Schwanz.
Schenkel: Stark, gut befleischt, wenig hervortretend.
Läufe: Verhältnismäßig kurz, glatt, weiß (hellfleischfarbig), an den Seiten und zwischen den Zehen rosa. **Gr. F.:** Grobknochig, zu lange Läufe.

Henne

Gewicht: 2 bis 3,5 kg. **Gr. F.:** zu leicht.
Jahres-Eierleistung: 160 im ersten, 130 rahmfarbige bis hellbraune Eier im zweiten Jahr.

Bruteier-Mindestgewicht: 55 g.
Bruttrieb: Gering.

Die Henne hat einen nicht zu großen und feingezahnten Kamm, der als Wickelkamm gewünscht wird. Hinter dem Kamm ein etwa halbrunder Schopf, der größer ist als beim Hahn, die Sicht jedoch nicht behindern darf. Rumpf besonders schwer erscheinend und kastenförmig mit sehr tief heruntergehender Brust, weit ausladendem, flaumreich befiedertem Bauch. Sattel ohne Kissenbildung. Läufe kaum mittellang. Schwanz kurz bis mittellang, leicht gefächert.

Ringgröße: Hahn III, Henne IV.

Farbe und Zeichnung

Weizenfarbig
Hahn: Schopf braunrot, Hals- und Sattelbehang goldbraun. Brust, Bauch, Schwanz und Schenkel werden schwarz mit grünlichem Glanz angestrebt, aber schwarz-rot gesprenkelte Brust zugelassen. Rücken und Schulterdeckfedern kastanienbraun. Flügelbinden dunkelgrün glänzend. Die Außenfahnen der Schwingen braun, sonst schwärzlich.
Henne: Schopf semmel- bis weizenfarbig, Hals satt goldbraun, geringe mattschwarze Zeichnung zugelassen, Brust hellsemmel- bis hellweizenfarbig. Bauch und Schenkel semmelfarbig, Rücken und Mantel weizenfarbig. Weizenfarbige Schwanzdecke auf grauschwarzen, lederbraun schattierten Steuerfedern. Schwarz in den Innenfahnen der Schwingen statthaft. Etwas dunklere Töne im Gesamtbild zugelassen.
Gr. F.: Schilf in Schwanz und Schwingen, beim Hahn heller Saum in den Behängen und vorwiegend schwarzes Flügeldreieck; bei der Henne zu dunkler oder schilfiger Schopf, zu helle Säumung im Halsbehang. Rein rote Ohrscheiben bei Hahn und Henne.

Weiß
Glänzendes Silberweiß. **Gr. F.:** Unreine oder gelbliche Mantelfarbe.

1,1 Sultanhühner, weiß

Sultanhühner

Zuchtidee

Ein ausgesprochenes Zierhuhn mit kleiner, gedrungener Landhuhnform auf tiefer Stellung, vollbefiedert, Haube, die den Blick der Augen freiläßt. Hörnerkamm, Federbart, starke Fußbefiederung und fünf Zehen.

Was ist zu fordern?

Kleine, puppige Erscheinung, dabei aber gedrungen. Zwischenform von Groß- und Zwerghühnern.

Was ist abzulehnen?

Etwas schwächlicher Rumpf, hohe Stellung, zu wenig entwickelte oder schiefsitzende Haube, anderer als Geweihkamm, Fehlen der Fußbefiederung, blaue Haut.

Geschichtliches

Die Sultanhühner stehen den vermutlichen Stammeltern aller Haubenhühner, den russischen Haubenhühnern, am nächsten, von denen eine Art unter dem Namen Pawlowahühner noch heute in Rußland zu finden sein soll und mit denen die Sultanhühner die größte Ähnlichkeit haben. Von Rußland aus kamen sie nach Deutschland, dagegen importierten die Engländer Sultanhühner aus Konstantinopel. In England bekamen sie auch den Namen Sultanhühner oder Türkische Hühner. Die Sultans waren eine Zeitlang in England und Deutschland sehr beliebt, haben jedoch heute einen begrenzten Züchterkreis.

Form und Kennzeichen

Hahn

Gewicht: 1,5 bis 2 kg.
Kopf: Kurz, mit starker Schädelerhöhung, auf der eine Vollhaube sitzt.
Haube: Rund, dicht, vielfach leicht gescheitelt, den Blick der Augen freilassend. **Gr. F.:** Allzu gering entwickelte oder schiefe Haube, eingeschränkte Sichtfreiheit.
Schnabel: Kurz, stark gebogen, mit großen Nasenlöchern.
Augen: Rötlichbraun.
Kamm: Kleiner, möglichst V-förmiger Hörnerkamm, an dessen Ausbildung jedoch keine besonderen Ansprüche gestellt werden.
Ohrscheiben: Klein, vom Bart verdeckt, Farbe unbedeutend.
Kehllappen: Klein.
Bart: Ein etwas zottiger Knebelbart und runder Backenbart.
Gesicht: Klein.
Hals: Kurz, kräftig, etwas nach hinten gedrückt getragen, mit sehr vollem und langem Behang.
Brust: Breit, voll vorgewölbt getragen.
Rumpf: Ziemlich kurz, breit, tief, waagerecht getragen. **Gr. F.:** Grobe oder zu eckige Form.
Bauch: Voll und breit.
Rücken: Breit, ziemlich kurz, mit leicht aufsteigendem, breitem Sattel, der sehr vollen und langen Behang aufweist.
Flügel: Über mittellang, etwas lose und leicht abwärts getragen.
Schwanz: Voll und breit, ziemlich hochgetragen, mit breiten, säbelförmigen Haupt- und mehr gekrümmten Nebensicheln.
Schenkel: Breit angesetzt, kurz, sehr voll befiedert, mit langen, weichen Stulpen **Gr. F.:** Fehlen jeglicher Stulpenbildung oder der Laufbefiederung.
Läufe: Knapp mittellang, sehr stark an der Außenseite bis auf die Mittelzehe befiedert, von blauer Farbe, auch fleischfarbig zugelassen.
Zehen: Fünfzehig, gut getrennt, Außen- und Mittelzehen befiedert. **Gr. F.:** Fehlen der fünften Zehe.
Gefieder: Sehr voll, mit reichem Flaum, mäßige Kissenbildung.

Henne

Gewicht: 1 bis 1,5 kg.
Jahres-Eierleistung: 60 weißschalige Eier.
Bruteier-Mindestgewicht: 45 g.
Bruttrieb: Sehr gering.

Die Henne ist in der Form gedrungener und tiefergestellt, mit voller, breiter, tief getragener Brust, sehr vollem, flaumig befiedertem Hinterteil und stärker ausgebildetem Sattelkissen; Kamm und Kehllappen sehr klein; die volle Kugelhaube darf höchstens eine Andeutung von Scheitel zeigen, die Sicht freilassend.

Ringgröße: Hahn IV, Henne V.

Farbe und Zeichnung

Weiß

H a h n und H e n n e weiß. Bei blauer Lauffarbe gelber Schein des Gefieders, besonders bei den Hähnen, gestattet.

1,1 Sumatra, schwarz

Sumatra

Zuchtidee

Mittelgroßes, elegantes, fasanenartig geformtes Huhn mit Kämpfertyp, mittelhoch gestellt, langschwänzig und federreich. Gute Brüter und Führer der Küken. Sie werden aus diesem Grund gerne zur Erbrütung von Fasanenküken benützt. Sie sind kampflustig und kühn.

Was ist zu fordern?

Ein mittelgroßes Huhn mit waagerechter Haltung, dabei federreich und ziemlich langschwänzig, mit harter, möglichst breiter Feder.

Was ist abzulehnen?

Alle Anzeichen von Yokohama- oder Phönixblut, z. B. übermäßig langer, schleppender Schwanz mit schmaler, weicher Feder und schwacher Befiederung.

Geschichtliches

Von der Insel Sumatra aus gelangten 1847 schwarze Hühner vom Kämpfertyp nach Nordamerika, die dort Sumatrakämpfer genannt wurden. Dieses Huhn gehört ohne Frage zu den Kampfhühnern, leitet jedoch mit seinem Federreichtum und dem unverhältnismäßig langen Schwanz zu den Langschwanzhühnern über. Es handelt sich um eine sehr alte Rasse der Sunda-Inseln, die 1882 erstmals nach Deutschland eingeführt wurde. Die Rasse kommt in tiefschwarzer Farbe mit viel Grünlack, in Wildfarbig und in Schwarz-Rot vor. Das Blut des Sumatrakämpfers wurde vielfach zur Regenerierung schwarzer Farbenschläge unserer Hühner verwendet.

Form und Kennzeichen

Hahn

Gewicht:	2 bis 2,5 kg.
Kopf:	Klein, gestreckt, mit breiter Stirn und kräftigen, etwas vorstehenden Augenbögen.
Schnabel:	Kurz, kräftig, schwarz.
Augen:	Dunkelrotbraun, je dunkler, desto besser, aber kein sogenanntes Negerauge.
Kamm:	Kaum hervortretender Erbsenkamm mit schwärzlichem Anflug. **Gr. F.:** Andere Kammform (lediglich Wulstkamm gilt nicht als grober Fehler).
Ohrlappen:	Wenig entwickelt, dünn, dunkelrot bis schwärzlich.
Kehllappen:	Ganz kurz, von dunkler Farbe, nackte rote Kehle zeigend.
Gesicht:	Schwärzlich, mit feinen Haarfederchen besetzt.
Hals:	Mittellang, federreich, aufrecht getragen, mit sehr breitfedrigem, aber nicht zu langem Behang.
Brust:	Breit, kämpferartig ziemlich hoch getragen.
Rumpf:	Gestreckt, kräftig, walzenförmig mit etwas vorstehenden Schultern. **Gr. F.:** Schwache Befiederung.
Bauch:	Knapp angezogen.
Rücken:	Mittellang; mäßig langer, sehr breitfedriger, dichter Sattelbehang.
Flügel:	Kurz, hochgetragen.
Schwanz:	Sehr federreich, lange, nur in der zweiten Hälfte gebogene Sicheln mit hartem Schaft und möglichst breiter Fahne, sehr viele Deckfedern, waagerecht getragen, aber nicht schleppend. **Gr. F.:** Übermäßig langer, schleppender Schwanz.
Schenkel:	Mittellang, sehr kräftig, breit gestellt.
Läufe:	Mittellang, feinschuppig, dunkeloliv bis grünschwarz mit gelblicher Sohle; schwarze Hähne mit Mehrfachsporn, bei schwarz-roten und wildfarbigen Hähnen ist Mehrfachsporn ein Vorteil. **Gr. F.:** Helle Läufe, weiße oder rosa Fußsohlen.
Gefieder:	**Gr. F.:** Zu weiche Federn.

Henne

Gewicht:	1,75 bis 2,25 kg. Jahres-Eierleistung: 150 im ersten, 130 im zweiten Jahr weißschalige bis gelbliche Eier. Bruteier-Mindestgewicht: 53 g. Gute Brüter.

Entspricht dem Hahn bis auf die Geschlechtsunterschiede, nur sind Gesicht, Kamm und Augen dunkler, der Schwanz ist schmal, möglichst lang und waagerecht getragen, mit möglichst breiter Befiederung, Sporenbildung bevorzugt. **Gr. F.:** Hellrotes Gesicht.

Ringgröße: Hahn IV, Henne V.

Farbe und Zeichnung

Schwarz
Hahn und Henne tiefschwarz mit leuchtend grünem Glanz. **Gr. F.:** Fehlender grüner Glanz.

Schwarz-Rot
Tiefschwarze Grundfarbe mit smaragdgrünem Glanz, beim Hahn roter Behang oder vereinzelt rote Behangfedern. Rote Außenfahnen an Schwingen zulässig (dunkelste Form der Wildfarbe). Bei der Henne roter oder schwarz-roter Halsbehang. Etwas Rot im Brustgefieder zulässig. Mantel reinschwarz. Auf korrekte Zeichnung ist kein Wert zu legen. **Gr. F.:** Fehlender Grünglanz.

Wildfarbig
Hahn: Kopf schwärzlichbraun, Hals- und Sattelbehang rotbraun mit schwarzem Schaftstrich, Schultern und Rücken dunkel braunrot, Handschwingen schwarz, Armschwingen mit brauner Außenfahne, Flügelbinde und Schwanz schwarz mit grünem Glanz, Brust, Bauch und Schenkel schwarz.
Henne: Fast schwarzer Kopf, Hals schwärzlich, schmal rotbraun gesäumt, Mantelgefieder mit hellerem Nervstrich, ohne Säumung, aber mit dichter, grünglänzender schwarzer Rieselung, Brust lachsfarbig bis kastanienbraun, Bauch und Schenkel grauschwarz, Steuerfedern schwarz, **Gr. F.:** Sehr stark abweichende Gefiederfärbungen.

1,1 Sundheimer, hell

Sundheimer

Zuchtidee

Mittelschweres, schnellwüchsiges Zwiehuhn, das sich durch Frühreife und gute Winterlegeleistung von zahlreichen Eiern auszeichnet. Leicht mästbar, zartes weißes Fleisch, Nichtflieger, und vor allem sein zutrauliches Wesen haben als besondere Vorzüge zu gelten. Ein Nutzhuhn für jedermann.

Was ist zu fordern?

Das Sundheimer Huhn ist ein Wirtschaftshuhn im besten Sinne des Wortes. Typische Form, kräftige Entwicklung, Körperfülle; trotzdem nicht über mittelschwer, zarter Knochenbau, knapp mittelhohe Stellung. Vitalität und Kunstbrutfestigkeit sind für dessen Leistungsfähigkeit unbedingt in den Vordergrund zu stellen.

Was ist abzulehnen?

Vorwiegend in Form untragbare, unterentwickelte, zu schwache und flachbrüstige Tiere, kastenförmige Tiere; Grobknochigkeit, plumpe Form (reiner Masthuhntyp) und gelber Anflug.

Geschichtliches

Herausgezüchtet wurde das Sundheimer Huhn in Sundheim, Kreis Kehl am Rhein. Die erste Vereinigung zu seiner Förderung wurde als Interessengemeinschaft im Jahre 1886 gegründet mit dem Ziel, ein leicht mästbares, schnellwüchsiges und höchsten Ansprüchen genügendes Fleischhuhn zu erzeugen. Nach dem ersten Weltkrieg wurde die Zucht durch den neugegründeten „Sonderverein der Züchter des Sundheimer Huhnes“ mehr auf Legeleistung umgestellt. Daraus hat sich das heutige Zwiehuhn entwickelt. 1966 wurde die bis dahin verbindliche Kastenform endgültig abgeschafft.

Form und Kennzeichen

Hahn

Gewicht:	3 bis 3,5 kg.
Kopf:	Mittelgroß, länglich breit.
Schnabel:	Stark, weiß bis hornfarbig.
Augen:	Rot.
Kamm:	Einfach, klein, mit 4 bis 6 Zacken.
Ohrlappen:	Gestreckt, dünn, anliegend, rot. **Gr. F.:** Weiße Ohrscheiben.
Kehllappen:	Kurz, rundlich.
Gesicht:	Mit Federchen besetzt. **Gr. F.:** Bartbildung.
Hals:	Breit angesetzt, mittellang, mit mäßigem Behang. **Gr. F.:** Langer, dünner Hals.
Brust:	Breit, vorgewölbt.
Rumpf:	Mittellang, voll, tief und breit, hinten etwas schmäler werdend, fast waagerecht getragen. **Gr. F.:** Fehlen der typischen Form.
Bauch:	Voll, breit, weit ausladend.
Rücken:	Breit, mittellang und flach. Sattel zum Schwanz hin kaum ansteigend.
Flügel:	Ziemlich hoch angesetzt, am Bug etwas gewölbt, fest anliegend.
Schwanz:	Knapp mittellang, wenig erhoben, etwas locker getragen, nicht zu lange Sicheln. **Gr. F.:** Langer Schwanz.
Schenkel:	Fleischig, stark befiedert, aber wenig hervortretend.
Läufe:	Knapp mittellang, breit gestellt, an der Außenseite schwach befiedert, fleischfarben. **Gr. F.:** Sehr hohe Stellung, gänzliches Fehlen der Fußbefiederung.

Henne

Gewicht:	2 bis 2,5 kg.
	Jahres-Eierleistung: Mindestens 200 hell- bis dunkelbraune, auch punktierte Eier.
	Bruteier-Mindestgewicht: 55 g.
	Bruttrieb: Ist nicht erwünscht.

Die Henne gleicht dem Hahn im wesentlichen bis auf die geschlechtsbedingten Unterschiede. Sie hat jedoch etwas Kissenbildung und dadurch etwas mehr Anstieg als der Hahn.

Ringgröße: Hahn II, Henne III.

Farbe und Zeichnung

Hell

H a h n und H e n n e sind fast übereinstimmend gezeichnet. Kopf rein silberweiß; Halsbehang mit breitem, tiefschwarzem, grünglänzendem Schaftstrich mit silberweißem Saum. Auf Kragenschluß wird kein Wert gelegt. Die Federn des Oberrückens unter dem Halsbehang zeigen schwarze Tropfenzeichnung. Sattel des Hahnes möglichst ohne schwarze Schaftstriche, jedoch bei besonders dunklem Halsbehang Andeutungen von Zeichnung erlaubt; das Kissen der Henne immer rein weiß. Der Schwanz des Hahnes rein schwarz mit grünem Glanz, kleine Sichelfedern des Hahnes und die Schwanzdeckfedern der Henne weiß gesäumt, in den Hauptsicheln des Hahnes und großen Schwanzdeckfedern der Henne weiße Säumung erlaubt. Die Schwingen schwarz mit weißer Außenfahne, so daß der zusammengelegte Flügel weiß erscheint. Das übrige Gefieder rein silberweiß. **Gr. F.:** Stark gelber Anflug, reinweiße Schwanzfedern.

1,1 Sussex, hell

Sussex

Zuchtidee

Ein Zwiehuhn mit guter Nutzung in beiden Richtungen. Frohwüchsig, frühreif, sehr mastfähig, leichte Aufzucht, überdurchschnittliche Legeleistung. Eier kunstbrutfest. 1927 als Wirtschaftsrasse anerkannt. Als Fleischhuhn sehr gefragt, da weißes, zartes, wohlschmeckendes Fleisch; die Hautfarbe weiß. Brutlust ist bei dem bunten Farbenschlag noch geringfügig vorhanden. Die nachfolgenden geforderten Eigenschaften herauszuzüchten ist nicht ohne gewisse Kenntnis der Vererbungsvorgänge möglich. Über die modernen Vererbungsgrundlagen – Verbesserung des Erscheinungsbildes (Phänotyp) und Gefiederfarbe mit Zeichnungsmerkmalen (Columbiazeichnung) sowie Grundkenntnisse über Körpergröße und Wuchs – werden die Mitglieder des SV der Sussex- und Zwerg-Sussex-Züchter in Rundschreiben und Vorträgen informiert. Nur so ist es möglich, den Geflügelzüchtern einen Überblick zu geben, um auch mit kleinen Stämmen und weniger Raum zu guten Erfolgen zu gelangen.

Was ist zu fordern?

Gefordert wird ein Huhn übermittelgroß, breitgestellt mit langem, tiefem und vollbrüstigem, kastenförmigem Rechteckschnitt in waagerechter Haltung, mit feinen Knochen, voller Befiederung, ohne Kissenbildung und ruhigem, zutraulichem Wesen. Gute Formen kann man nur über Zuchttiere erreichen, die genügend Brustbreite und -tiefe aufweisen. Zu Form und Kennzeichen gehören auch die Rassemerkmale: Kopf nicht zu groß, Kamm möglichst klein, Schnabel mäßig stark, Ohrlappen und Kehllappen müssen zum Gesamtbild passen. Anzustreben ist nach wie vor die rote Augenfarbe. Auch gehört dazu der leicht angehobene, jedoch nicht über ca. 30° getragene Schwanz; hinzu kommen Farbe und Zeichnung.

Was ist zu abzulehnen?

Alles, was vorstehenden Forderungen nicht entspricht, wie z. B. stark übergewichtige oder kurze Tiere, Abweichungen von der geforderten Form, abfallende oder hoch anziehende Haltung, nicht waagerechter Stand sowie fehlende Ober- und Unterlinie. Außerdem faltiger Kammansatz und Falten im Kammblatt, viel Weiß in den Ohrlappen, zu lange Kehllappen, reichlich lockere Schenkelfedern. Auch Tiere mit Hängeschwanz, Pinselschwanz und unzulänglicher Columbiazeichnung (Hals – Schwingen – Schwanz), bei den Farbenschlägen Hell, Rot-Columbia und Gelb-Columbia auch offener Kragenschluß, besonders bei den Hellen. Viel Schwarz im Halsbehang der Bunten und Weiß im Gefieder bei den Wildbraunen. Hinzu kommen alle nachfolgend aufgeführten groben Fehler und Ausschlußfehler.

Geschichtliches

Herausgezüchtet wurden die Sussex in England. In den achtziger Jahren des 19. Jahrhunderts entstand in den Provinzen Sussex, Surrey und Kent ein Zwiehuhn, aus Dorking und hellen Brahma erzüchtet. Diese Tiere waren für den Londoner Markt wie geschaffen. Die Engländer nannten sie „Scheunentorhühner", denn sie erfüllten ausschließlich wirtschaftliche Zwecke. Erst später, nach Festigung der Erbmasse, wurden sie als helle Sussex bei Ausstellungen bekannt. Mit Kämpfern (Cornish) gekreuzt, entstanden später die Bunten. Um die Jahrhundertwende folgten die Roten und Wildbraunen, weit später die Gelben und Weißen, seit einiger Zeit auch die in Silber. Diese Farbenschläge werden noch heute in England gezüchtet.
1903 importierte ein damals recht bekannter Züchter, B. Heumann, Quedlinburg, die ersten hellen Sussex aus England. Ein Jahr später brachte F. Happold von dort die roten Sussex mit. Allerdings kamen sie äußerst unfertig zu uns und sind mit der heutigen deutschen Zuchtrichtung nicht zu vergleichen. Mit der Gründung des Sondervereins der Sussexzüchter 1907 ging es mit dieser Rasse steil aufwärts. Nach den Hellen und Rot-Columbia kamen schon bald die Bunten hinzu. Einige Jahre danach erreichten uns auch die Wildbraunen und Gelb-Columbia. Alle diese Farbenschläge werden bei uns auch gezüchtet.

Form und Kennzeichen

Hahn

Gewicht:	3 bis 4 kg.
Kopf:	Klein, breit im Schädel.
Schnabel:	Mäßig stark, leicht gebogen, fleisch- bis hellhornfarbig mit dunklem First. **Gr. F.:** Gelber Schnabel.
Augen:	Gelb bis rot. Rot ist anzustreben.
Kamm:	Einfach, aufrecht, kaum mittelgroß, mit vier bis fünf bis zur Hälfte des Kammblattes geschnittenen Zacken, den Hinterkopf nur wenig überragend, dünn im Fleisch, feinkörnig.
Ohrlappen:	Knapp entwickelt, anliegend, rot.

Kehllappen: Rund, glatt und feinhäutig.

Gesicht: Fein im Gewebe.

Hals: Knapp mittellang, nach oben stark verjüngt, mit gut entwickeltem Behang, ohne plump zu wirken.

Brust: Tief, breit, nicht vorgewölbt, vielmehr von der Kehle fast senkrecht abfallend und in einem Bogen an die waagerechte untere Begrenzung des Rumpfes ansetzend. **Gr. F.:** Flache, spitze Brust.

Rumpf: Kastenförmig, rechteckig in einem Verhältnis Tiefe zur Länge von möglichst 1:1,5, waagerecht getragen. **Gr. F.:** Dreieckform, Landhuhn- oder Orpington-Typ, schmaler, leichter Körper.

Bauch: Tief und breit, weit nach hinten ausladend.

Rücken: Breit und flach in den Schultern, lang, waagerecht, mit mäßig vollem Sattelbehang. **Gr. F.:** Stark abfallender oder rund ausgebogener Rükken; starke Kissenbildung.

Flügel: Hoch und anliegend getragen.

Schwanz: Am Grund breit und locker, mit zahlreichen Sicheln und Deckfedern mit breiter Fahne und nicht zu weichem Schaft, die kurzen Steuerfedern fast völlig verdeckend, angehoben getragen. **Gr. F.:** Steilschwanz.

Schenkel: Mittellang, straff befiedert, ohne Kissenbildung.

Läufe: Mittellang, feinknochig, frei von Stoppeln und Federn, weißlich fleischfarben. Leicht rot gefärbter Streifen beim Hahn ist kein Fehler. **Gr. F.:** Zu hohe oder zu tiefe Stellung, grobe Knochen, Laufbefiederung.

Henne

Gewicht: 2,5 bis 3 kg.
Jahres-Eierleistung: Im ersten 180, im zweiten Jahr 150 gelbe bis gelbbraune Eier.
Bruteier-Mindestgewicht: 55 g.

Die Henne wirkt in ihrem waagerechten Körperrechteck mit den markanten Schultern gedrungener als der Hahn. Dadurch etwas dicker im Schenkelgefieder; tiefer, flaumiger Bauch. Die Kopfteile sollen zart, der Kamm klein sein. Im übrigen entspricht die Form der Henne bis auf die geschlechtlichen Merkmale der des Hahnes.

Ringgröße: Hahn II, Henne III.

Farbe und Zeichnung

Hell

Hahn und Henne: Fast übereinstimmend gezeichnet. Die Hauptfarbe des Gefieders ist rein silberweiß, Kopf auch rein silberweiß. Halsbehang mit breitem, tiefschwarzem, grünglänzendem Schaftstrich mit scharfer Silbersäumung. Diese Zeichnung soll sich möglichst am Vorderhals berühren, so daß der sogenannte „Kragenschluß“ entsteht. Die Federn des Oberrückens unter dem Halsbehang zeigen schwarze Tropfenzeichnung. Sattel des Hahnes möglichst ohne schwarze Schaftstriche, aber Sattelzeichnung erlaubt. Der Schwanz des Hahnes reinschwarz mit grünem Glanz, kleine Sichelfedern des Hahnes und die Schwanzdeckfedern der Henne weiß gesäumt, in den großen Schwanzdeckfedern der Henne weiße Säumung erlaubt. Die Schwingen schwarz mit weißer Außenfahne, so daß der zusammengelegte Flügel weiß erscheint. Das Untergefieder ist ohne Bedeutung. **Gr. F.:** Rußiger Halsbehang, starkes Durchstoßen der Schaftstriche im Halsbehang, gelber Anflug, viel Weiß in den Schwanzfedern und Handschwingen, Grau an Stelle der schwarzen Zeichnung.

Rot-Columbia
Hahn: Dunkelrot in möglichst gleichmäßigem Farbton. Halsbehang, Schwanz und Schwingen sollen die gleichen schwarzen Abzeichen wie bei Hell aufweisen. Das gesamte Gefieder soll reichen Glanz zeigen. Untergefieder rot, grau erlaubt.
Die Henne zeigt ein wesentlich stumpferes Rot. Hals, Schwanz und Schwingen zeigen die schwarze Zeichnung der hellen Henne. Untergefieder wie beim Hahn. **Gr. F.:** Heller, messingfarbener Halsbehang, zu wenig Schwarz in den gezeichneten Stellen, Weiß im Ober- und Untergefieder, lehmige, gelbe, stark mehlige oder schekkige Farbe, schwarze Federn an anderen als den Zeichnungsstellen.

Gelb-Columbia
Gleichmäßiges Goldgelb über den ganzen Körper. Die Zeichnung wie bei Hell- und Rot-Columbia. **Gr. F.:** Stark rötliche Oberfarbe (leichter rötlicher Ton auf den Flügeldecken der Hähne zulässig), jegliches Schwarz an nicht dafür vorgesehenen Stellen.

Bunt
Hahn: Kastanienbraune Grundfarbe, jede Feder am Ende mit einem schwarzen, grünglänzenden Tupfen gezeichnet, worin eine weiße Perle steht, außer Schulter- und Rückenfedern, Schwingen braun mit schwarzer Innenfahne und weißer Spitze. Die beiden letzten Reihen der großen Flügeldeckfedern zeigen schwarze Tupfen mit weißen Perlen, so daß zwei schwarz-weiße Binden entstehen. Steuerfedern und Sicheln schwarz mit weißen Spitzen. Teils weiße Schwingen, sofern nicht übertrieben und bei geschlossenen Flügeln nicht sichtbar, ebenso etwas Weiß in den Steuerfedern sind erlaubt.
Henne: Die Grundfarbe ist im Ton etwas heller, sonst mit gleicher Zeichnungsanlage. **Gr. F.:** Zu große Perlzeichnung bei Jungtieren, fehlendes Braun in der Brust der Hähne, reichlich Weiß im Schwanz bei Jungtieren, schwarze Brust der Hennen, messingfarbene Behänge, fahle, hellbraune Grundfarbe, besonders bei Hennen, viel schwarze Pfefferung in der Grundfarbe, viele, ganz weiße Federn im Körpergefieder, größtenteils weiße Schwingen und Schwanzfedern, auch bei Alttieren.

Wildbraun
Hahn: Kopf rotbraun, Halsbehang rotgolden mit schwarzem, grünglänzendem Schaftstrich, Rücken und Flügeldecken tief dunkelrot, Sattelbehang etwas dunkler als der Halsbehang. Vorderhals, Brust, Schenkel, Bauch und Schwanz schwarz. Große Flügeldeckfedern ein grünglänzendes, breites Flügelband bildend. Die sichtbaren Außenfahnen der Schwingen sind braun, die Innenfahnen schwarz.
Henne: Kopf rotbraun, Halsbehang rotgolden mit schwarzem Schaftstrich. Das Mantelgefieder ist rötlichbraun mit feiner, schwarzer Rieselung ohne Flitterzeichnung und mit schwachen, hellen Kielen. Die Brust ist dunkellachsfarbig bis rotbraun. **Gr. F.:** Weiß im Gefieder, stark schilfige Schwingen, stark rußiger Behang.

Grausilber

Hahn: Kopf, Hals- und Sattelbehang silberweiß mit schwarzem Schaftstrich, Rükken und Flügeldecken silberweiß, Flügelbinden glänzend schwarz, Schwingen schwarz mit schmalem, weißlichgrauem Außensaum, Brust schwarz, jede Feder mit feinem Silbersaum und weißlichem Schaft, Schenkel dunkelgrau mit schwacher Silbersäumung. Das Untergefieder ist grau.

Henne: Kopf und Halsbehang wie beim Hahn, doch sind die Schaftstriche aufgrund der mehr gerundeten Federn breiter, Rücken und Flügeldecken grauschwarz, jede Feder mit feinem Silbersaum und weißlichem Schaft, Schwingen grauschwarz, Schwanz schwarz, Brust und Schenkel heller grauschwarz, jede Feder mit feinem Silbersaum und weißlichem Schaft. Das Untergefieder ist grau. Graue Lauffarbe und braune Augenfarbe sind erlaubt. **Gr. F.:** Unklare, verschwommene Säumung, zu helle Brustfarbe, stark durchstoßender oder durchbrochener Schaftstrich, stark gelblicher Farbton auf den Schultern und Behängen des Hahnes.

1,1 Thüringer Barthühner, gold-schwarzgetupft

Thüringer Barthühner

Zuchtidee

Ein mittelgroßes, lebhaftes und keckes Huhn von edler Landhuhnform, das durch relativ kleinen Kamm und geringe Ausbildung der Kehllappen auffällt, die, wie auch die Ohrscheiben, von einem sehr vollen, länglich-runden Federbart verdeckt sind. Wetterfest und gute Legeleistung bei sparsamstem Futterverbrauch, weil eifriger Futtersucher und Scharrer; besonders für rauhe Gegenden geeignet. Durch seine elegante Form und die Federstruktur des Kopfes soll es seinem Halter viele Reize bieten.

Was ist zu fordern?

Besonderes Augenmerk ist auf Form, vorschriftsmäßige Bartbildung, einem Landhuhn eigene gute Geräumigkeit des Körpers mit voll ausgeprägtem Bauch und gute Entwicklung der Jungtiere zu legen. Neben diesen erstrangigen Punkten ist noch auf glänzende, saftige Farbe sowie auf reichlich entwickeltes, jedoch fest anliegendes Gefieder zu achten.

Was ist zu abzulehnen?

Schwache, unentwickelte Tiere, zu schmaler Körperbau, zu hohe und zu enge Beinstellung, Übergröße, Grobknochigkeit, geteilte Bartbildung, zu hoher Kamm, stumpfe Federfarbe und verschwommene Zeichnung bei den bunten Farbenschlägen.

Geschichtliches

Die Heimat des Thüringer Barthuhnes ist vornehmlich der westliche Teil des Thüringer Waldes, besonders Ruhla und dessen nähere Umgebung. Nach alten Aufzeichnungen waren die „Pausbäckchen" schon in den Anfängen des 19. Jahrhunderts in dieser Gegend zu finden. Ein klar umrissenes Bild über die Herauszüchtung ist uns nicht möglich. Auf Grund von Berichten alter Zuchtfreunde läßt sich lediglich vermuten, daß Paduaner und die damals in Westthüringen bodenständigen „Otterköpfchen" als Ausgangsbasis für die Thüringer Barthühner dienten. Am 8. März 1907 wurde unter Führung der Zuchtfreunde Karl Heß und Paul König in Ruhla ein Sonderverein gegründet, der sich zur Aufgabe stellte, diese schöne, damals auf vielen Höfen anzutreffende Heimatrasse weitgehendst zu fördern. Eine Musterbeschreibung wurde ausgearbeitet. Außer den heute anerkannten Farbenschlägen züchtete man früher auch tollbunte und mohrenköpfige Pausbäckchen.

Form und Kennzeichen

Hahn

Gewicht:	2 bis 2,5 kg.
Kopf:	Mittelgroß, mit rundem Schädel.
Schnabel:	Kurz, mit starker Wurzel, hornfarben, je nach Gefiederfarbe heller oder dunkler.
Augen:	Groß, rot bis dunkelbraun.
Kamm:	Aufrecht, kaum mittelgroß, gleichmäßig fein gezackt, in flachem Bogen gut abgerundet, hinten nicht aufliegend.
Ohrscheiben:	Form und Farbe unwichtig, infolge des Vollbartes nicht zu sehen.
Kehllappen:	Nur angedeutet. **Gr. F.:** Stärker entwickelte Kehllappen.
Gesicht:	Durch den großen Bart sehr klein.
Bart:	Länglich-rund, ungeteilt, an den Seiten volle Pausbacken bildend. **Gr. F.:** Zu gering entwickelter Bart.
Hals:	Etwas gebogen, gedrungen und besonders nach hinten sehr voll.
Brust:	Breit und voll. **Gr. F.:** Eckige, flache Brust.
Rumpf:	Mittellange, etwas derbe und leicht geneigte Walzenform.
Bauch:	Voll und breit.
Rücken:	Mittellang, flach, mit vollem Sattelbehang.
Flügel:	Lang, breit, etwas lose getragen.
Schwanz:	Voll und breit, sehr federreich, schön gebogene, ziemlich lange Sicheln, angehoben, aber nicht steil getragen. **Gr. F.:** Eichhornschwanz.
Schenkel:	Kurz, mittelstark, voll und anliegend befiedert.
Läufe:	Mittellang, glatt, Lauffarbe siehe unter Farbe und Zeichnung.

Henne

Gewicht: 1,5 bis 2 kg.
Jahres-Eierleistung: Mindestens 150 reinweiße Eier.
Bruteier-Mindestgewicht: 53 g.
Bruttrieb: Gering.

Der gedrungene, walzenförmige, waagerecht getragene Rumpf hat eine gut gerundete Brust, einen breiten, geräumigen Bauch und einen etwas locker getragenen Schwanz; der volle Hals bildet nach rückwärts, vor allem bei mehrjährigen Hennen, die charakteristische Federkrause; der Stehkamm ist klein, leichte Neigung der Fahne erlaubt. Ansonsten entspricht die Henne bis auf die geschlechtsbedingten Merkmale dem Hahn.

Ringgröße: Hahn IV, Henne V.

Farbe und Zeichnung

Schwarz
Verlangt wird ein grünglänzendes Schwarz ohne andere Farben, Untergefieder dunkelgrau, Schnabel und Läufe dunkel, möglichst schwarz. Augen dunkelbraun erwünscht. **Gr. F.:** Sehr helle Lauffarbe.

Weiß
Farbe reinweiß, Läufe blau erwünscht, fleischfarbig noch erlaubt.

Blau-Gesäumt
Hahn und Henne haben eine reinblaue Grundfarbe. Möglichst jede Feder schwarz gesäumt, das Glanzgefieder und der Schwanz dürfen vorherrschend dunkel sein; Läufe dunkel. **Gr. F.:** Sehr helle Lauffarbe.

Gelb
Reines Goldgelb, auch Untergefieder und Federkiel, je intensiver, desto besser. Bart gelb, weiße Federn sind fehlerhaft. Schwarz im Schwanz ist nachsichtig zu beurteilen; Läufe hell schieferblau. **Gr. F.:** Sehr helle Lauffarbe.

Gesperbert
Verlangt wird eine gute, klare Sperberung ohne gelblichen Anflug oder Schimmel im Gefieder. Läufe fleischfarbig, dunkler Anflug erlaubt.

Gold-Schwarzgetupft
Hahn: Flaum schwarz, Hals- und Sattelbehang goldrot mit schwarzer Spitze, Flügeldecken goldbraun mit schwarzer Zeichnung am Federende, Binden nicht zu schmal. Brust getupft; Bart, Vorderhals und Bauch schwarz; Schwanz grünglänzend schwarz.
Henne: Flaum schwarz, Kopf schwarz, Hals, Brust, Bauch, Rücken, Sattel und Flügel goldrot, gleichmäßig mit schwarzen Tupfen besetzt; Zeichnung der Brust und Flügel regelmäßig; Bart schwarz; Schwanz dunkel, etwas braun gezeichnet zulässig. Läufe schieferblau. **Gr. F.:** Sehr helle Lauffarbe.

Silber-Schwarzgetupft
Den Gold-Schwarzgetupften entsprechend, nur als Grundfarbe Silberweiß. Läufe schieferblau. **Gr. F.:** Sehr helle Lauffarbe.

Chamois-Weißgetupft
Den Gold-Schwarzgetupften entsprechend gezeichnet; nur sind die dort goldroten Federteile ledergelb und die schwarzen Federpartien rahmweiß. Läufe schieferblau. **Gr. F.:** Sehr helle Lauffarbe.

Rebhuhnfarbig
Hahn: Kopf dunkelgoldfarbig, Bart schwarz, Halsbehang dunkelgoldfarbig mit schwarzem Schaftstrich, der den Saum nicht durchbrechen darf; Schulterdecken und Rücken rotgoldig; Sattelgefieder rotgoldfarbig, möglichst mit Schaftstrich; Binden schwarz, grünglänzend; Handschwingen schwarz mit schmalen braunen Außensäumen; Armschwingen schwarze Innenfahne und Spitze, außen braun, das Flügeldreieck bildend; Brust, Schenkel und Schwanz schwarz mit grünlichem Glanz.
Henne: Kopf dunkelgoldfarbig, Bart rostrot, Halsbehang dunkelgoldfarbig, die einzelnen Federn mit breitem, schwarzem Schaftstrich, der den Saum nicht durchbrechen darf; Rücken, Schultern und Flügeldecken graubraun mit möglichst gleichmäßiger schwarzer Rieselung und deutlich hervortretendem hellem Federkiel; Brust rostrot, zum Bauch hin grauer werdend; Schwingen und Schwanz schwarzbraun. Läufe schieferblau. **Gr. F.:** Sehr helle Lauffarbe.

1,1 Tuzo

Tuzo

Zuchtidee

Kleines und elegantes Kampfhuhn mit aufgerichteter Haltung.

Was ist zu fordern?

Aufgerichtete Haltung, mittelhohe Stellung, klein und elegant, knapp befiedert, gut entwickelte Schwanzpartie.

Was ist zu abzulehnen?

Waagerechte Haltung, üppige Befiederung.

Geschichtliches

Alte, aber sehr seltene japanische Kampfhuhnrasse. Der Tuzo wurde ursprünglich nur für den Hahnenkampf gezüchtet. 1983 wurde diese Rasse auch in Deutschland zugelassen.

Form und Kennzeichen

Hahn

Gewicht:	1,2 kg.
Kopf:	Rund, mit breiter Stirn und deutlichen Augenbrauen, im Genick etwas absetzend. **Gr. F.:** Langer, spitzer Kopf.
Schnabel:	Kurz, kräftig, gut gebogen, dunkelhornfarbig bis schwarz. **Gr. F.:** Dünner, spitzer Schnabel.
Augen:	Perlfarbig bis gelblich, bei Jungtieren gelb bis orangefarbig.
Kamm:	Dreireihiger Erbsenkamm, klein, rot.
Ohrlappen:	Sehr klein, rot.
Kehllappen:	Klein oder nur angedeutet, nackte rote Kehle zeigend, bei Alttieren deutliche Kehlwamme. **Gr. F.:** Zu große Kehllappen, fehlende Kehlwamme bei Alttieren.
Gesicht:	Glatt, rot.
Hals:	Mittellang, gut gebogen, aufrecht getragen. Halsbehang kurz, die Schultern nur erreichend, nicht bedeckend.
Brust:	Breit und gut gerundet, etwas nach vorn getragen.
Rumpf:	Mittellang, breit, nach dem Sattel zu schmaler werdend, hochgezogene Schultern. **Gr. F.:** Waagerechte Körperhaltung.
Bauch:	Nur knapp entwickelt, eingezogen.
Rücken:	Mittellang, vorn breit, nach hinten schmaler werdend, stark abfallend getragen, gerade. Sehr kurzer, knapper Sattelbehang.
Flügel:	Kurz, breit, deutlich abgesetzter Flügelbug, anliegend getragen, die nackten Flügelknochen (Rosen) zeigend.
Schwanz:	Gut entwickelt, ziemlich lang, gesenkt getragen, Sicheln nur mäßig gebogen.
Schenkel:	Gut mittellang, muskulös, im Fersengelenk nur wenig gebogen. **Gr. F.:** Nach außen gewinkelte Fersengelenke.
Läufe:	Gut mittellang, feinschuppig, dunkeloliv bis schwarz mit heller Sohle, relativ starke Sporenentwicklung. **Gr. F.:** Zu tiefe Stellung, sehr helle Beinfarbe.
Gefieder:	Fest anliegend, knapp, kurz, glanzreich. **Gr. F.:** Lose Befiederung.

Henne

Gewicht:	1 kg.
	Schalenfarbe der Eier: Weiß oder gelblich.
	Bruteier-Mindestgewicht: 35 g.

Die Henne entspricht dem Hahn bis auf die geschlechtsbedingten Unterschiede. In der Körperhaltung ist sie etwas flacher, ihr Gesicht ist teilweise dunkler.

Ringgröße: Hahn V, Henne VI.

Farbe und Zeichnung

Schwarz

Tiefschwarz mit leuchtend grünem Glanz, wenige rote Federn erlaubt. **Gr. F.:** Fehlender Grünglanz, viele rote Federn im Halsbehang, viel Weiß in Schwingen oder Schwanz.

1,1 Vogtländer

Vogtländer

Zuchtidee

Ein mittelgroßes, kräftiges Landhuhn, mittelhoch gestellt, mit anliegendem Gefieder, lebhaft und gewandt, durch den kleinen Rosenkamm auch für rauhe Gegenden geeignet.

Was ist zu fordern?

Eine langgestreckte Landhuhnform mit breiten Schultern, Erhaltung der eigenartigen Färbung.

Was ist abzulehnen?

Plumper oder spindeliger Körperbau, zu helle oder zu dunkle Hauptfarbe.

Geschichtliches

Die Vogtländer werden schon seit Jahrzehnten im Vogtland gezüchtet. Zu ihrer Erzüchtung wurden Andalusier, rebhuhnfarbige Rheinländer, die für die Rasse auch weitgehend formbestimmend waren, Welsumer und Dominikaner verwendet. Da ihr Züchterkreis noch sehr klein ist, sind sie bei Großschauen nur selten oder überhaupt nicht zu sehen. Vielleicht hängt das auch mit der ziemlich eintönigen mausgrauen Hennenfarbe zusammen, die dem Züchterauge nur wenig Kontraste bietet.

Form und Kennzeichen

Hahn

Gewicht:	2 bis 2,5 kg.
Kopf:	Mittelgroß, kräftig entwickelt.
Schnabel:	Mittellang, leicht gebogen, dunkelgrau. **Gr. F.:** Weißer Schnabel.
Augen:	Dunkelbraun.
Kamm:	Kleiner Rosenkamm mit wenig Perlung, fest aufsitzend, mit kleinem, geradem Dorn.
Ohrscheiben:	Klein, weiß, etwas rötlicher Anflug gestattet. **Gr. F.:** Rote Ohrlappen.
Kehllappen:	Klein und gut gerundet.
Gesicht:	Glatt, rot.
Hals:	Mittellang, mit reichem Behang, etwas nach hinten getragen.
Brust:	Gut gerundet.
Rumpf:	Langgestreckt, kräftig, leicht abfallend. **Gr. F.:** Plumper Körper.
Bauch:	Gut entwickelt, ausladend.
Rücken:	Lang.
Flügel:	Lang, geschlossen, anliegend getragen.
Schwanz:	Mittellang, etwas aufrecht getragen.
Schenkel:	Etwas sichtbar aus dem Gefieder hervortretend.
Läufe:	Mittellang, kräftig, schieferblau.
Gefieder:	Straff anliegend und ohne Polsterbildung.

Henne

Gewicht:	1,75 bis 2,25 kg. Bruteier-Mindestgewicht: 55 g. Schalenfarbe der Eier: Weiß.

Die Henne entspricht bis auf die geschlechtsbedingten Unterschiede dem Hahn.

Ringgröße: Hahn IV, Henne V.

Farbe und Zeichnung

Hahn: Körpergefieder blaugrau (mausgrau) mit rotgoldenem Hals- und Sattelbehang.

Henne: Am ganzen Körper gleichmäßig blaugrau (mausgrau) gefärbt; der Halsbehang ist dunkler als das Mantelgefieder und etwas goldig gezeichnet. **Gr. F.:** Hahn und Henne: Fleckiges Gefieder, zu helle oder zu dunkle Hauptfarbe.

1,1 Vorwerkhühner

Vorwerkhühner

Zuchtidee

Ein kräftiges, gedrungenes, mehr tief- als hochgestelltes Nutzzwiehuhn mit einzigartiger, gleicher Zeichnung beider Geschlechter, ausgesprochen gutmütig, lebhaft und nicht scheu. Bemerkenswert ist die Verträglichkeit der Hähne untereinander. Einzigartig ist das unter dem sammetartigen Halsbehang zutage tretende Goldgelb und dessen Farbübergänge zum satten Schwarz des Schwanzes, jedoch tritt die Hennenfärbung weniger leuchtend hervor. Das ideale Wirtschaftshuhn (Eier und Fleisch), wie es sich für den kleinen Haushalt, für Siedlungen und Bauernhöfe eignet. Wetterhart, frühreif und bei freiem Auslauf und guter Weide ein sehr guter Futtersucher, daher sparsam im Futterzusatz. Nichtflieger, wenig Bruttrieb.

Was ist zu fordern?

Eine nicht zu knochige Landhuhnform, mittelschwer, mit geräumiger Brust und voller, weicher Hinterpartie auf breiter Stellung, ohne klobig zu wirken (Rechteckschnitt), mit rassemäßig gut markierten kleinen Kopfpunkten.
Ein voll entwickeltes, glanzreiches Gefieder, das fest am Körper anliegt, mit leuchtendem, nicht lehmigem oder zu braunem Gelb von starkem Glanz und Sammetschwarz.
Ein voll entwickeltes, fest am Körper anliegendes, in allen Farbpartien glanzreiches Gefieder mit leuchtend hervortretender goldgelber Mantelfarbe (der Orpington-Ahnen) bei samtschwarzem Halsbehang mit besonders intensivem Grünglanz und schwarzen Hauptschwanzfedern. Lehmiges oder braunes Gelb ist ebenso abzulehnen wie dunkles Kupferrot auf den Flügeldecken. Die vom Erzüchter geforderte „ein-

zigartige Zeichnung beider Geschlechter" kommt erst durch eine möglichst schmale, umlaufend gelbe Säumung der Schwanzdeckfedern zur vollen Geltung. Sie ist Ausdruck einer weitestgehend ausgewogenen Farbverteilung und sollte feinen Tieren beider Geschlechter eigen sein. Mit Rücksicht auf die Erhaltung der Mantelfarbe ist Wert auf graues bis blaugraues Untergefieder zu legen.

Was ist zu abzulehnen?

Tiere, die den wirtschaftlichen Anforderungen nicht entsprechen, wie zu schmale, spindelige Figur auf überhoher Stellung, oder klobig erscheinende Tiere mit zu dikken Läufen und duffem, glanzlosem Gefieder, also alle Typen, die dem mehr tief- als hochgestellten Landhuhntyp entgegenstehen.

Geschichtliches

Der Erzüchter des Huhnes war Oskar Vorwerk, Othmarschen bei Hamburg. Er faßte um 1900 den Entschluß, die Zeichnung der Lakenfelder auf ein gelbes Körpergefieder zu übertragen und ein mittelschweres, ausgesprochen wirtschaftliches Zwiehuhn in der Landhuhnform zu erzüchten. Er verwendete dazu die deutschen Rassen Ramelsloher, Lakenfelder und das Hittfelder Landhuhn. Hinzu kamen später gelbe Orpington zur Verbesserung der Farbe und Andalusier zur Verbesserung der sammetschwarzen Zeichnung und Intensivierung der Grundfarbe und des damit im Zusammenhang stehenden Untergefieders. Die ersten Vorwerkhühner standen 1912 in Hannover und bei der Cypria-Schau in Berlin, sodann bei der 16. Nationalen Chemnitz 1913 und wurden anerkannt bei den Hamburger Ausstellungen der gleichen Jahre.

Form und Kennzeichen

Hahn

Gewicht:	2,5 bis 3 kg.
Kopf:	Mittelgroß, mäßig breit.
Schnabel:	Mittellang, blaugrau bis hornfarbig.
Augen:	Orangegelb bis orangerot, lebhaft blickend.
Kamm:	Einfach, mittelgroß, gleichmäßig gezackt, Fahne der Nackenlinie folgend, ohne aufzuliegen.
Ohrscheiben:	Knapp mittelgroß und weiß, roter Rand zulässig. **Gr. F.:** Zu rote Ohrscheiben.
Kehllappen:	Mittellang und gut gerundet.
Gesicht:	Mit Federchen besetzt, rot.
Hals:	Mittellang, mit vollem Behang.
Brust:	Breit, tief angesetzt, gut gewölbt.
Rumpf:	Von ansehnlicher Größe, möglichst breit und tief, abgerundeter Rechteckschnitt; **Gr. F.:** Zu schmaler und leichter Körper, grobknochig.
Bauch:	Breit und voll.
Rücken:	Breit und leicht abfallend, voller Sattel.
Flügel:	Fest anliegend, mittellang.

Schwanz:	Mäßig geschlossen, leicht angehoben getragen, mit gut gebogenen, mittellangen Sicheln. **Gr. F.:** Steilschwanz, schmale Schwanzfedern.
Schenkel:	Kräftig, knapp mittellang, fest befiedert.
Läufe:	Mittellang, feinknochig, schieferblau. **Gr. F.:** Zu helle Lauffarbe.

Henne

Gewicht:	2 bis 2,5 kg. Jahres-Eierleistung: 150 gelbliche Eier. Bruteier-Mindestgewicht: 55 g. Bruttrieb: Selten.

Die Henne hat eine volle, tiefe Brust, einen sehr vollen Bauch und einen fast waagerechten Rücken ohne jegliche Kissenbildung. Das Gefieder liegt glatt an. Der kleine Kamm darf im hinteren Teil zur Seite neigen.

Ringgröße: Hahn III, Henne IV.

Farbe und Zeichnung

Hahn: Kopf, Halsbehang, Schwanz schwarz. Rumpf tiefgoldgelb; Untergefieder grau; Außenfahnen der Schwingen tiefgoldgelb, Innenfahnen dunkelgrau bis schwarz; Sattelbehang tiefgoldgelb mit feinem Schaftstrich. **Gr. F.:** Überwiegend gelber oder mit Grau gemischter Halsbehang, fast schwarzer Sattelbehang.
Henne: Halsbehang schwarz, nach dem Kopf zu leichte goldgelbe Säumung zulässig. Rumpf und Außenfahnen der Schwingen tiefgoldgelb, Innenfahnen schwarzgrau bis schwarzbraun meliert; Steuerfedern schwarz, Schwanzdeckfedern teils goldgelb gesäumt. Untergefieder grau. **Gr. F.:** Zuwenig Schwarz in Hals oder Schwanz, zu starke Sprenkelung im Rumpfgefieder.

1,1 Welsumer, rost-rebhuhnfarbig

Welsumer

Zuchtidee

Ein wetterhartes Zwiehuhn, Leger vieler großer, braunschaliger Eier, gute Fleischnutzung. Mittelschwer, mit ausgesprochener Wirtschaftsform und kleinkämmigem, feinem Kopf. Lebhaft.

Was ist zu fordern?

Es soll vor allen Dingen auf Leistung gezüchtet werden, daher ist auf einen walzenförmig gestreckten, geräumigen und waagerecht getragenen Körper mit stark ausgeprägtem Bauch und dichtem, fest anliegendem Gefieder größter Wert zu legen.

Was ist zu abzulehnen?

Schwache und schlecht entwickelte Tiere mit nicht ausreichender Walzenform und nicht befriedigendem Bauch sowie sehr hochgestellte, grobknochige Tiere.

Geschichtliches

Während des 1. Weltkrieges (1916) entdeckten niederländische Züchter im Ort Welsum ein mittelschweres Landhuhn von rotbraunem Aussehen, das sehr große, braunschalige Eier legte und nur wenig Brutlust zeigte. Sie nahmen sich dieses Landhuhnschlages an, gründeten 1929 eine „Vereinigung zur Verbesserung des Welsumerhuhnes“ und legten Richtlinien für die Zucht fest. Nach dem Ursprungsort Welsum nannten sie die neue Rasse Welsumer. Einige Jahre später wurden sie bei holländischen Schauen ausgestellt. Auch in Deutschland fanden die Welsumer der großen braunen Eier und ihrer geringen Brutlust wegen viele Liebhaber. Bei deutschen Schauen wurden sie erstmalig im Jahre 1925 gezeigt, doch noch nicht in der Form und Schönheit wie heute.

Form und Kennzeichen

Hahn

Gewicht:	3 bis 3,5 kg.
Kopf:	Knapp mittelgroß. **Gr. F.:** Grober Kopf.
Schnabel:	Mittellang, gelb bis hornfarbig.
Augen:	Groß, orangerot.
Kamm:	Einfach, mittelgroß, regelmäßig gezackt. Die Fahne folgt dem Nacken, ohne aufzuliegen.
Ohrlappen:	Mittelgroß, mandelförmig. **Gr. F.:** Weiße Ohrlappen.
Kehllappen:	Kurz, gut gerundet.
Gesicht:	Unbefiedert.
Hals:	Mittellang, mit nicht zu voll entwickeltem Behang.
Brust:	Tief und breit, vorgewölbt, gut gerundet.
Rumpf:	Tief, walzenförmig-gestreckt, waagerecht getragen. **Gr. F.:** Mangelhafte Form, stark abfallende Haltung.
Bauch:	Breit, voll und tief. **Gr. F.:** Wenig entwickelter Bauch.
Rücken:	Lang und gleichmäßig breit, mit breitem, vollbefiedertem Sattel in gut gerundetem Übergang zum Schwanz.
Flügel:	Geschlossen, anliegend. **Gr. F.:** Hängeflügel.
Schwanz:	Im stumpfen Winkel getragen, mittelbreit, mit nicht zu langen Sicheln. **Gr. F.:** Eichhornschwanz.
Schenkel:	Kräftig, mittellang, gut aus dem Gefieder hervortretend.
Läufe:	Mittellang, gelb. **Gr. F.:** Zu hohe Stellung.
Gefieder:	Straff anliegend, Federn möglichst breit.

Henne

Gewicht:	2 bis 2,5 kg.
	Jahres-Eierleistung: Durchschnittlich 160 große, dunkelbraune Eier mit wenig Glanz. Die Schale ist von etwas rauher Struktur.
	Bruteier-Mindestgewicht: 65 g.
	Bruttrieb: Gering.

Die Henne ist besonders typisch in der tiefen, breiten, geräumigen Form mit gut entwickeltem, weichem, tiefem Bauch, langem, breitem und waagerechtem Rücken, ohne Kissenbildung; ziemlich geschlossen, im stumpfen Winkel getragener Schwanz, kleiner Stehkamm. **Gr. F.:** Nicht ausgeprägter Legebauch. Weitere Merkmale und ihre groben Fehler, die auch für die Henne in Frage kommen, siehe unter Hahn.

Ringgröße: Hahn III, Henne IV.

Farbe und Zeichnung

Rost-Rebhuhnfarbig

Hahn: Kopf und Hals goldbraun mit leicht angedeuteter schwarzer Schaftzeichnung. Die tief rotbraunen Flügeldecken werden durch das Flügelband mit der dreiteiligen Zeichnung, ähnlich der Brustfeder, abgeschlossen. Die Armschwingen außen tiefbraun, innen mattschwarz mit brauner Pfefferung auf den Enden, Handschwingen außen mattschwarz mit braunem Rand, innen mattschwarz mit brauner Pfefferung am Rande, Rücken rotbraun, Sattel rot- bis goldbraun mit wenig oder ohne Schaftstrichzeichnung; die Steuerfedern grünschwarz, die großen Sicheln schwarz mit Grünglanz, die Nebensicheln mit braunem Rand. Die Brustzeichnung wird durch die dreigeteilte Feder, die am Grunde grauschwarz, in der Mitte mattbraun und an der Spitze mit einem größeren oder kleineren schwarzen Tupfen versehen ist, gebildet, so daß die Brust mit mehr oder weniger braunen Flecken erscheint. Entsprechend ist auch die Schenkelfärbung. Hinterteil mattbraun mit schwarzen Flecken; Untergefieder grau mit bräunlichem Schimmer. **Gr. F.:** Sehr ungleichmäßige Gesamtfarbe, sichtbares Weiß in Hals, Schwingen oder Sicheln, Fehlen der dreigeteilten Federzeichnung in Brust und Schenkeln.

Henne: Kopf und Hals oben rotbraun, nach unten in Goldbraun übergehend, mit schwarzer Schaftzeichnung. Rücken, Schultern und Flügeldecken rostbraun mit dunkler Pfefferung und goldfarbiger Nervzeichnung. Armschwingen außen braun mit grober und innen mit feiner Pfefferung, Handschwingen außen mattschwarz mit mattbraunem Rand, innen mattschwarz mit brauner Sprenkelung an den Enden. Schwanz schwarz, die Deckfedern mit gerieseltem Rand. Brust lachsfarbig, ohne Pfefferung – geringe Spritzer entwerten nicht. Hinterteil vorherrschend bräunlich mit grauer Pfefferung, ohne rußigen Ton. **Gr. F.:** Sehr ungleichmäßige Gesamtfarbe, sichtbares Weiß in Hals, Schwingen oder Sicheln, starker Ruß, ausgesprochener Flitter oder Bänderung, vollständiges Fehlen der Nervzeichnung.

Orangefarbig

Hahn: Kopf stroh-, bzw. messinggelb, Halsbehang stroh- bzw. messinggelb mit bräunlichen Schaftstrichen, die nicht durchstoßen dürfen. Rücken goldrot, Schultern goldorange mit dunkleren Flecken durchsetzt; Flügelbinden metallisch bläulich-grünglänzend, ein breites Band über die Flügel bildend. Handschwingen schwarz mit gelbbrauner Außenfahne. Armschwingen: Innenfahnen und Spitzen schwarz, Außenfahnen cremeweiß, so daß bei geschlossenem Flügel ein schwarz umrahmtes cremeweißes Dreieck sichtbar ist. Sattelbehang orangegelb, möglichst ohne Schaftstriche. Brust: jede Feder am Grunde grau, in der Mitte gelblichbraun, außen schwarz, zarte orangefarbige Säumung zulässig. Bauch und Schwanz schwarz, Sicheln mit üppigem Grünglanz, Schenkelgefieder schwarz, mit orangefarbiger Säumung zulässig.

Henne: Kopf- und Halsbehang orangefarbig mit schwarzbraunen Schaftstrichen, die nicht durchstoßen dürfen; jede Feder mit wachsgelbem Kiel. Rücken und Schultern braun mit feiner dunkler Pfefferung und wachsgelber Nervzeichnung, zarte, orangefarbige Säumung zulässig. Flügeldecken rotbraun bis rostrot mit zarter Pfefferung und wachsgelbem Kiel. Handschwingen außen gelblichgrau, innen mattschwarz. Armschwingen: Innenfahnen schwarz, Außenfahnen rötlichbraun mit schwarzer Pfefferung. Brust dunkellachsfarbig, Schwanz mattschwarz, Deckfedern der Rückenfarbe entsprechend; Bauch bräunlichgrau. Untergefieder blaugrau. **Gr. F.:**

Sehr ungleichmäßige Gesamtfarbe, stark offene oder durchbrochene Halszeichnung. Beim Hahn fehlender Grünglanz in Sicheln, anderes als cremeweißes Flügeldreieck, Fehlen der dreigeteilten Federzeichnung an der Brust. Bei der Henne fehlende Nervzeichnung und stark verwaschene Pfefferung, gepfefferte oder getupfte Brust. Bei beiden Geschlechtern starker Schilf in Schwanz und Schwingen.

Westfälische Totleger, 1,0 silber und 0,1 gold

Westfälische Totleger

Zuchtidee

Ein frühreifes, fleißiges Legehuhn, leicht aufziehbar und frohwüchsig. Als unermüdlicher Futtersucher besonders für unbeschränkten Auslauf geeignet. Sehr lebhaft, bei entsprechender Pflege auch zutraulich, Nichtbrüter.

Was ist zu fordern?

Eine kräftige, mehr kastenförmige Landhuhnform auf mittelhoher Stellung mit voller Befiederung und kleinem Rosenkamm, Sprenkelzeichnung.

Was ist abzulehnen?

Schwächlicher Körper oder Starkknochigkeit, Tiere, die zu leicht und schlank sind (Hamburgerform). Zu hoch- und zu tiefgestellte Tiere. Falsche Zeichnung (Strichzeichnung).

Geschichtliches

Dieses alte westfälische Legehuhn gehört zu den Sprenkelrassen und steht den Ostfriesischen Möwen und Brakeln sehr nahe. Ihren Namen erhielt es wegen seiner überaus großen Legeleistung. Schon um die Mitte des 19. Jahrhunderts waren die Westfälischen Totleger wegen ihres hohen Wirtschaftswertes sehr beliebt. Ihre Züchtung wurde aber dann vernachlässigt; erst die 1904 aufgestellte Musterbeschreibung brachte die durch Inzucht geschwächte Rasse wieder auf die Höhe. Vor allem aber war es die 1920 gegründete Vereinigung der Züchter Westfälischer Totleger unter Vorsitz von Trieloff, die die Rasse erneut aufleben ließ. Trotzdem blieb ihr nur ein kleiner Liebhaberkreis treu. Nicht zuletzt verhinderten die beiden Weltkriege eine großzügigere Verbreitung.

Form und Kennzeichen

Hahn

Gewicht:	2 bis 2,5 kg.
Kopf:	Mittelgroß, gestreckt, mäßig breit.
Schnabel:	Kräftig, bläulich-hornfarbig.
Augen:	Dunkelbraun.
Kamm:	Kleiner Rosenkamm, fein geperlt, mit dünnem, geradem oder etwas geneigtem Dorn.
Ohrscheiben:	Klein, rund, bläulichweiß.
Kehllappen:	Mittellang, fein im Gewebe.
Gesicht:	Mit Federchen besetzt.
Hals:	Mittellang, mit reichem Behang.
Brust:	Gut gerundet.
Rumpf:	Volle, tiefe, abgerundete Form. **Gr. F.:** Hamburgerform.
Bauch:	Breit und voll.
Rücken:	Mäßig lang, etwas abfallend, voller Sattel.
Flügel:	Kräftig, fest angeschlossen.
Schwanz:	Groß, voll, hoch getragen, mit langen, breiten, gut gebogenen Sicheln.
Schenkel:	Kräftig, mittellang.
Läufe:	Feinknochig, graublau. **Gr. F.:** Grobknochige Läufe, zu hohe Stellung.

Henne

Gewicht:	1,5 bis 2 kg.
	Jahres-Eierleistung: 180 und mehr weißschalige Eier.
	Bruteier-Mindestgewicht: 53 g.
	Nichtbrüter.

Die Henne zeigt eine etwas weniger geneigte Walzenform, volle und tiefe Brust, einen gut entwickelten Bauch, einen etwas locker getragenen Schwanz, wenig hervortretende Schenkel, kleinen Rosenkamm, kleine Ohrscheiben und Kehllappen.

Ringgröße: Hahn IV, Henne V.

Farbe und Zeichnung

Silber

Hahn: Halsbehang, Schultern, Rücken und Sattelbehang silberweiß. Der Schwanz ist schwarz mit angedeuteter Sprenkelung am Rande der Sichelfedern. Das übrige

Gefieder und die Nebensicheln mit unregelmäßiger, grober, schwarzer Sprenkelung, die sich im Flaumgefieder des Bauches dunkelgrau verliert. Untergefieder dunkelgrau.
H e n n e : Hals silberweiß, im unteren Teil auch schwach gesprenkelt zulässig. Das übrige Gefieder merklich feiner gesprenkelt als beim Hahn, so daß es wie mit schwarzen Punkten übersät erscheint. Die Sprenkelung zieht sich in den Steuerfedern bis zur Spitze hinauf, die aber schwarz ist. **Gr. F.:** Bänderung oder zu grobe Flockenzeichnung, mangelnde Zeichnung in den Steuerfedern der Henne.

Gold
H a h n goldbraun, H e n n e im Farbton etwas heller, sonst die Zeichnung wie bei Silber. **Gr. F.:** Weiß in den Schwingen und Steuerfedern, sonst wie bei Silber.

Wyandotten, 1,0 goldhalsig und 0,1 gestreift

Wyandotten

Zuchtidee

Ein mittelschweres, vielseitiges Nutz- und Rassehuhn. Sowohl für kleine Gehege als zutrauliche Nichtflieger wie auch für unbegrenzten Auslauf als bewegliche Futtersucher geeignet. Das flaumreiche Gefieder mit dem kleinen Rosenkamm machen es besonders winterhart und für jedes Klima geeignet.

Was ist zu fordern?

Da die Wyandotten als gute Wirtschaftshühner gedacht sind, ist besonders auf einen geräumigen (kein Kugeltyp), kräftigen Körperbau zu achten, in dem sich die Legeorgane richtig entwickeln können, ohne den Typ eines mittelschweren Huhnes zu verlassen. Förderung der Frühreife, Gesundheit und Lebenskraft. Wenn auch etwas Brutlust erhalten bleiben soll, sind doch auch kunstbrutfeste Eier anzustreben. Die Form aller Farbenschläge ist auf einen Nenner zu bringen. Legeleistung 180 Eier im 1. und 150 Eier im 2. Jahr.

Was ist abzulehnen?

Die anerkannt gute Wirtschaftlichkeit darf nicht durch überspannte Forderungen nach Federfülle und Zeichnungsfeinheiten untergraben werden. Allzu betonte Rükkenkürze und übervolle Kruppenbildung sind abzulehnen.

Geschichtliches

Die Wyandotten wurden in Amerika herausgezüchtet und 1883 als Rassehuhn anerkannt, im gleichen Jahr kamen sie auch schon nach Deutschland. Ihren Namen erhielten sie nach einem alten Indianerstamm, den „Wyandottes". Die amerikanischen Züchter wollten ein Zwiehuhn schaffen. Als äußeres Merkmal hatten sie sich zum Ziel gesetzt, die Zeichnung der kleinen Silber-Sebrights auf ein größeres Huhn asiatischen Typs zu übertragen, wozu sich im Lande vorhandene Chittagongs eigneten. Außer den Silber-Sebrights haben noch Silber-Paduaner und Hamburger Silberlack zur Festigung des Zeichnungsbildes beigetragen, während Form und Körpergröße durch Cochin und Brahma erreicht wurden. So entstanden zunächst die silber-schwarzgesäumten Wyandotten als erster Schlag, aus denen später weitere Schläge gezüchtet wurden.

Form und Kennzeichen

Hahn

Gewicht:	3,4 bis 3,8 kg.
Kopf:	Mittelgroß, breit, Schädel abgerundet.
Schnabel:	Kurz, gut gebogen, gelb bis hornfarbig.
Augen:	Groß, rund, hervortretend, orangerot.
Kamm:	Mittelgroßer Rosenkamm, fest und gleichmäßig aufsitzend, frei von Aushöhlungen, fein geperlt mit rundem, der Nackenlinie folgendem Dorn.
Ohrlappen:	Länglich, mittelgroß, fein im Gewebe, leuchtend rot. **Gr. F.:** Mehr als ein Drittel Emailleweiß.
Kehllappen:	Mittelgroß, gut gerundet, ohne Falten und Runzeln, fein im Gewebe.
Gesicht:	Rot, glatt, leicht befiedert.
Hals:	Kurz bis mittellang, nach hinten gebogen, mit reichem, bis auf die Schultern fallendem Behang.
Brust:	Breit, tief und voll.
Rumpf:	Körperlänge größer als dessen Höhe, breit, tief, ausgerundet. An die gezeichneten Tiere können formlich nicht die hohen Anforderungen wie bei den eine weichere Feder tragenden einfarbigen gestellt werden. **Gr. F.:** Mangelnder Typ, kurze oder eckige Form.
Schultern:	Breit.
Rücken:	Leicht ausgebogen, bis zum Sattel breit bleibend, mittelmäßig lang, bis zum Schwanz ansteigend. **Gr. F.:** Abfallender Rücken.
Sattel:	Gut gerundet, mit vollem und reichem Behang.
Flügel:	Kurz, Arm- und Handschwingen breit, anliegend und horizontal getragen.
Schwanz:	Kurz, breit, hochgetragen, Sicheln mittellang, gut gebogen, die Steuerfedern verdeckend, Steuerfedern breit und fest. **Gr. F.:** Zu flache Schwanzlage.
Bauch- und Hinterpartie:	Tief, gut entwickelt.
Schenkel:	Mittellang, nicht zu bauschig.

Wyandotten, 0,1 gelb und 1,0 schwarz

Läufe: Mäßig lang, kräftig, unbefiedert, mit geraden, gut gespreizten Zehen, gelb, strohgelb bei Alttieren zulässig. **Gr. F.:** Stoppeln an den Läufen.

Gefieder: Voll, ziemlich weich, nicht zu locker. Die Zeichnung der gesäumten Farbenschläge bedingt eine etwas härtere Feder: **Gr. F.:** Zu bauschiges Gefieder.

Henne

Gewicht: 2,5 bis 3 kg.

Jahres-Eierleistung: Im ersten Jahr 180, im zweiten Jahr 150 gelbe bis dunkelbraune Eier. Die Schalenfarbe schwankt bei den Farbenschlägen.

Bruteier-Mindestgewicht: Weiß 55 g, andere 53 g.

Bruttrieb: Sehr verschieden, aber zuverlässig.

Bis auf die durch das Geschlecht bedingten Unterschiede dem Hahn gleichend; dabei Schwanz nur wenig flacher als beim Hahn, kurz, breit in den Deckfedern, die Steuerfedern etwas sichtbar, breit und fest, von hinten gesehen ein mit Flaumfedern gefülltes Hufeisen oder (bei Farbenschlägen mit härterer Feder) ein umgekehrtes V bildend. Die Schwanzspitze soll möglichst auf einer waagerechten Linie liegen, die durch die Mitte der Kehllappen geht.

Ringgröße: Hahn III, Henne IV.

Farbe und Zeichnung

Silber-Schwarzgesäumt

Hahn: Kopf und Halsbehang rein weiß mit schwarzem Schaftstrich, der im oberen Teil der Feder am Kiel entlang durch die Zeichnungsfarbe Weiß unterbrochen wird

und am Federaußenrand einen weißen Schmucksaum zeigt. Sattel- wie Halsbehang. Brust weiß, von der Kehle bis zu den Schenkeln jeder Feder mit gleichmäßig breitem, schwarzem Saum umfaßt. Rücken und Flügeldecken weiß mit eingelagerter, pfeilspitzartiger, schwarzer Säumung. Rein weißer Rücken nicht erwünscht. Die großen Flügeldeckfedern müssen rundum schwarz gesäumt sein und drei Binden bilden. Die Armschwingen, soweit von außen sichtbar, weiß mit schwarzer Säumung, Innenfahne schwarz. Die Handschwingen haben schwarze bis dunkelgraue Innen- und Außenfahnen. Die Schenkelfedern möglichst groß, breit und rundum schwarz gesäumt. Der Schwanz grünglänzend schwarz. Das Untergefieder dunkel.
Henne: Im Kopf und Halsgefieder setzt sich die Zeichnungsanlage des Mantelgefieders fort. Dazu ist jede Feder mit einem weißen Schmucksaum umgeben. Rücken, Flügel, Brust und Schenkel möglichst breite, runde, weiße Federn mit schmaler, gleichmäßiger, schwarzer Säumung. Schwingen wie beim Hahn. Steuerfedern schwarz. Untergefieder schwarz bis dunkelgrau, Aftergefieder erscheint äußerlich schwarz. **Gr. F.:** Hahn: Zu rußige, unreine Oberfarbe (leicht gelber Anflug ist kein grober Fehler); zu dunkler Hals oder Kragen; Rost im Hals- oder Sattelbehang; einfarbige Schultern, Flügeldecken und Rücken; matter oder grauer Saum; fehlender Armschwingensaum; blockige, verschwommene Säumung; ausgeprägter spitzer oder Halbmondsaum; weiße Sicheln; graue Schenkel; helles Aftergefieder; zu helles, wolkiges Untergefieder. Henne: Schwarzer Kragen; Moos oder Pfeffer im weißen Federfeld, die letzten großen Schwanzdeckfedern jedoch ausgenommen; zu breite, stark lanzettförmige oder verdeckt wirkende Zeichnung; helles Aftergefieder; helles, wolkiges Untergefieder.

Gold-Schwarzgesäumt

Hahn: Kopf und Halsbehang gold mit schwarzem Schaftstrich, der im oberen Teil der Feder am Kiel entlang durch die Zeichnungsfarbe Gold unterbrochen wird und am Federaußenrand einen goldenen Schmucksaum zeigt. Sattel- wie Halsbehang, farblich möglichst übereinstimmend. Brust gold, von der Kehle bis zu den Schenkeln jede Feder mit gleichmäßig breitem, schwarzem Saum umfaßt. Rücken und Flügeldecken gold mit eingelagerter, pfeilspitzartiger, schwarzer Säumung. Rein goldener Rücken nicht erwünscht. Die großen Flügeldeckfedern müssen rundum schwarz gesäumt sein und drei Binden bilden. Die Armschwingen, soweit von außen sichtbar, gold mit schwarzer Säumung, Innenfahnen schwarz. Die Handschwingen haben schwarze bis dunkelgraue Innen- und goldene Außenfahnen. Die Schenkelfedern möglichst groß, breit und rundum schwarz gesäumt. Der Schwanz grünglänzend schwarz. Das Untergefieder dunkel.
Henne: Im Kopf und Halsgefieder setzt sich die Zeichnungsanlage des Mantelgefieders fort. Dazu ist jede Feder mit einem goldenen Schmucksaum umgeben. Rükken, Flügel, Brust und Schenkel möglichst breite, runde goldene Federn mit schmaler, gleichmäßiger schwarzer Säumung. Schwingen wie beim Hahn. Steuerfedern schwarz, Untergefieder schwarz bis dunkelgrau, Aftergefieder erscheint äußerlich schwarz. **Gr. F.:** Hahn: Zu fleckige, unreine oder rußige Oberfarbe; stark rußiger oder in der Farbe voneinander abweichender Hals- und Sattelbehang; einfarbige Schultern, Flügeldecken und Rücken. Weiß im Gefieder, besonders im Schwanz; fehlender Armschwingensaum; blockige, verschwommene Säumung, ausgeprägter spitzer oder Halbmondsaum; helles Aftergefieder; zu helles oder wolkiges Untergefieder. Henne: Fahle, sehr fleckige oder unterschiedliche Oberfarbe; schwarzer Kra-

gen; Moos oder Pfeffer im goldenen Federfeld, die letzten großen Schwanzdeckfedern jedoch ausgenommen; zu breite, stark lanzettförmige oder verdeckt wirkende Zeichnung; blockiger, spitzer Halbmond- oder reichlich Doppelsaum; helles Aftergefieder; zu helles, wolkiges Untergefieder.

Gold-Blaugesäumt
H a h n : Kopf und Halsbehang gold mit dunkelblauem Schaftstrich, der im oberen Teil der Feder am Kiel entlang durch die Zeichnungsfarbe Gold unterbrochen wird und am Federaußenrand einen goldenen Schmucksaum zeigt (bei sonst gleichwertigen Hähnen erhält der mit weniger dunklen Federspitzen den Vorzug). Sattel- und Halsbehang farblich möglichst übereinstimmend. Brust gold, von der Kehle bis zu den Schenkeln jede Feder mit gleichmäßig breitem, blauem Saum umfaßt. Rücken und Flügeldecken gold mit eingelagerter, pfeilspitzartiger, blauer Säumung. Rein goldener Rücken nicht erwünscht. Die großen Flügeldeckfedern müssen rundum blau gesäumt sein und drei Binden bilden. Die Armschwingen, soweit von außen sichtbar, gold mit blauer Säumung, Innenfahnen blau. Die Handschwingen haben blaue bis blaugraue Innen- und goldene Außenfahnen. Die Schenkelfedern möglichst groß, breit und rundum blau gesäumt. Der Schwanz blau. Das Untergefieder blau bis blaugrau.
H e n n e : Im Kopf und Halsgefieder setzt sich die Zeichnungsanlage des Mantelgefieders fort. Dazu ist jede Feder mit einem goldenen Schmucksaum umgeben. Rükken, Flügel, Brust und Schenkel möglichst breite, runde, goldene Federn mit schmaler, gleichmäßiger, blauer Säumung. Schwingen wie beim Hahn. Steuerfedern blau bis blaugrau. Untergefieder blaugrau. **Gr. F.:** H a h n : Zu fleckige, unreine oder rußige Oberfarbe; stark voneinander abweichende Farbe in Hals- und Sattelbehang; einfarbig blau oder grau in Hals oder Kragen; einfarbige Schultern, Flügeldecken und Rükken; matter oder grauer Saum; fehlender Armschwingensaum; blockige, verschwommene Säumung; ausgeprägter spitzer oder Halbmondsaum; braune Sicheln; graue Schenkel; zu helles, wolkiges After- und Untergefieder. H e n n e : Fahle, sehr fleckige oder unterschiedliche Oberfarbe; blauer Kragen; Moos oder Pfeffer im goldenen Federfeld, die letzten großen Schwanzdeckfedern jedoch ausgenommen; zu breite, stark lanzettförmige oder verdeckt wirkende Zeichnung; blockiger, spitzer Halbmond- oder Doppelsaum; helles oder zu goldfarbenes After- und Untergefieder.

Gold-Weißgesäumt
H a h n : Kopf- und Halsbehang gold mit weißem Schaftstrich, der im oberen Teil der Feder am Kiel entlang durch die Zeichnungsfarbe Gold unterbrochen wird und am Federaußenrand einen goldenen Schmucksaum zeigt (bei sonst gleichwertigen Hähnen erhält der mit weniger hellen Federspitzen den Vorzug). Sattel und Halsbehang farblich möglichst übereinstimmend. Brust gold, von der Kehle bis zu den Schenkeln jede Feder mit gleichmäßig breitem, weißem Saum umfaßt. Rücken und Flügeldecken gold mit eingelagerter pfeilspitzartiger, weißer Säumung. Rein goldener Rücken nicht erwünscht. Die großen Flügeldeckfedern müssen rundum weiß gesäumt sein und drei Binden bilden. Die Armschwingen, soweit von außen sichtbar, gold mit weißer Säumung, Innenfahnen weiß. Die Handschwingen haben weiße Innen- und goldene Außenfahnen. Die Schenkelfedern groß, breit und rundum weiß gesäumt. Der Schwanz weiß. Das Untergefieder rahmweiß. H e n n e : Im Kopf und Halsgefieder setzt sich die Zeichnungsanlage des Mantelgefieders fort. Dazu ist jede Feder mit einem goldenen Schmucksaum umgeben. Rücken, Flügel, Brust und Schenkel möglichst breite, run-

de, goldene Federn mit schmaler, gleichmäßiger, weißer Säumung. Schwingen wie beim Hahn. Steuerfedern, Aftergefieder und Untergefieder rahmweiß. **Gr. F.:** Hahn: Zu fleckige, unreine Oberfarbe; stark voneinander abweichende Farbe in Hals- und Sattelbehang; einfarbiger Hals oder Kragen; einfarbige Schultern, Flügeldecken und Rücken; bläulicher Farbton in Halsbehang und Säumung; blaue Federn im Schwanz; fehlender Armschwingensaum; blockige, verschwommene Säumung; ausgeprägter spitzer oder Halbmondsaum; dunkles, wolkiges Aftergefieder. Henne: Sehr unterschiedliche, zu helle oder zu rötliche Oberfarbe; weißer, einfarbiger Kragen; Moos oder Pfeffer im goldenen Federfeld, die letzten großen Schwanzdeckfedern jedoch ausgenommen; zu breite, stark lanzettförmige oder verdeckt wirkende Zeichnung; blockiger, spitzer Halbmond- oder Doppelsaum; dunkles After- und Untergefieder.

Weiß
Bei beiden Geschlechtern im Ober- und Untergefieder ein reines, glänzendes Weiß. **Gr. F.:** Gelb in den Behängen beim fertigen Tier.

Schwarz
Reinschwarzes Gefieder mit grünem Glanz. Untergefieder beim Hahn nach dem Grunde zu weiß. Wenig Weiß in den Sicheln der Hähne und etwas unreine Läufe der Hennen bei gut geformten Tieren sind mild zu beurteilen. **Gr. F.:** Glanzloses Gefieder, starkes Weiß in Sicheln und Schwingen des Hahnes, bronzefarbiger Schwanz, blaßgelbe Läufe beim Hahn und dunkle bei der Henne.

Blau
Ein gleichmäßiges, ungesäumtes Blau mit gut durchgefärbtem Schwanz. Beim Hahn sind Kopf, Behänge und Flügeldecken dunkel bis samtschwarz, leichtes Weiß im Untergefieder erforderlich. **Gr. F.:** Schimmeliges oder rußiges, auch zu scheckiges Blau, braune (rostige) Töne, grünlicher Glanz im Schmuckgefieder oder Weiß im Schwanz junger Hähne.

Gelb
Ein gleichmäßiges, mittleres Gelb, weder ins Rötliche noch ins Braune übergehend. Schwanz tiefgelb bis bronzefarbig; Gelb in Unterfarbe und Federschaft. **Gr. F.:** Zu lichte, verwaschene, dunkle oder rote Farbe; scheckiges Gefieder; schwarze Schwingen mit schwarzem Schaft, bunte Flügeldecken und bunter Halsbehang.

Goldhalsig
Hahn: Kopf dunkelgoldfarbig; Hals- und Sattelbehang goldgelb mit breitem schwarzem Schaftstrich, auch der Federkiel schwarz; Rücken und Schultern leuchtend karminrot; große Flügeldeckfedern (Binde) grünglänzend schwarz; Hand- und Armschwingen Innenfahne schwarz, äußerer Rand bzw. Außenfahne braun, das hellbraune Flügeldreieck bildend; Kehle, Brust, Bauch, Schenkel und Schwanz grünglänzend schwarz. **Gr. F.:** Braun in den schwarzen Gefiederteilen, zu roter Hals- und Sattelbehang, durchstoßender Schaftstrich, Schilf im Schwanz, schwarzes Flügeldreieck. Henne: Halsbehang wie beim Hahn; Körpergefieder dunkles Graubraun mit feiner schwarzer Rieselung, möglichst ohne helle Nervzeichnung. **Gr. F.:** Bänderung, starke Säumung, sehr helle Brustfarbe, fehlender oder durchstoßender Schaftstrich im Halsbehang.

Rebhuhnfarbig-Gebändert

H a h n : An Brust, Bauch und Schenkeln schwarz mit brauner Säumung; Hals- und Sattelbehang goldfarbig mit sehr zartem, schwarzem, durchbrochenem Schaftstrich. Rücken und Schultern braungold, große Flügeldecken goldbraun, mit Schwarz durchbrochen. Schwingen außen braun, innen schwarz; Steuerfedern schwarz, möglichst braun gesäumt, Sicheln schwarz, braune Einstreuungen gestattet. **Gr. F.:** Klatschige Brust-, Bauch- und Schenkelfärbung, Weiß in Schwingen und Schwanz, schwarzer Federkiel.

H e n n e : Die Grundfarbe ist ein gleichmäßiges, sattes Lichtbraun, von dem sich die schmale, schwarze Zeichnung scharf und wirkungsvoll abhebt. Sie besteht aus einer mehrfachen, der Federform folgenden Bänderung. Halsbehang goldig mit schwarzer Schaftzeichnung. **Gr. F.:** Sehr ungleichmäßige Grundfarbe, verwaschene oder fehlende Zeichnung.

Hell

H a h n und H e n n e fast übereinstimmend gezeichnet. Kopf reinsilberweiß; Halsbehang mit breitem, tiefschwarzem, grünglänzendem Schaftstrich mit silberweißem Saum. Zeichnung hoch hinaufreichend (mindestens $^3/_4$ des Halsbehanges), sich am Vorderhals schließend (Kragenschluß). Die Federn des Oberrückens unter dem Halsbehang zeigen schwarze Tropfenzeichnung. Sattel des Hahnes möglichst ohne schwarze Schaftstriche, bei besonders dunklem Halsbehang jedoch Andeutungen von Zeichnung erlaubt. Kissen der Henne immer reinweiß. Schwanz des Hahnes reinschwarz mit grünem Glanz, kleine Sichelfedern des Hahnes und die Schwanzdeckfedern der Henne weiß gesäumt. In den Hauptsicheln des Hahnes und den großen Schwanzdeckfedern der Henne ist weiße Säumung erlaubt. Schwingen schwarz mit weißer Außenfahne, so daß der zusammengelegte Flügel weiß erscheint. Übriges Gefieder rein silberweiß, Untergefieder aschgrau. **Gr. F.:** Beim Hahn starkes, bei der Henne jegliches Gelb, schwarze Federn im Rücken, viel Weiß im Schwanz junger Hähne, durchstoßende oder schwache, nur punktartige Halszeichnung.

Silberhalsig

H a h n : Kopf weiß, Hals- und Sattelbehang weiß mit vollem, schwarzem Schaftstrich. Brust, Bauch, Schenkel und Schwanz grünglänzend schwarz. Handschwingen schwarz, unterer Rand weiß. Armschwingen schwarz, äußere Fahne weiß mit schwarzem Ende, im zusammengelegten Flügel das weiße Flügeldreieck bildend. Rücken und Schulter reinweiß. Große Flügeldeckfedern (Binde) grünglänzend schwarz. **Gr. F.:** Gezeichnete Brust und Schenkel, silbergraue Afterfedern, braune Töne im Silberweiß, fehlender oder durchbrochener Schaftstrich.

H e n n e : Kopf weiß, Hals silberweiß mit breitem, vollem, grünglänzendem schwarzem Schaftstrich, auch der Federkiel schwarz; Körper von satter, grauschwarzer Grundfarbe mit feiner schwarzer Rieselung, jedoch ohne Säumung, möglichst ohne Nervzeichnung. **Gr. F.:** Zu helle Grundfarbe, zuviel Zeichnung im Rumpfgefieder, starke Säumung, durchbrochene Zeichnung im Halsbehang; braune Töne im Hals.

Dunkel

H a h n : Hals- und Sattelbehang silberweiß mit schwarzem, unterbrochenem Schaftstrich; Rücken und Schultern silberweiß; große Flügeldecken (Binde) schwarz mit schmaler, weißer Säumung; Hand- und Armschwingen Innenfahne schwarz, äußerer

Rand bzw. Außenfahne weiß, das Flügeldreieck bildend; Kehle, Brust, Bauch, Schenkel und Schwanz schwarz, an Brust, Bauch und Schenkel jede Feder schwach weißgesäumt. **Gr. F.:** Stark gelber Ton, braune Töne in den Decken, nicht unterbrochener oder durchstoßender Schaftstrich in den Behängen, rein schwarz in Brust, Bauch und Schenkeln. Henne: Kopf weiß bis silbergrau; Hals silberweiß mit mehrfacher schwarzer Zeichnung, ähnlich der des Rumpfes, und durchgehendem Schaftstrich; Brust, Rücken und Seiten blaugrau bis stahlgrau, mit mehrfacher, schwarzer, der Federform folgender Zeichnung; Schenkel gut durchgezeichnet; Federkiele nicht weiß; Schwingen innen schwarz, außen grau mit schwarzen Bändern; Schwanz schwarz, die zwei großen Schwanzdeckfedern am Rand gezeichnet; Untergefieder dunkelschieferfarbig. **Gr. F.:** Braune Töne, fehlende oder verschwommene Zeichnung, fehlender oder nicht sauber gezeichneter Schaftstrich.

Gestreift

Grundsatz: Saubere blaugraue, nicht zu dunkle Gefiederfarbe, klare Streifenbildung. Zu 90 % bestimmen die Hennen das Gesamtbild der Herde; somit ist ihr Federkleid für die Farbtönung maßgebend. Die Zeichnung ist bis auf die geschlechtsbedingten Unterschiede in beiden Geschlechtern gleich. Der für die Erzeugung mustergültig gefärbter Hennen bestgeeignete Hahn gehört, auch im Schaukäfig, farblich in die höchste Bewertungsstufe. Jede Feder in möglichst gleichmäßigem Wechsel mehrfach schwarz und scharf abgesetzt grauweiß, nicht zu eng quergestreift. Die Streifen verlaufen geradlinig und beim Hahn in gleicher Breite, in den Behängen leicht sägeförmig; die Henne hat breitere schwarze Streifen und wirkt daher dunkler als der Hahn. Das Federende mit schwarzem Streifen. Untergefieder durchgezeichnet. Läufe und Zehen lebhaft gelb, bei Hennen dunkler Anflug an Schnabel und Läufen zulässig. **Gr. F.:** Verschwommene Zeichnung: Gelb, Grau oder Braun in den schwarzen Streifen, Weiß in den Sicheln, mehr als zwei schwarze Schwingen und mehr als zwei schwarze Steuerfedern, weißes oder aschgraues Untergefieder ohne jede Zeichnung.

Bunt

Hahn: Kastanienbraune Hauptfarbe, möglichst jede Feder am Ende mit einem schwarzen, grünglänzenden Tupfen gezeichnet, worin eine weiße Perle steht. Schwingen braun mit schwarzer Innenfahne und weißer Spitze. Steuerfedern und Sicheln schwarz mit weißer Spitze. Etwas Weiß in den Schwingen und Steuerfedern erlaubt.

Henne: Die Farbe ist im Ton etwas heller, sonst mit gleicher Zeichnungsanlage. **Gr. F.:** Zu helle, fahle Grundfarbe, zu grobe Perlzeichnung bei Jungtieren, fehlendes Braun in der Brust der Hähne, schwarze Brust bei Hennen, messingfarbige Behänge, viel schwarze Pfefferung im Mantelgefieder, viele ganz weiße Federn im Körpergefieder, größtenteils weiße Schwingen und Schwanzfedern, auch bei alten Tieren.

Rot

Hahn: Gleichmäßiges, sattes, glanzreiches Rot; Schwingen rot oder rot mit schwarzem Längsstrich am Kiel; Schwarz im Schwanz sowie schwarze Spritzer in den unteren Halsbehangfedern gestattet; Untergefieder rot, je satter desto besser; Federkiele rötlich-hornfarbig.

Henne: Die Farbe etwas matter im Rot, sonst dem Hahn entsprechend; Lauffarbe mit braunen Schuppen oder roten Streifen gestattet. **Gr. F.:** Matte, glanzlose Farbe; Weiß im Untergefieder; gelblichrote Halsfarbe.

Schwarz-Weißgescheckt

Grundfarbe grünglänzend schwarz. Die Zeichnung der einzelnen Federn besteht aus einem V-förmigen reinweißen Fleck (Tupfen) in der Spitze. Bei der Henne möglichst verteilte Zeichnung. Beim Hahn und den Jungtieren ist das Schwarz vorherrschend. Mit dem Alter wird die weiße Zeichnung stärker. **Gr. F.:** Rostiges oder mattes Schwarz; beim Hahn stark weiße Schwingen, Steuerfedern oder Sicheln; bei der Henne sehr grobe oder zu wenig Zeichnung.

1,1 Yamato, weizenfarbig

Yamato

Zuchtidee

Kleines Kampfhuhn mit aufgerichteter Haltung und Kämpfercharakter.

Was ist zu fordern?

Ein tief- und breitstehendes Kampfhuhn mit knapper Befiederung, typischer Wamme, fleischigem Gesicht und nach oben gebogenen unteren Steuerfedern.

Was ist abzulehnen?

Waagerechte Haltung, wenig Kämpfercharakter.

Geschichtliches

Die Yamato haben ihren Ursprung in Japan.

Form und Kennzeichen

Hahn

Gewicht: 1,5 bis 1,7 kg.

Kopf:	Kurz, breit, gut gerundet, mit deutlichen Augenbrauen, im Genick etwas absetzend, Kehlwamme. **Gr. F.:** Langer, schmaler Kopf.
Schnabel:	Kurz, kräftig, gut gebogen, gelb mit dunklerem First. **Gr. F.:** Spitzer, dünner Schnabel.
Augen:	Perlfarbig, bei Jungtieren gelblich bis orangefarbig. **Gr. F.:** Rote Augenfarbe.
Kamm:	Erbsenkamm, der Nackenlinie folgend, rot.
Ohrlappen:	Gut entwickelt, bei Alttieren auch etwas faltig, rot.
Kehllappen:	Kurz, rot, dazu ausgeprägte Kehlwamme.
Gesicht:	Fleischig, bei Alttieren auch faltig, rot.
Hals:	Mittellang, leicht gebogen, mit kurzem Behang, der nicht auf die Schultern herabreicht.
Brust:	Breit und gut gerundet, nacktes Brustbein.
Rumpf:	Sehr breit, aufgerichtet getragen, sich nach hinten eiförmig verjüngend, mit breiten und hervortretenden Schultern, knappe Befiederung. **Gr. F.:** Waagerechte Körperhaltung, schmaler Körper.
Bauch:	Nur knapp entwickelt, eingezogen.
Rücken:	Kurz, breit in den Schultern, nach hinten schmaler werdend, kurzer, knapper Sattelbehang.
Flügel:	Kurz, breit, anliegend getragen, deutlich abgesetzter Flügelbug, die nackten Flügelknochen (Rosen) zeigend, durch das knappe Gefieder teils nicht ganz geschlossen erscheinend.
Schwanz:	Kurz, geschlossen und gesenkt getragen, Sicheln nur wenig gebogen, die unteren Steuerfedern (2–3 auf jeder Seite) sind nach oben gebogen, ragen teils auch seitlich heraus.
Schenkel:	Kurz bis knapp mittellang, sehr muskulös.
Läufe:	Kurz bis knapp mittellang, fein geschuppt, gelb, kurze starke Zehen. **Gr. F.:** Zu hoher oder zu enger Stand, nach außen gewinkelte Fersengelenke, grobe Schuppung der Läufe.
Gefieder:	Fest anliegend, knapp, kurz, glanzreich. **Gr. F.:** Lange oder lose Befiederung.

Henne

Gewicht: 1,3 bis 1,5 kg.
Schalenfarbe der Eier: Cremefarbig bis bräunlich.
Bruteier-Mindestgewicht: 35 g.

Die Henne entspricht dem Hahn bis auf die geschlechtsbedingten Unterschiede mit deutlich sichtbarer Kehlwamme, die unteren Steuerfedern nach oben gerichtet.

Ringgröße: Hahn IV, Henne V.

Farbe und Zeichnung

Weizenfarbig

Hahn: Kopf, Hals- und Sattelbehang goldig-braunrot, brauner Rücken, rote Schulterdecken. Die großen Flügeldecken bilden ein schwarzes, glänzendes Querband.

Die Schwingen sind an den Außenfahnen braunrot, teils mit schwarzem Längsstrich. Zusammengelegt bilden die Armschwingen ein braunes Flügeldreieck. Vorderhals, Brust, Bauch, Schenkel und Schwanz mit grünem Glanz.

Henne: Kopf und Halsbehang braunrot, teils mit schwarzem Schaftstrich. Mantelgefieder und Flügel weizenfarbig, Brust und Bauch etwas heller. Außenfahne der Armschwingen (Flügeldreieck) zimtfarbig, Innenfahne braunschwarz. Schwanz mattschwarz, weizenfarbig gesäumt. Die zwei großen Schwanzdeckfedern hellzimtfarbig mit schwarzbrauner Mitte. **Gr. F.:** Fehlendes Flügeldreieck beim Hahn, viel Schilf in den Schwingen, schwere, durchstoßende Schaftstrichzeichnung im Hals, Weiß im Mantelgefieder der Henne.

Wildfarbig

Hahn: Kopf, Hals- und Sattelbehang braunrot mit schwarzem Schaftstrich, Sattelbehang auch ohne Schaftstrich. Schultern und Rücken dunkel- bis rotbraun. Handschwingen schwarz mit braunem Außensaum, Armschwingen Innenfahne schwarz, Außenfahne braun, das Flügeldreieck bildend; Flügelbinde schwarz. Brust, Bauch und Schenkel schwarz, geringe braune Einlagerungen gestattet. Schwanz grünglänzend schwarz. **Gr. F.:** Fehlender Schaftstrich im Hals, überwiegend braune Brust, fehlendes Flügeldreieck, viel Schilf in Schwingen und Schwanz.

Henne: Kopf und Halsbehang goldbraun mit schwarzem Schaftstrich. Brust lachsfarbig. Mantelgefieder braun mit schwarzer Rieselung und hellbrauner Nervzeichnung. Schenkel graubraun, Bauch schwarzgrau. Kleine Unterschiede in der Schattierung sind gestattet, auch kleine schwarze Einlagerungen im Mantelgefieder. **Gr. F.:** Schwarzer Kopf, fehlender Schaftstrich im Hals, viel Schilf in Schwingen und Schwanz.

1,1 Yokohama, rotgesattelt

Yokohama

Zuchtidee

Ein mittelgroßes, elegantes, fasanenartiges Zierhuhn ersten Ranges, Kämpfereinschlag; mit abnorm langem, federreichem Schwanz und leicht abfallender Haltung auf mittelhoher Stellung, von angenehmem Temperament.

Was ist zu fordern?

Ein Zierhuhn mit einem fein gestreckten Körper, der leicht abfallend getragen wird. Erhaltung des Kämpfercharakters und des langbesichelten, federreichen Schwanzes bei intensivem Gefiederglanz und satten Farben.

Was ist abzulehnen?

Tiere mit zu kurzem Körper und zu hoch getragenem oder federarmem Schwanz, fehlendem Gefiederglanz; helle, matte Farben, andersfarbige Federn, falscher Kamm; fehlender oder zu geringer Kämpfer- oder fasanenartiger Einschlag, Landhuhnform.

Geschichtliches

Die Yokohama, eine Züchtung aus Shamo und Phönix, stammen aus Japan und sind von der Hafenstadt Yokohama aus nach Europa gekommen. In Deutschland wurden sie 1869 eingeführt und, um sie nicht durch Inzucht zu degenerieren, mit Malaien und Phönix gekreuzt; sie weichen dadurch stark von der ursprünglichen Form ab. Als Zierhühner ersten Ranges sind sie auch heute noch sehr beliebt und schmücken vor allem die Volieren unserer Ausstellungen. In Japan werden übrigens unter dem Namen Yokohama die seit alters her bekannten Shamo, die nichts anderes als akklimatisierte Malaien sind und vor mehr als 200 Jahren von Siam nach Japan eingeführt wurden, verstanden. Unter diesen gibt es insbesondere Hähne mit überlangen Schwanzfedern, so daß unsere Yokohama wohl als eine auf besonderen Federreichtum gezüchtete Abart dieser Shamo anzusehen sind. Yokohama bergen zweifelsohne Malaienblut in sich und zählen dadurch sowohl zu den Kampfhühnern als auch zu den Langschwanzhühnern.

Form und Kennzeichen

Hahn

Gewicht:	1,75 bis 2 kg.
Kopf:	Mittelgroß, langgestreckt, flach, nicht zu breit.
Schnabel:	Mittellang, gelb.
Augen:	Rot.
Kamm:	Kleiner Wulstkamm. **Gr. F.:** Einfacher oder Erbsenkamm.
Ohrlappen:	Klein, fest anliegend, rot.
Kehllappen:	Klein, feinhäutig, eine nackte, rote Kehle zeigend.
Gesicht:	Klein, rot.
Hals:	Schlank, aufrecht, mit langen, schmalen Behangfedern.
Brust:	Hochgetragen, abgerundet.
Rumpf:	Länglich, leicht abfallend und nach hinten schmäler werdend, mäßig breit in den Schultern. **Gr. F.:** Zu kurzer Körper.
Bauch:	Wenig ausgebildet, nicht sichtbar durch den langen Sattelbehang.
Rücken:	Lang, nicht zu breit, mit langem, schmalfedrigem Sattelbehang.
Flügel:	Mittellang, hochgetragen.
Schwanz:	Waagerecht getragen, Steuerfedern lang und breit, wenig gebogen; die Sicheln und Deckfedern sehr lang und schmal. **Gr. F.:** Kurzer, zu hoch getragener oder federarmer Schwanz.
Schenkel:	Schlank, fein und fest.
Läufe:	Nicht übermäßig hoch, sehr feinknochig, feine Schuppen, gelb.

Henne

Gewicht:	1 bis 1,5 kg. Jahres-Eierleistung: 120 bis 100 rötlichgelbe bis gelbe Eier. Bruteier-Mindestgewicht: 40 g. Bruttrieb: Gut.

Die Henne ist sehr lang und schlank gebaut, mit sehr langem, schmalem Schwanz. Die beiden großen Schwanzdeckfedern sollen die Steuerfedern überragen und sind an der Spitze säbelartig gebogen; die schmalen, langen seitlichen Deckfedern reichen weit auf den Schwanz hinaus und hängen auch leicht herab.

Ringgröße: Hahn IV, Henne V.

Farbe und Zeichnung

Rotgesattelt
H a h n : Kopf, Körper und Schwanz rahmweiß; die Flügeldecken rotbraun bis blutrot, an der Brust auf rotbraunem Grunde kleine, weiße Tupfen.
H e n n e : Rahmweiße Hauptfarbe; Brust lachsrot mit oder ohne weiße Tupfen (Perlung), letztere ist anzustreben. Die lachsroten Flügeldecken sind mit weißer, länglicher Perlzeichnung versehen. **Gr. F.:** Stark abweichende Färbung, z. B. weiße Brust.

Weiß
Rahmweiß ohne andersfarbige Federn. **Gr. F.:** Stark abweichende Färbung.

Perlhühner, 0,1 chamois und 1,0 blau

Perlhühner

Zuchtidee

Raschwüchsiges, wegen seines schmackhaften Fleisches und seiner vorzüglichen Eier, die etwas kleiner als Hühnereier sind, aber auch wegen seines ungewöhnlichen Aussehens gehaltenes Huhn. Es ist anspruchslos in seinen Lebensbedingungen, begnügt sich meist mit Grünzeug; es kann daher in den Gärten als Unkraut- und Ungeziefervertilger gehalten werden. Es ist scheu und lebhaft, mittelgroß, von elegantem Körperbau; die dichte Befiederung ist mit perlartigen Punkten übersät. Störend ist freilich der unangenehme Schrei vor jedem Raubzeug oder Feind. In der Paarungszeit zeigen sich die Tiere manchmal etwas zänkisch; sonst vertragen sie sich mit anderen Hühnern sehr gut und können mit ihnen in einem gemeinsamen Stall gehalten werden.

Was ist zu fordern?

In Größe und Gestalt etwa der Wildform entsprechend (das Gewicht ist aber höher, Helm u. Kehllappen sind größer), gewölbter, abfallender Rücken, Hängeschwanz, unbefiederter Kopf mit einem hornigen, helmartigen Höcker, fest anliegendes Gefieder.

Was ist abzulehnen?

Bei der Bewertung der Perlhühner ist nach dem Gesamteindruck nachfolgende Reihenfolge von Bedeutung: Perlung und Farbe des Gefieders, Körperform, Beinfarbe, Form von Helm und Kehllappen. Demzufolge sind bei den geperlten Farbenschlägen unklare Perlung, weiße Flecken auf Brust oder Bauch, weiße Schwingen und eine fleckige Lauffarbe, bei den Farbenschlägen mit reduzierter Perlung ausgeprägte Perlung oder Scheckung auf der Körperoberseite oder an der Brust, weiße Schwingen und verwaschene Grundfarbe abzulehnen.

Geschichtliches

Das Perlhuhn stammt aus Westafrika (engl.: Guinea-Fowl), doch wird es bereits in einer altgriechischen Sage erwähnt. Bereits vor 2000 Jahren wurde das Perlhuhn in Griechenland als Hausgeflügel gehalten. Um 200 v. Chr. wurde es auch in Italien bekannt und von den Römern wegen seines schmackhaften Fleisches viel gezüchtet. Columella (um 50 v. Chr.) beschreibt 2 Rassen: solche mit roten Kehllappen (als Meleagris) und solche mit blauen Kehllappen (als Numida). Mit dem Untergang des Römischen Reiches verschwand auch dieses Huhn. Erst die Portugiesen brachten es 1000 Jahre später aus Afrika erneut nach Europa. Seit dem 18. Jahrhundert wird es in Spanien, Frankreich, England, Italien sowie Deutschland mehr und mehr gehalten.

Form und Kennzeichen

Hahn

Gewicht: 1,6–2 kg; die verdünnten Farbenschläge sind meist etwas leichter.

Kopf: Kurz, breit. Auf dem Scheitel ein horniges, helmartiges, bräunliches Gebilde in Dreieckform mit nach hinten gebogener Spitze. **Gr. F.:** Schwach entwickelter Helm.

Schnabel: Kräftig, stark gebogen, orangerot mit grauem Anflug.

Gesicht: Bläulichweiß, mit den langen Ohrlappen verbunden.

Augen: Groß, dunkelbraun, stark glänzend.

Kehllappen: Weit voneinander abstehend, rundlich bis rautenförmig, rot, innen weiß.

Hals: Dünn, eingezogen getragen, nur in der Erregung aufrecht getragen, Oberhals schwach befiedert, mit bläulicher Halshaut, Unterhals mit feinen, schmalen Federn besetzt; Hinterhals trägt aufrechtstehende borstenartige Federn.

Brust: Hochgetragen, ziemlich flach, bei der Henne vollfleischig, beim Hahn spitzer.

Rumpf: Mittellang, nach allen Seiten gut gerundet. **Gr. F.:** Schwache oder mangelhafte Form.

Rücken: Sehr breit, stark gewölbt, hinten abfallend.

Flügel: Lang, breit, fest anliegend getragen.

Schwanz: Hängend getragen, verhältnismäßig kurz, aus 16 Federn bestehend. **Gr. F.:** Schiefe Schwanzhaltung.

Schenkel: Wenig hervortretend.

Läufe: Kurz, unbefiedert.

Zehen: Die vier Zehen sind gut gespreizt.

Haut: Je nach Farbenschlag blauschwarz bis hellgrau.

Henne

Gewicht: 1,8–2,5 kg; die verdünnten Farbenschläge sind in der Regel etwas leichter.

Bruteier-Mindestgewicht: Blau, Perlgrau und Violett 45 g, andere 40 g. Schalenfarbe der Eier: Gelblich bis bräunlich und leicht dunkler gespritzt.

Äußere Merkmale zur Geschlechtserkennung:
Helm: bei der Henne abgestumpft, beim Hahn nach hinten ausgezogen und breiter angesetzt. Gesichtshaut: zieht sich beim Hahn an den Halsseiten tiefer herab als bei der Henne und ist mehr in eine Spitze ausgezogen als beim weiblichen Tier. Kehllappen: beim Hahn stärker entwickelt und mit gefalteter oder gerollter Oberfläche, während diese bei der Henne flach ist. Haltung: der Hahn steht aufrechter, die Henne hält sich mehr waagerecht. Gewicht: Hennen sind schwerer und vollbrüstiger als Hähne.

Ringgröße: Beide Geschlechter V.

Farbe und Zeichnung

In voller Freiheit bei genügend großem Auslauf entfalten sich die Tiere zu voller Pracht. Sie sind dann eine wirkliche Augenweide für den Geflügelzüchter und Tierfreund.
Bewertung: Nach dem Gesamteindruck sind die Merkmale in nachstehender Reihenfolge von Bedeutung: Perlung und Farbe des Gefieders, Körperform, Beinfarbe, Form von Helm und Kehllappen.

Geperlte Farbenschläge:

Blau (Wildfarbig)
Grundfarbe durch die dicht aufeinanderliegenden Federn grauschwarz wirkend; die einzelne Feder ist mehr indigoblau. Alle Federn mit vielen weißen Punkten (Perlen), deren Form und Größe je nach Körperteil verschieden sind. An der Körperunterseite sind sie bedeutend größer als auf der Oberseite. Auf Rücken, Bürzel und Schwanz sind die weißen Punkte schwarz eingefaßt. Das Hals- und Kopfgefieder ist einfarbig schwarzviolett. In den Hand- und Armschwingen gehen die Punkte in Streifen über. Lauffarbe grauschwarz. **Gr. F.:** Weiße Flecken auf Brust oder Bauch, weiße Schwingen, stark hellfleckige Läufe.

Perlgrau (Hellwildfarbig)
Hellgraublaue Grundfarbe mit Zeichnung wie bei Blauen. Der Saum der weißen Punkte auf der Körperoberseite ist zu dunklem Blau aufgehellt. Lauffarbe möglichst grauschwarz; einheitlich orangefarbig zugelassen. **Gr. F.:** Ungleichmäßige, verwaschene oder zu dunkle Farbe, weiße Flecken auf Brust oder Bauch, weiße Schwingen.

Lavendelblau
Grundfarbe ganz zart hellblau; eine Art bläulicher Schleier überzieht den ganzen Körper, am intensivsten die Schwingen. Zeichnung wie bei den Blauen. Lauffarbe hellgrau bis blaßorange. **Gr. F.:** Zu dunkle Farbe, weiße Flecken auf Brust oder Bauch, weiße Schwingen.

Chamois
Fahlgelbliche Grundfarbe mit Zeichnung wie bei Blauen. Der Saum der weißen Punkte auf der Körperoberseite ist satter gelb. Hähne haben geschlechtsgebunden wesentlich blassere Grundfarbe, doch müssen die weißen Punkte noch erkennbar bleiben. Lauffarbe orangefarbig bis hellgrau. **Gr. F.:** Bei Hennen verwaschene, zu helle Grundfarbe, bei Hähnen nicht mehr sichtbare Perlung; weiße Flecken auf Brust oder Bauch, weiße Schwingen.

Weiß
Grundfarbe rahmweiß; Perlung silberweiß glänzend und sich klar von der Grundfarbe abhebend. Lauffarbe orangefarbig. **Gr. F.:** Gelbliche Grundfarbe, Federn ohne Perlung, fleckige Läufe.

Farbenschläge mit reduzierter Perlung:

Violett (Dunkelwildfarbig)
Grundfarbe schwarzviolett wie das Halsgefieder der Blauen: an der Brust mehr violett getönt, auf der Körperoberseite mehr bläulich schimmernd. Jede Feder tiefschwarz gesäumt. Nur das Körperseitengefieder und die Schwingen sind grob und weniger dicht weiß geperlt bzw. gestreift. Manche Gefiederteile weisen aber ganz feine, kaum sichtbare helle Sprenkel auf. Lauffarbe grauschwarz mit dunkleren Schuppen; helle Zehenspitzen noch zulässig. **Gr. F.:** Ausgeprägte Perlung oder Scheckung auf der Körperoberseite oder an der Brust, weiße Schwingen.

Azurblau (Hellviolett)
Grundfarbe graublau mit stark violettem Anflug, besonders an der Körperunterseite. Zeichnung wie bei Violetten. Hähne haben geschlechtsgebunden eine dunklere Grundfarbe. Lauffarbe meist orangefarbig, in der oberen Hälfte aber möglichst grau. **Gr. F.:** Ungleichmäßige oder zu dunkle Farbe, ausgeprägte Perlung oder Scheckung auf der Körperoberseite oder an der Brust, weiße Schwingen.

Lavendelblau
Grundfarbe ganz zart hellblau; eine Art bläulicher Schleier überzieht den ganzen Körper, am intensivsten die Schwingen. Zeichnung wie bei Violetten. Lauffarbe hellgrau bis blaßorange. **Gr. F.:** Zu dunkle Farbe, sichtbare Perlung oder Scheckung auf der Körperoberseite oder an der Brust, weiße Schwingen.

Chamois
Grundfarbe wie bei Chamois. Perlung wie bei Violetten. Hähne haben geschlechtsgebunden eine wesentlich blassere Grundfarbe. Lauffarbe orangefarbig bis hellgrau. **Gr. F.:** Ausgeprägte Perlung oder Scheckung auf der Körperoberseite oder an der Brust, weiße Schwingen, bei Hennen verwaschene Grundfarbe, bei Hähnen nicht mehr sichtbare Zeichnung an den Körperseiten.

0,1 Bronzeputen

Puten

Zuchtidee

Größtes und schwerstes Huhn unter dem Hausgeflügel, äußerst schmackhaftes Fleisch, das in England, Frankreich, vor allem aber in den USA eine ganze Industrie erstehen ließ; vorzügliche, bis zu 150 und mehr Eier je Jahr, sofern sie keine Küken führen; 2 bis 3 Bruten hintereinander, wenn man darauf achtet, daß die Tiere gut fressen und regelmäßig das Nest verlassen.

Was ist zu fordern?

Bei den Bronzeputen, Schwarzflügeln und Weißen: langgestreckte, breitschulterige Tiere mit entsprechend hoher Stellung. Desgleichen bei Rotflügel, Schwarz und Bourbon (Mittelgewicht). Sie unterscheiden sich von den Erstgenannten nur im Gewicht. Das Größenverhältnis beträgt hier 4/5:5/5. Alle übrigen Farbenschläge zählen zu dem sogenannten Landputentyp und sind im Körper etwas kürzer und entsprechend tiefer gestellt.

Was ist abzulehnen?

Zu geringe Größe, tiefe Stellung, flache, schmale Brust, zu kurzes oder verkrümmtes Brustbein, gewölbter Rücken.

Geschichtliches

Die Ahnen unserer zahmen Puten stammen aus Nordamerika, und zwar aus dem Gebiet der USA und Mexiko. Sie waren von der pazifischen bis zur atlantischen Küste verbreitet, von der heutigen Südgrenze Kanadas bis zum Golf von Mexiko. Bereits in vorgeschichtlicher Zeit waren gezähmte Wildputen von den Indianern gehalten und gezüchtet worden. Ihr Fleisch war bevorzugt, aus ihren Knochen fertigte man Werkzeuge, aus den Federn Kleidung. Schon 1520 brachten spanische Seefahrer die ersten „Indischen Hühner“ mit in ihre Heimat; 1524 gelangten sie nach England, 1533 nach Deutschland. In Venedig waren sie so kostbar, daß der Rat 1557 bestimmte, auf welcher Festtafel „Indische Hühner“ aufgetragen werden durften. In der 2. Hälfte des 16. Jahrhunderts gab es bereits am Niederrhein und in Holland Herden von Puten. Heute ist die Pute über die ganze Welt verbreitet und wird vor allem in Nordamerika und in den Donauländern in großen Herden gezüchtet.

Form und Kennzeichen

Hahn

Gewicht: Bronze, Weiß und Schwarzflügel: Junghahn 9–12 kg, Althahn 12–15 kg. Rotflügel, Schwarz und Bourbon: Junghahn 8–10 kg, Althahn 10–12 kg. Blau, Rot, Gelb Kupfer, Cröllwitzer: Junghahn 6–7 kg, Althahn 7–8 kg.

Kopf: Nackt, von blauer bis lebhaft himmelblauer Farbe, dicht besetzt mit roten Fleischwarzen. Über dem Schnabel am Stirnansatz ein Fleischzapfen, der sich beim Hahn stärker als bei der Henne in der Erregung verlängert und dann beim Hahn handbreit herabhängt. Während der Kopf des männlichen Tieres unbefiedert ist, zeigt die Henne eine spärliche Befiederung über den ganzen Scheitel. Dies ist bei Jungtieren ein Geschlechtserkennungszeichen. **Gr. F.:** Fehlender Fleischzapfen bei beiden Geschlechtern.

Schnabel: Lang, kräftig, etwas gebogen, hornfarbig.

Augen: Lebhaft, groß, dunkel.

Hals: Mittellang, etwas im Bogen getragen, im Oberteil mit warziger Haut besetzt, gewöhnlich von bläulicher, in der Erregung roter Farbe. Unterhalb des Schnabels beginnt eine lose Haut, die sich kehlwammenartig bis zum Mittelhals ausdehnt.

Brust: Voll, breit. **Gr. F.:** Flache Brust.

Haarbüschel: An der Brust tragen ausgewachsene Hähne einen schwarzen, roßhaarähnlichen Büschel, der bei Junghähnen meist noch unter dem Gefieder verborgen ist. Haarbüschel bei alten Hähnen sind ein Zeichen von Vitalität und nicht zu strafen. **Gr. F.:** Fehlender Haarbüschel.

Rumpf: Sehr breit, hauptsächlich in den Schultern, dem Schwanz zu schmäler werdend, kräftig, lang gestreckt. **Gr. F.:** Zu geringe Körpergröße.

Rücken: Lang, von der Schulter ab in gerader Linie bis zum Schwanz sanft abfallend. **Gr. F.:** Schmale Schultern, gewölbter Rücken.

Flügel: Lang, breit, hoch getragen und gut am Körper anliegend.

Schwanz: Lang, etwas gesenkt und geschlossen getragen, beim Hahn im Affekt fächerartig aufgerichtet und ausgebreitet. Auch die Hennen tragen den Schwanz in der Erregung gespreizt („Rad“).

1,0 Cröllwitzer Puten

Schenkel: Bei allen Farbenschlägen stark fleischig mit gut anliegendem Gefieder. Bei den schweren und mittleren Farbenschlägen Schenkel deutlich aus der Unterlinie hervortretend. Die leichten Farbenschläge sind tiefergestellt und zeigen weniger Schenkel.

Läufe: Möglichst hoch, kräftig, unbefiedert, mit Sporen versehen. **Gr. F.:** Zu tiefe Stellung.

Zehen: Drei langgestreckte Zehen stehen nach vorn, eine kürzere, hoch angesetzte Zehe nach hinten.

Henne

Gewicht: Bronze, Weiß und Schwarzflügel: Junghenne 6–7 kg, Althenne 6–8 kg
Rotflügel, Schwarz und Bourbon: Junghenne 5–6 kg, Althenne 6–7 kg
Blau, Rot, Gelb, Kupfer, Cröllwitzer: Junghenne 4–5 kg, Althenne 4–5 kg.
Bruteier-Mindestgewicht: 70 g.
Schalenfarbe der Eier: Gelbbräunlich mit dunkelbraunen Punkten.

Viele Puten legen heute, wenn man die Brut verhindert, 100 bis 150, einzelne sogar 180 Eier, was aber nicht anzustreben ist, da bei solchen Viellegerinnen meist keine Befruchtung gegeben ist. Die Eier sind oval, glatt und 80 bis 120 g schwer.
Unterscheidet sich vom Hahn durch Größe und Gewicht, ferner in den typischen Geschlechtsmerkmalen: spärliche Befiederung des Kopfes über den ganzen Schädel

hinweg, alte Hennen tragen manchmal einen kürzeren (1–3 cm) Haarbüschel an der Brust, keine Sporen. Die Henne ist eine ausgezeichnete Brüterin und Führerin ihrer Jungen. Mitte bis Ende März beginnt sie zu legen und sollte nach 15–20 Eiern brüten. Die Küken werden in 28 Tagen ausgebrütet.

Ringgröße: Bronzefarbig, Schwarzflügel, Weiß, Rotflügel, Schwarz, Bourbon: Hahn 0, Henne I; andere Farbenschläge: Hahn I, Henne II.

Farbe und Zeichnung

Bronzefarbig
Brust, Hals, Schultern und Flügelbug im Grundton schwarz mit starkem Bronzeglanz, in allen Regenbogenfarben schillernd. Die Schulterdeckfedern mit tief samtschwarzer Säumung. Die seitlichen Brustfedern beim Hahn mit tief samtschwarzem, bei der Henne mit dunkelsandfarbigem Saum. Flügeldeckfedern schwarzbraun mit hohem Glanz und hellem, schmalem Endsaum. Jede Rückenfeder von den Schultern bis zum Schwanz soll ein möglichst breites (1–2 cm) gold- bis violettrot schillerndes Bronzeband zeigen, das am Ende der Feder von einem schmalen samtschwarzen und einem breiteren kastanienbraunen Streifen abgeschlossen wird. Die Flügel ziert ein breites olivgrün-bronzefarbiges Querband, das mit einem glänzendschwarzen, samtartigen Band abschließt. Schwingen schwarz, mit grauweißen Querbändern gleichmäßig scharf gestreift. Schwanzfedern sehr breit, schwarz und mit brauner Bänderung; am Ende der Feder zeigt sich ein 1–2 cm breites Bronzeband, das von einem dunkelsandfarbigen bis goldbraunen Streifen abgeschlossen wird, je dunkler desto besser. Auf den großen Schwanzdeckfedern muß das Bronzeband beim Hahn vorhanden sein, bei der Henne ist es anzustreben. Die Schenkelfedern sind schwarz und haben eine nach dem Ende zu 1–2 cm breite Bronzeplatte, die beim Hahn mit einem samtschwarzen, bei der Henne mit einem braunem Saum abschließt. Untergefieder schwarz. Lauffarbe dunkelbraun, bei älteren Tieren rot bis rotviolett. **Gr. F.:** Fehlende Bronze, einfarbig schwarze Flügelfedern ohne Zeichnung, viel Weiß in den Schwingen, weiße Rücken- und Schwanzdeckensäumung, von oben sichtbar überzeichneter Schwanz, heller Brustsaum bei Junghennen und schwarzer Rücken bei beiden Geschlechtern.

Weiß
Reinweiß mit Ausnahme des schwarzen Haarbüschels. Farbe der Läufe bei Jungtieren kräftig rosa, bei Alttieren rot. **Gr. F.:** Gelber Anflug, zu blasse Läufe.

Schwarzflügel
Form, Kopfpunkte und Stellung wie bei den Bronzeputen. Grundfarbe tiefschwarz. Hals, Brust und Schultern je nach Lichteinfall dunkelbronzefarbig bis leuchtend grün schillernd. Von den Schultern bis zur Schwanzspitze jede Feder mit breiter, leuchtender Goldplatte. Diese sind bei beiden Geschlechtern auf den Schwanzdeckfedern scharf abgesetzt und auf den langen Schwanzdeckfedern 2–3 cm breit. Flankengefieder bei Hähnen und Hennen ebenfalls mit sehr breiten Goldplatten. Endsaum im Rücken beim Hahn schwarz, bei der Henne grün; Endsaum auf großen und kleinen Schwanzdeckfedern braun. Lange Schwanzfedern (Steuerfedern) schwarz, braunge-

pfeffert, Endsaum kastanienbraun. Flügel: Hand- und Armschwingen reinschwarz, die oberen 5–6 Armschwingen lebhaft oliv bis leuchtend grünschillernd, am Ende von einem 2–3 mm breiten, weißen Saum eingefaßt, eine stufenförmige Zeichnung ergebend. Läufe braunrötlich. **Gr. F.:** Schwarzer Rücken, zu wenig Gold auf den Schwanzdecken, helle Säumung auf Brust und Schwanzdecken, fehlender Grünglanz, andere als schwarze Schwingenfarbe.

Bourbon
Hahn am ganzen Körper dunkelbraunrot gefärbt; alle Federn mit schmalem, schwarzem Endsaum, mit Ausnahme der Halsfedern. Schwingen weiß, die oberen 6 Armschwingen leicht braunrot auslaufend, Schwanz weiß, vor dem Ende ein roter, weißgesäumter Querstreifen. Untergefieder lachsfarbig. Die Henne hat die gleiche Grundfarbe wie der Hahn, jedoch keine schwarze Endsäumung der Federn. Nur das Brustgefieder hat einen schmalen, weißen Endsaum. Läufe rosarot. **Gr. F.:** Roter Schwanz, rote Schwingen und fehlende Säumung.

Schwarz
Das ganze Gefieder schwarz, samtartig glänzend, schwarzes Untergefieder. Bronzeartiger Glanz in der Endsäumung der Rücken- und Schwanzdeckfedern ist kein Fehler. Läufe schwarz, bei Alttieren rötlichviolett. **Gr. F.:** Helle Beinfarbe, Schilf in den Schwingen, helles Untergefieder, weiße Kiele.

Rotflügel
Brust im Grundton dunkellederbraun, orangerot bis olivgrün schillernd, Hahn mit schwarzer, Henne mit breiter, sandfarbiger bis rötlichbrauner Endsäumung. Rücken: Jede Feder mit breiter, violett schillernder Goldplatte; Hahn mit schmalem Endsaum. Bei der Henne folgt auf die Goldplatte ein schmaler, schwarzer Saum, sodann ein leuchtend smaragdgrün schillerndes Querband. Die Feder schließt mit kräftig rostroter Säumung ab. Hals und Schultern: Dunkellederbraun mit hohem Glanz. Untergefieder in Hals, Schultern, Brust und Rücken schwarz mit braunen Querwellen über die Feder. Kleine Schwanzdeckfedern bei Hahn und Henne mit breiter, violett schillernder Goldplatte und breiter, rostroter Endsäumung. Der schwarze Saum zwischen Goldplatte und Endsäumung ist sehr schmal, kaum 1 mm breit. Das Untergefieder dieser Federn ist braun, mit schwarzen Querwellen. Große Schwanzdeckfedern leuchtend rostrot ohne Zeichnung. Schwanzfedern rotbraun mit schwarzen Querwellen, zwischen den einzelnen schwarzen Wellen kräftige schwarze Pfefferung. Am Ende der langen Federn breite Goldplatte und rostroter Endsaum. Die Goldplatte ist von einem schwarzen Saum eingefaßt. Flankenfedern mit breiter Goldplatte und rostrotem Endsaum. Handschwingen grauweiß mit kräftiger, schwarzer Pfefferung, Kiel rostrot. Armschwingen lebhaft rostrot, fein gepfeffert. Läufe dunkelbraun, bei Alttieren rot. **Gr. F.:** Fehlendes Gold oder zu schmale Goldplatten, andere als rostrote Armschwingen und Endsäumung. Schwarze Querbinde auf den großen Schwanzdeckfedern.

Cröllwitzer
Hauptfarbe weiß. Hals reinweiß, bei Althähnen leicht gesäumter Hals zulässig. An Brust und Rücken beginnend, jede Feder am Ende mit schwarzem Saum, der an der Brust mit einem 1–2 mm breiten Silbersaum, auf dem Rücken mit einem etwas breiteren weißen Saum abschließt. Beim Hahn ist ein schwarzer Oberrücken zulässig

(das Fehlen des Silbersaumes auf der Brust gilt bis auf weiteres nicht als Fehler; seine Wiedererzüchtung wird angestrebt). Beim Hahn wirkt die Brustzeichnung schuppenartig, bei der Henne ist sie weniger ausgeprägt. Rücken, Schultern, Körperseiten und Schwanzdecken weisen eine stärkere Zeichnung auf. Große Schwanzdeckfedern und Schwanzfedern mit schwarzem Querband und breitem, weißem Endsaum. Die Flügelbinden müssen mit einem schwarzen Endsaum abschließen. Armschwingen weiß. Außenfahne am Ende schwarz auslaufend. Handschwingen schwarzgrau mit weißem Kiel. Läufe fleischfarbig bis rot. **Gr. F.:** Braun im Gefieder, jede andere als tiefschwarze Zeichnungsfarbe.

Blau
Das ganze Gefieder ein einheitlich gleichmäßiges dunkles oder helles Blau; ein Taubenblau ist anzustreben. Verstreut auftretende schwarze Punkte sind zulässig. Lauffarbe schmutzig fleischfarben. **Gr. F.:** Weißes Untergefieder, weiße Schwingen, verschwommene Färbung des Gefieders, andere als blaue Farbe.

Kupfer
Leuchtendes, sattes Kupferbraun mit lebhaftem Glanz. Der Farbton des Obergefieders möglichst gleichmäßig. Beim Hahn zeigen die Federn auf Hals, Brust, Bauch, Rücken und Flügelbug eine feine, 1–2 mm breite, schwarzblau glänzende Endsäumung. Bei der Henne ist diese Säumung noch nicht so ausgeprägt, aber anzustreben. Schwingen und Schwanzfedern zeigen diese Säumung nicht. Die Schwanzfedern haben dagegen an ihrem äußeren Ende eine ca. 2 cm breite, hellere braune Säumung mit einer ungefähr gleich breiten dunkelbraunen Binde davor. Untergefieder gelbgrau, nicht weiß, Federkiele rotbraun. Der Henne fehlt der starke Glanz, die Farbe darf jedoch nicht stumpf sein. Läufe dunkelbraun, bei Alttieren rot. **Gr. F.:** Weißes Untergefieder, weißer Schwanz, weiße Schwingen und Federkiele, grobe Säumung.

Rot
Das ganze Gefieder ein einheitlich gleichmäßiges Backsteinrot; weiße Flügelspitzen sind zulässig. Lauffarbe rötlich. **Gr. F.:** Weiße Kiele, weißes Untergefieder, jegliche Säumung (leichte Säumung beim Hahn vorerst noch erlaubt).

Gelb
Das ganze Gefieder ein einheitlich sattes Ockergelb mit tiefgelbem Untergefieder. Läufe fleischfarbig bis hellrot. **Gr. F.:** Weißes Untergefieder, matte Gefiederfarbe, helle Schwingen, jegliche Säumung (leichte Säumung beim Hahn vorerst noch erlaubt).